引黄灌区滴灌农田水盐调控技术与模式

屈忠义　黄权中　高晓瑜　著

U0298040

科学出版社

北京

内 容 简 介

本书以河套灌区为研究对象,基于干旱盐渍化灌区水土资源利用现状和面临的形势,研究不同水质条件下滴灌灌溉制度与土壤水肥热盐调控技术,探求地下水膜下滴灌典型作物需水规律及水盐调控技术,揭示地下水滴灌-引黄补灌灌溉模式下地下水水位水质、土壤水肥热盐及作物响应规律,提出引黄灌区滴灌农田水肥热盐高效协同调控灌溉模式。结合灌区水资源规划成果及已有研究成果和基础数据,开展河套灌区不同灌溉模式下区域土壤水盐迁移动态研究,论证在引黄盐渍化灌区开展地下水滴灌-引黄补灌的可行性。完成基于不同灌溉模式与集成技术的经济效益分析,根据农田水土环境评价与经济效益评价,优选出引黄灌区地下水滴灌-引黄补灌集成技术与模式,实现引黄灌区农业水资源高效利用和灌区的可持续发展。

本书可供农业水利工程、水文水资源等领域的科研人员、大专院校的师生阅读和参考,也可供从事高效节水、盐碱化治理及生态保护与建设的技术人员参考使用。

图书在版编目 (CIP) 数据

引黄灌区滴灌农田水盐调控技术与模式/屈忠义,黄权中,高晓瑜著. —
北京:科学出版社,2021.5
    ISBN 978-7-03-068842-2

    Ⅰ. ① 引… Ⅱ. ① 屈… ②黄… ③高… Ⅲ. ① 黄河–灌区–滴灌–农田–水盐体系–调控–研究 Ⅳ. ①S275.6 ②S156.4

中国版本图书馆 CIP 数据核字(2021)第 095605 号

责任编辑:石 珺 李 静 / 责任校对:樊雅琼
责任印制:吴兆东 / 封面设计:图阅社

科 学 出 版 社 出版

北京东黄城根北街 16 号
邮政编码:100717
http://www.sciencep.com

北京虎彩文化传播有限公司 印刷

科学出版社发行 各地新华书店经销

*

2021 年 5 月第 一 版 开本:B5 (720×1000)
2021 年 5 月第一次印刷 印张:16 3/4
字数:317 000

定价:168.00 元
(如有印装质量问题, 我社负责调换)

前　言

近年来，随着社会经济发展，河套灌区水资源需求持续增加，自 1999 年国家对黄河实行统一调度管理后，河套灌区年引黄水量配额连年下降，从 50 亿 m³ 降到 40 亿 m³，河套灌区水资源短缺现象日益严峻。河套灌区作物生产用水占总用水量的 90%以上，如何保证在有限的水资源条件下满足粮食的产量需求，成为我们研究的重点。调查显示，河套平原浅层地下水（深度 10～40m）矿化度（TDS）均值为 2.54g/L，可开采量为 16.6 亿 m³，其中矿化度为 2～5g/L 的地下微咸水可开采量为 7.21 亿 m³。实践表明，咸水与微咸水可用于农作物灌溉，科学合理地开采利用地下微咸水，开展引黄灌区高效节水灌溉技术，对实现引黄灌区农业灌溉水资源高效利用及河套灌区农业的可持续发展具有重要意义。

土壤是从事农业生产的基础，是农作物赖以生存的关键。近年来，河套灌区当地农民为追求产量，长期偏重于施无机肥，不施或少施有机肥，使得土壤结构的稳定性遭受到严重破坏，导致河套灌区土壤质量向贫瘠化和沙化的方向发展，表现出的现象为土地可耕性变差，耕地越种越硬，地表土壤板结现象随处可见。同时河套灌区耕地土壤受长期的灌水落淤与耕作施肥交迭作用，土壤结构逐渐发生变化，易出现土壤排水能力下降、土壤肥力降低等问题，甚至造成土壤次生盐化现象，严重影响农作物健康生长发育。另外，盐碱地作为重要的后备土地资源，其合理的开发利用可有效改善当地生态环境，推动区域经济、社会和生态的可持续发展。目前，河套灌区盐碱土以全盐量大于 0.3%的中度以上盐碱土分布较广，占灌区面积的 77.7%，因此如何通过灌排措施对盐碱地进行改良，即在获得可观经济效益的同时逐步改善土壤盐碱状况，对确保内蒙古粮食和生态安全具有重要意义。

滴灌本身灌水均匀度高，可精确实时灌水施肥，能减少深层渗漏，降低土壤退化和盐渍化的风险，增加作物产量，其被认为是在干旱半干旱地区缓解土壤盐渍化的有效办法。水肥一体化技术与传统的地面灌溉施肥相比，该技术的优势主要有：①水肥同步供应，发挥了二者的协同作用，提高水肥利用率；②将肥料直接施入根部后，降低了土肥的接触面积，减少了土壤对肥料的固定，有利于根系对养分的吸收；③滴灌施肥持续时间较长，使得根区土壤水肥环境稳定；④供应养分的种类、比例及数量可以根据气候、土壤特性及作物不同生长发育阶段的营养特点进行灵活调节；⑤节约劳动力，便于自动化；⑥提高土地利用率。将滴灌水肥一体化技术应用于盐碱地开发利用中可以提高土壤酶活性，改善土壤环境，为作物根系提供良好的生长条件。随着可持续农业的发展，该技术的应用越来越广泛。

在膜下滴灌条件下，为了控制土壤积盐和缓解水资源紧缺，农田尺度上必须推行生育期节水控盐的灌溉水管理和非生育期洗盐措施，区域尺度上可通过井渠结合调控地下水位、抑制潜水蒸发以防止土壤次生盐渍化。大量引水和频繁灌溉引起的地下水位上升和潜水蒸发耦合作用是灌区土壤盐渍化的重要成因。一般灌区浅层地下水含有一定的盐分，电导率较高，在蒸发作用下，溶解于地下水中的盐分会随毛管水上升至表土积聚，不利于作物生长。因此，确定适宜的地下水埋深是保证作物获得理想产量，并防止土壤盐渍化的关键。在河套灌区，虽然每年引入灌区的盐分大于排水带出的盐分，但灌区内农田土壤却处于缓慢地脱盐过程。每年灌溉水引入灌区的盐分是通过淋洗进入深层土壤或地下水、盐荒地，井渠结合滴灌实施后，渠灌区及井灌区内地下水位、土壤盐分是如何变化的及两者间是如何相互影响和作用的都需要进一步的深入研究。

结合干旱盐渍化灌区水土资源利用现状和面临的形势，提出盐碱化农田水肥热盐高效协同调控灌溉模式，通过农田水土环境评价与经济效益评价，选择引黄灌区地下水滴灌—引黄补灌集成技术与模式（生物炭土壤改良—干播湿出—地下水滴灌水肥一体化—引黄补灌），实现农业水资源高效利用和灌区的可持续发展是我们的研究目标。

自 2007 年起，在"十一五"国家科技支撑计划重点项目"节水农业综合技术研究与示范-内蒙古河套半干旱区粮食作物综合节水技术研究与示范"，国家自然科学基金项目"盐渍化灌区多尺度土壤水力特征参数空间变异规律与转换技术研究"（51069006）、"生物炭对不同土壤水力特性、水肥利用效率影响及耦合响应机理研究"（41161038）、"盐渍化引黄灌区农田 GSPAC 系统对不同灌溉模式的响应机制及水肥热盐协同调控研究"（51469020）、"生物炭与灌溉方式对盐渍化农田温室气体排放的影响规律与耦合响应机制"（51779117），国家重点研发计划"河套平原盐碱地生态治理关键技术研究与集成示范项目——课题一：河套平原盐碱地形成机理与盐碱障碍生态调控机制"（2016YFC0501301），内蒙古自治区重大专项"引黄灌区多水源滴灌高效节水技术的集成研究与示范"（[2014]117-03）、内蒙古自治区重大专项"盐碱化土壤的安全增效滴灌集成技术及调控模式研究"等项目的支持下，对生物炭土壤改良、地下水膜下滴灌典型作物需水规律、不同水质条件下滴灌灌溉制度和地下水滴灌—引黄补灌灌溉模式下地下水位水质、土壤水肥热盐及作物响应规律等进行了深入研究，提出了盐碱化农田土壤水肥热盐调控技术，地下微咸水膜下滴灌水盐调控技术，秋浇、春汇灌溉制度，构建了适宜的地下水滴灌—引黄补灌灌溉制度。本书对这些研究成果进行了系统的总结，比较全面地阐述了膜下滴灌水盐调控技术、膜下滴灌水肥一体化技术、灌溉方式对水盐运移影响及地下水滴灌-引黄补灌模式模拟预测结果。

本书共9章，第1～3章以葵花、玉米、番茄为例，研究了膜下滴灌典型作物需水规律，提出了微咸水膜下滴灌水盐调控技术及典型作物膜下滴灌水肥一体化技术；第4章针对井渠结合区水源特点，进行了不同灌溉模式下农田GSPAC系统响应研究，得出了各灌溉模式下的水分利用效率；第5、6章结合河套灌区特有的春汇秋浇，对引黄洗盐技术及相应的水土环境影响进行了试验及模拟研究，得出了适宜的地下水滴灌—引黄补灌灌溉制度；第7章以地下水滴灌—引黄补灌制度为基础，以玉米、葵花为研究对象，进行了其配套技术的研究，提出了地下水滴灌—引黄补灌配套农艺技术；第8章对地下水滴灌—引黄补灌综合技术集成研究进行了四个示范区的效益评价，更清晰地分析了该技术的可行性；第9章对该研究进行了总结并对未来的工作进行了展望。

在课题研究及全书撰写过程中，屈忠义负责全书的内容研究与统稿工作；第1章由高晓瑜和杜斌负责编写；第2章由高晓瑜、李金刚和王凡负责编写；第3章由任中生和李哲负责编写；第4、5章由屈忠义、孙贯芳、李金刚和丁艳宏负责编写；第6章由黄权中、孙贯芳和高晓瑜负责编写；第7、8章由屈忠义、高利华、刘安琪和王凡负责编写；第9章由屈忠义、黄权中、高晓瑜、王凡负责编写。

本书是内蒙古自治区科技重大专项和国家自然科学基金项目的研究成果，在本书的撰写过程中，得到了内蒙古农业大学水利与土木建筑工程学院、内蒙古农业大学寒旱区灌溉排水研究所领导和老师的支持，在此表示感谢；同时感谢内蒙古水利科学研究院、河套灌区灌溉管理总局的领导及相关人员在野外试验调研、资料收集等方面的支持与配合；在试验研究进行中，感谢中国农业大学杨培岭教授、黄权中研究员，武汉大学杨金忠教授，内蒙古农业大学史海滨教授等老师的指导。本书参考和引用了一些专著和文献，在此一并表示诚挚的感谢！

由于时间和水平有限，书中难免存在不足之处，恳请读者批评指正！

作　者

2019年12月于呼和浩特

目　录

第1章 膜下滴灌典型作物需水规律 及土壤环境效应研究

2012～2014 年在临河九庄试验站开展了膜下滴灌典型作物需水规律试验研究，2015～2016 年在乌拉特前旗长胜试验站开展了膜下滴灌典型作物需水规律试验研究，基于田间试验，运用水量平衡法计算了作物生育期内耗水规律，结合 Penman-Monteith 法计算参考作物需水量，计算得出典型作物各生育期内的作物系数。

1.1 非盐碱地不同灌水下限典型作物 （葵花、玉米）需水规律

1.1.1 试验设计与方法

1. 试验设计

（1）试验所用滴灌带均为大禹节水公司和上海华维节水公司生产的内镶贴片式滴灌带，滴头间距为 300mm，滴头流量 1.68L/h，滴灌带管径为 16mm。

（2）供试作物。

① 供试作物玉米品种是内单 314。采用现行的一膜两行的种植模式，行距为 60cm，株距 20cm，亩株数约 5400 株。传统施肥模式：底肥磷酸二铵 600kg/hm²、钾肥 0kg/hm²，后期随第一水追肥尿素 600kg/hm²，随第二水追肥尿素 300kg/hm²。膜下滴灌模式：底肥用二铵 600kg/hm²，后期随滴灌追尿素 600kg/hm²、钾肥 90kg/hm²。

② 供试作物葵花品种是 9009。在种植模式因素中，采用现行的一膜两行的种植模式，行距为 60cm，株距 40cm，密度为 2700 株。播种、施基肥、覆膜、铺滴灌带一次性完成。传统种植施肥模式：底肥为磷酸二铵 190kg/hm²，钾肥采用农用硝酸钾 0kg/hm²，尿素 525kg/hm²。水肥一体化种植：底肥仅仅采用二铵 190kg/hm²，硝酸钾 150kg/hm²，尿素 150kg/hm² 随水进行追施。

③ 灌水下限设置。膜下滴灌灌溉制度采用张力计控制，灌水下限分别设为 –10kPa、–20kPa、–30kPa、–40kPa、–50kPa。张力计埋置于滴灌毛管滴头正下方 20cm 处（表 1-1）。

表 1-1 灌溉制度试验设计

项目	引黄常规种植	滴灌（土壤水势）				
	CK	D10	D20	D30	D40	D50
试验处理						
灌水下限	2	−10kPa	−20kPa	−30kPa	−40kPa	−50kPa

注：常规种植灌水时间根据渠道来水时间确定。

2. 试验方法

（1）气象资料观测。在作物生育期间，使用自动气象站同步记录试验区的降水量、气温、光合有效辐射、风速等气象数据（精确到日）。

（2）土壤水分含量的测定。在作物各生育时期（包括播种前），每隔 10cm 土层用 TDR 水分测定仪（第二重复小区）或土钻取土（第一、三重复小区）动态监测 1.5m 土体内的土壤含水量。每 5 天测量 1 次，并且在灌水前、灌水后及降水后加测。

（3）土壤温度的测定。作物生育期内：每 5 天用 Diviner2000-TDR 水分监测仪测量 1 次 0～100cm 土体内每隔 10cm 的土壤含水量，并且在灌水前、灌水后及降水后加测。土壤温度采用地埋式 8 通路温度记录仪（YM-04）实时观测，温度计埋设位置分别为膜内滴头正下方和膜外（即指两地膜之间裸地正中间位置），具体埋设示意图如图 1-1 所示。地温仪每 1h 记录一次地温，土壤温度记录仪精度为 ±0.02℃，温度分辨率为 0.05℃。

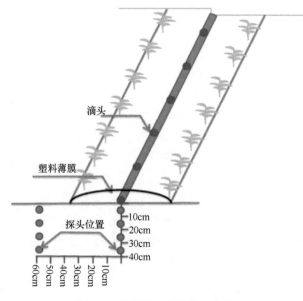

图 1-1 温度记录仪埋设示意图

（4）地下水位观测。利用试验区附近的地下水观测井，观测地下水位的变化，每 5 日一观测。

（5）作物形态生理指标的测定。出苗后，在各试验小区，每个生育期测试一次作物的株高、茎粗和叶面积。

1.1.2　结果与分析

1. 非盐碱地不同水文年膜下滴灌灌溉制度

（1）灌溉试验区水文年型分析及代表性评价。本次分析采用频率法对临河区 1957～2014 年共 58 年水文年型进行计算分析，计算结果见表 1-2。

表 1-2　水文年型分析表

序号	排队年份	降水量排队系列	频率/%	序号	排队年份	降水量排队系列	频率/%
1	1967	228.2	1.69	23	2003	144.7	38.98
2	2008	204.3	3.39	24	2007	141.6	40.68
3	1961	202.8	5.08	25	1976	141.3	42.37
4	1977	200.4	6.78	26	2010	140.4	44.07
5	1992	196.7	8.47	27	1983	138.7	45.76
6	1984	188.7	10.17	28	1989	134.0	47.46
7	1979	185.6	11.86	29	1998	128.5	49.15
8	1995	184.9	13.56	30	1985	128.3	50.85
9	1958	183.8	15.25	31	2001	126.2	52.54
10	1959	180.2	16.95	32	2002	125.5	54.24
11	1994	180.0	18.64	33	1966	123.7	55.93
12	1988	174.3	20.34	34	1991	122.0	57.63
13	2004	167.2	22.03	35	1999	119.2	59.32
14	1973	163.9	23.73	36	1968	117.1	61.02
15	1990	163.2	25.42	37	1962	109.7	62.71
16	1975	161.4	27.12	38	2013	106.9	64.41
17	1964	157.0	28.81	39	1982	105.3	66.1
18	2006	153.8	30.51	40	1970	104.3	67.8
19	2012	152.4	32.20	41	1969	104.1	69.49
20	1996	151.7	33.90	42	1971	102.8	71.19
21	1981	147.8	35.59	43	1960	102.3	72.88
22	1987	144.9	37.29	44	1963	101.9	74.58

序号	排队年份	降水量排队系列	频率/%	序号	排队年份	降水量排队系列	频率/%
45	1978	101.2	76.27	52	1972	81.6	88.14
46	2000	100.8	77.97	53	2005	81.4	89.83
47	1980	100.2	79.66	54	1974	68.7	91.53
48	1997	98.8	81.36	55	2014	65.4	93.22
49	1993	95.1	83.05	56	1986	61.9	94.92
50	2009	91.3	84.75	57	1965	61.3	96.61
51	1957	84.4	86.44	58	2011	50	98.31

由计算结果可知,试验区从 1957~2014 年年内降水常变,频率为 25%丰水年出现在 1990 年,降水量为 163.2mm;其最大降水出现在 1967 年,频率为 1.69%,降水量为 228.2mm,较 25%丰水年大 65mm;2012 年试验区降水量为 152.4mm,频率为 32.20%,较 25%丰水年小 11mm,重现期为 3.8 年,可视为丰水年;频率为 50%平水年为 1985 年,降水量为 128.3mm,2013 年试验区降水量为 106.9mm,频率为 64.41%,较 50%平水年小 22mm,重现期为 3.4 年,可视为平水年;频率为 75%枯水年为 1963 年,降水量为 101.9mm;特枯年为 2011 年,降水量仅为 50mm,不足频率为 25%丰水年的 21.9%。其频率曲线见图 1-2,2014 年降水量为 65.4mm,频率为 93%,为枯水年,重现期为 16 年。

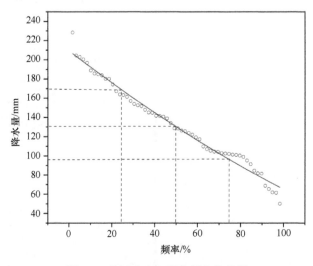

图 1-2 临河市多年降水频率曲线图

由上述分析可知,试验区多年降水量均值为 132.5mm,重现期为 1 年,2012~2014 年分别代表了试验区的丰水年、平水年及枯水年。研究获得作物需水规律及灌溉制度，基本可代表本地区不同水文年型作物需水规律及灌溉制度。

（2）不同水文年膜下滴灌灌水量分析。在降水量稀少、年蒸发量高达 2300mm 的极为干旱的内蒙古河套灌区，农业灌溉显得非常重要。表 1-3 和表 1-4 分别统计了 2012～2014 年生育期内葵花和 2013～2014 年生育期内玉米灌水情况。从表 1-3 和表 1-4 可以看出，不同土壤基质势下，作物灌水量有较明显的差异，土壤基质势与灌水量并非线性变化，而呈现指数变化趋势，即土壤基质势每下降 10kPa 灌水量呈差值减小，同一基质势下不同水文年，灌水量随水文年型变化。丰水年较枯水年少灌水两次即 45mm，较平水年少灌水一次即 22.5mm。在同一作物生长阶段，受气候、降水影响，同一基质势下，不同水文年灌水量差异较大。

表 1-3　2012～2014 年生育期内葵花灌水情况

生育阶段		播种-出苗	出苗-现蕾	现蕾-开花	开花-灌浆	灌浆-成熟	合计灌水次数/次	合计灌水量/mm
日期		6 月 20 日～7 月 13 日	7 月 14 日～8 月 1 日	8 月 2 日～8 月 20 日	8 月 21 日～9 月 10 日	9 月 11 日～10 月 10 日		
2012 年	−10kPa	2	3	4	3	1	13	292.5
	−20kPa	2	3	2	2	1	10	225
	−30kPa	2	2	2	1	1	8	180
	−40kPa	1	1	2	1	1	6	135
	−50kPa			2	1	1	5	112.5
生育阶段		播种-出苗	出苗-现蕾	现蕾-开花	开花-灌浆	灌浆-成熟	合计灌水次数/次	合计灌水量/mm
日期		6 月 4 日～7 月 7 日	7 月 8 日～8 月 1 日	8 月 2 日～8 月 23 日	8 月 24 日～9 月 8 日	9 月 9 日～10 月 5 日		
2013 年	−20kPa	3	3	3	2		11	247.5
	−30kPa	3	2	3	1		9	202.5
	−40kPa	2	2	2	2		8	180
生育阶段		播种-出苗	出苗-现蕾	现蕾-开花	开花-灌浆	灌浆-成熟	合计灌水次数/次	合计灌水量/mm
日期		6 月 9 日～7 月 4 日	7 月 5 日～7 月 20 日	7 月 21 日～8 月 13 日	8 月 14 日～9 月 4 日	9 月 5 日～10 月 1 日		
2014 年	−10kPa	3	3	4	3	1	14	315
	−20kPa	2	3	3	3	1	12	270
	−30kPa	2	2	3	3	1	10	225
	−40kPa	1	2	3	2	1	9	202.5

表 1-4　2013～2014 年生育期内玉米灌水情况

生育阶段		播种-出苗	出苗-拔节	拔节-抽穗	抽穗-灌浆	灌浆-成熟	合计灌水次数/次	合计灌水量/mm
日期		5 月 4 日～6 月 4 日	6 月 5 日～7 月 8 日	7 月 9 日～7 月 25 日	7 月 26 日～8 月 25 日	8 月 26 日～10 月 1 日		
2013 年	−20kPa	2	3	3	5	1	14	315
	−30kPa	2	2	3	4	1	12	270
	−40kPa	2	2	2	3	1	10	225
	−50kPa	2	2	2	2	1	9	202.5

生育阶段	播种-出苗	出苗-拔节	拔节-抽穗	抽穗-灌浆	灌浆-成熟	合计灌水次数/次	合计灌水量/mm
日期	5月1日～6月3日	6月4日～7月8日	7月9日～7月25日	7月26日～8月20日	8月21日～10月1日		
2014年 −10kPa	3	7	4	4	1	19	427.5
2014年 −20kPa	3	4	3	4	1	15	337.5
2014年 −30kPa	2	4	3	3	1	13	292.5
2014年 −40kPa	2	3	2	3	1	11	247.5

（3）不同灌水量处理对作物生长的影响。图1-3～图1-5分别为2012年不同灌水量处理与葵花株高、茎粗、叶面积的关系图，图1-6为2013年不同灌水量处理与玉米株高的关系图。

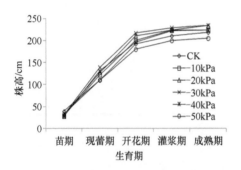

图1-3　不同灌水量处理与葵花株高关系

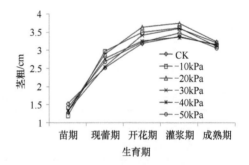

图1-4　不同灌水量处理与葵花茎粗关系

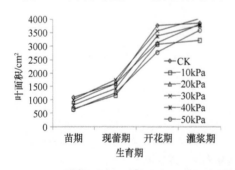

图1-5　不同灌水量处理与葵花叶面积关系图

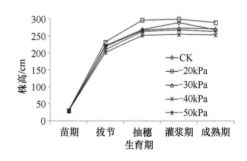

图1-6　不同灌水量处理与玉米株高关系

从图1-3～图1-5不同灌水处理对葵花形态指标影响的变化来看，株高、茎粗、叶面积全生育期呈先增大后减小的趋势。灌浆期株高、茎粗与叶面积均基本达到最大值，不同灌水量对葵花株高、茎粗、叶面积均有显著的影响，但变化规律各异。具体表现为，株高–30kPa>–20kPa>–40kPa>–10kPa>CK>–50kPa，茎粗–20kPa>–10kPa>–30kPa>CK>–40kPa>–50kPa，叶面积CK>–30kPa>–40kPa>–20kPa>–10kPa>–50kPa。

表 1-5 和表 1-6 分别为不同年份不同灌溉量条件下葵花和玉米全生育期形态指标变化。叶子为作物进行光合作用的主要器官，直接影响作物的产量，CK 为示范区传统种植方式，密度较低，单株叶面较大，不同灌水处理株高和叶面积均表现为在–30kPa 基质势下最大；茎为作物水分和养分的运输通道，其粗细程度影响作物蒸发蒸腾及生命力状况，基本上表现为灌水量较大时茎较粗，即在–20kPa下最大。葵花株高开花前生长迅速，生长速率可达 4cm/d，但到开花期后增长缓慢，在成熟阶段表现为株高基本不改变。茎粗和叶面积也在开花前增长较快，在成熟阶段表现为较灌浆期有所减小。综合各形态指标变化情况，葵花在–30kPa 下各表现较好。不同灌水处理对玉米的影响总体变化趋势与葵花相似，玉米各处理形态指标总体表现为–20kPa>CK>–30kPa>–40kPa>–50kPa。

表 1-5　不同灌溉量条件下葵花全生育期形态指标变化

生育期	处理	2012 年			2013 年		
		株高/cm	茎粗/cm	叶面积/cm^2	株高/cm	茎粗/cm	叶面积/cm^2
苗期	CK	38.97	1.53	1095.99			
	–10kPa	28.17	1.2	656.17			
	–20kPa	31.77	1.33	930.53	68.2	2	923.04
	–30kPa	29.97	1.33	996.35	66.4	1.6	827.43
	–40kPa	27.87	1.33	801.65	62	1.4	760.43
	–50kPa	32.8	1.43	639.27			
现蕾期	CK	110	2.52	1611.92			
	–10kPa	121.9	2.97	1163.38			
	–20kPa	127.1	2.89	1594.38	115	2.8	1658.99
	–30kPa	138.9	2.54	1738.11	110	2.5	1752.62
	–40kPa	130.4	2.76	1412.4	110.5	2.35	1520.85
	–50kPa	110	2.69	1252.31			
开花期	CK	192.3	3.19	3773.33			
	–10kPa	199.67	3.49	3076.6			
	–20kPa	210.9	3.64	3126.26	194.6667	3.23	2641.3
	–30kPa	217	3.42	3567.78	189.63	3	3276.95
	–40kPa	196.2	3.25	3374.88	179.63	2.7	2950.64
	–50kPa	180	3.22	2772.3			
灌浆期	CK	210.7	3.39	3861.44			
	–10kPa	223.3333	3.62	3218.42			
	–20kPa	223.3333	3.74	3804.82	210	3.67	3008.14
	–30kPa	229.2	3.61	4019.5	206	3.4	3005.26
	–40kPa	223	3.36	3764.87	186	3.05	2610.49
	–50kPa	200	3.47	3591.8			

续表

生育期	处理	2012 年			2013 年		
		株高/cm	茎粗/cm	叶面积/cm²	株高/cm	茎粗/cm	叶面积/cm²
成熟期	CK	218.2	3.15	/			
	−10kPa	223.36	3.12	/			
	−20kPa	233.6	3.24	/	206		
	−30kPa	234.4	3.21	/	205		
	−40kPa	224	3.16	/	185.4		
	−50kPa	204.9	3.07	/			

注：CK 为井灌传统模式；成熟期由于叶片枯黄，叶面积未进行测定。下同。

表 1-6 不同灌溉量条件下玉米全生育期形态指标变化（2013 年）

生育期	处理	株高/cm	茎粗/cm	生育期	处理	株高/cm	茎粗/cm
苗期	CK	30.0	6.62	灌浆期	CK	288.0	25.99
	−20kPa	30.4	6.60		D20	298.8	25.92
	−30kPa	30.0	5.90		D30	272.0	24.92
	−40kPa	30.2	5.40		D40	266.7	29.69
	−50kPa	30.0	6.00		D50	253.7	28.55
拔节	CK	220.0	28.56	成熟期	CK	268.0	25.74
	−20kPa	230.7	28.26		D20	288.4	22.80
	−30kPa	218.3	26.89		D30	270.0	22.29
	−40kPa	208.0	25.42		D40	262.2	21.50
	−50kPa	201.0	26.95		D50	252.0	22.41
抽穗	CK	268.0	24.98				
	−20kPa	295.6	24.92				
	−30kPa	266.0	24.92				
	−40kPa	262.0	29.21				
	−50kPa	251.3	30.74				

注：CK 为井灌传统模式。

（4）不同灌水量处理对作物产量的影响。

表 1-7 和表 1-8 分别为不同年份不同灌溉量条件下葵花和玉米产量的变化。百粒重是体现种子大小与饱满程度的一项重要指标，是检验种子质量和作物考种的内容。从表中可以看出，传统种植对照组百粒重均较膜下滴灌不同处理大，主要原因是膜下滴灌种植密度提高，葵花由 34500 株/hm² 提高至 40500 株/hm²，玉米由 67500 株/hm² 提高至 81000 株/hm²。种植密度的提高一定程度上影响了作物子粒的大小，同样影响葵花的结实率。

表 1-7　不同灌溉量条件下葵花产量变化

试验处理	2012 年			2013 年			2014 年		
	百粒重/g	空壳率/%	产量/(kg/hm²)	百粒重/g	空壳率/%	产量/(kg/hm²)	百粒重/g	空壳率/%	产量/(kg/hm²)
CK	10	5.7	3150	9.8	5.4	3527.9	9.8	5.2	3368.4
−10kPa	8	8.4	2938.2				8	9	3038.4
−20kPa	8.6	6.7	3619.5	8.9	6.2	3886.8	9.1	6.7	3772.1
−30kPa	8.9	5.9	3670.5	9.6	5.6	4081.7	9.8	5	3931.7
−40kPa	8.4	6.7	3519	8.4	7.2	3769.9	8	6.6	3739.9
−50kPa	7.7	8.2	2737.2						

注：表中 CK 为井灌传统灌溉模式作物产量。

表 1-8　不同灌溉量条件下玉米产量变化

试验处理	2013 年			2014 年		
	百粒重/g	秃尖/mm	产量/(kg/hm²)	百粒重/g	秃尖/mm	产量/(kg/hm²)
CK	36.8	23.0	10447.5	38.0	21.0	14680.8
−10kPa				34.0	6.0	14230.2
−20kPa	34.9	5.0	14680.3	35.4	3.0	16511.0
−30kPa	33.9	8.0	13858.7	34.9	5.0	14964.4
−40kPa	31.8	13.0	12973.8	33.3	8.0	13804.0
−50kPa	30.3	16.0	11185.0			

注：表中 CK 为井灌传统灌溉模式作物产量。

图 1-7 和图 1-8 为不同土壤基质势对葵花和玉米产量影响的关系图。可以看出，不同灌水处理对作物产量和结实率有较为明显的影响。图 1-7 表明，葵花在 −10kPa 和−50kPa 情况下产量均明显下降。葵花是对水分要求较为严格的作物，灌水量过小会因水分亏缺抑制作物生长，灌水量过大会引发根腐病，造成作物减产。葵花产量在基质势为−20～−40kPa 的变化较为平缓。玉米不同灌水处理，产量均

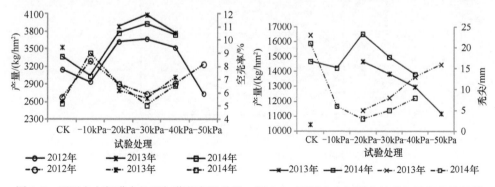

图 1-7　不同水文年灌水处理与葵花产量关系　　图 1-8　不同水文年灌水处理与玉米产量关系

变化显著。传统种植灌溉玉米秃尖明显，主要原因是传统种植灌溉灌水量大，灌水次数少，水肥条件没有滴灌优越。

作物生育期内气温、光照时间等均不同程度影响作物产量。从图1-7和图1-8可知，不同水文年膜下滴灌在同一土壤基质势下，受气候的影响，产量差异较大，葵花总体变化趋势为2013年>2014年>2012年，玉米2014年产量大于2013年。

（5）不同水文年膜下滴灌适宜灌溉制度。图1-9、图1-10为不同水文年不同灌水量与葵花和玉米产量的关系图。不同水文年作物产量变化较大，但灌水量与产量之间均呈现二次抛物线关系，且相关系数均大于0.9，具体见表1-9。膜下滴灌因其覆膜和局部灌溉，一定程度减少了蒸发，提高了灌水利用效率，极大程度减少了灌溉水量。由于产量是评价作物最重要指标，本书以作物产量最大化确定适宜灌水量。具体计算结果如表1-10和表1-11所示。

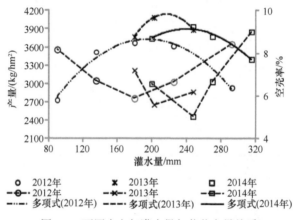

图1-9　不同水文年灌水量与葵花产量关系

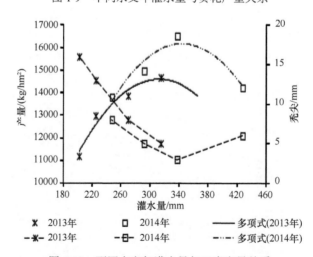

图1-10　不同水文年灌水量与玉米产量关系

表 1-9　不同水文年葵花产量与灌水量关系

测试年份	2012 年	2013 年	2014 年
拟合方程	$y = -0.0856x^2 + 33.412x + 467.77$	$y = -0.2694x^2 + 116.92x - 8546$	$y = -0.148x^2 + 70.119x - 4361$
相关系数 R^2	0.9796	1	0.9828
适宜灌水量 /mm	195	217	237

注：表中拟合方程中 x 为作物灌水量（mm）；y 为作物产量（kg/hm²）。

表 1-10　不同水文年葵花产量与灌水量关系对应表

生育阶段	播种-出苗	出苗-现蕾	现蕾-开花	开花-灌浆	灌浆-成熟	合计灌水次数/次	灌水定额/mm	灌溉定额/mm
日期	6 月 5 日~ 7 月 9 日	7 月 10 日~ 8 月 1 日	8 月 2 日~ 8 月 20 日	8 月 21 日~ 9 月 4 日	9 月 5 日~ 10 月 10 日			
2012 年	2	2	2	1	1	8	24	192
2013 年	3	2	3	1		9	24	216
2014 年	2	2	2	3	1	10	24	240

表 1-11　不同水文年玉米产量与灌水量关系对应表

生育阶段	播种-出苗	出苗-拔节	拔节-抽穗	抽穗-灌浆	灌浆-成熟	合计灌水次数/次	灌水定额/mm	灌溉定额/mm
日期	5 月 4 日~ 6 月 4 日	6 月 5 日~ 7 月 8 日	7 月 9 日~ 7 月 25 日	7 月 26 日~ 8 月 25 日	8 月 26 日~ 10 月 1 日			
2013 年	2	3	3	5	1	14	22	308
2014 年	3	4	3	4	1	15	22	330

2. 不同水文年膜下滴灌作物系数研究

1）Penman-Monteith 法计算不同水文年参考作物蒸发蒸腾量

彭曼-蒙特斯（Penman-Monteith）公式（Allen et al.，1998）综合考虑了各种气象因素对 ET_0 的影响，是一个统一的、标准的计算 ET_0 的方法的机理性公式。经过几十年的理论研究与实践应用，不需要进行地区率定，也不需要改变任何参数便可适用于中国和世界各个地区，具有可靠的物理基础，已在世界上许多国家和地区广泛应用（刘钰等，1997）。其计算公式为

$$ET_0 = \frac{0.408(R_n - G) + \gamma \dfrac{900}{T + 273} u_2 (e_s - e_a)}{\Delta + \gamma(1 + 0.34u_2)} \tag{1-1}$$

式中，ET_0 为参考作物蒸发蒸腾量，mm/d；R_n 为作物冠层表面的净辐射，MJ/(m²·d)；G 为土壤热通量，MJ/(m²·d)；T 为 2m 高度处的日平均气温，℃；u_2 为 2m 高度处的日平均风速，m/s；e_s 为饱和水汽压，kPa；e_a 为实际水汽压，kPa；$e_s - e_a$ 为饱和

水汽压差，kPa；Δ 为饱和水汽压与温度曲线的斜率、即水汽压曲线斜率，kPa/℃；γ 为湿度计常数，kPa/℃。

本书以日为时间段，计算该试验区的参考作物蒸发蒸腾量 ET_0，计算结果按旬统计见表 1-12。

表 1-12　Penman-Monteith 法计算参考作物蒸发蒸腾量（单位：mm）

时间	2012 年				2013 年				2014 年			
	上旬	中旬	下旬	合计	上旬	中旬	下旬	合计	上旬	中旬	下旬	合计
1 月	3.2	4.8	8.1	16.1	3.6	5.5	11.1	20.2	6.5	7	9.7	23.3
2 月	6.7	8.5	12.3	27.4	9.9	12.5	17.3	39.7	9.4	10.3	13.2	32.9
3 月	14.5	21.4	32.9	68.7	29.1	25.4	34.4	88.9	18.2	26.9	35.7	80.9
4 月	39.6	48.2	50.5	138.3	31.4	45	49.9	126.2	45	34.1	37.6	116.7
5 月	55	53.5	53.7	162.2	52.2	51	55.5	158.7	55.7	60	62.3	178
6 月	54	63	50.2	167.1	54.7	42.5	60.1	157.4	59.4	60.5	49.5	169.5
7 月	55	53.5	53.7	162.2	52.2	51	55.5	158.7	55.7	60	62.3	178
8 月	48.9	44.6	48.7	142.2	50.6	46.3	49.2	146.2	44.9	48.9	42	135.8
9 月	33.9	29.4	25	88.4	35.5	37	28.3	100.8	36.2	31.3	30.2	97.7
10 月	20.5	21	21.8	63.2	31.7	19	17.9	68.6	21.8	19.6	23.3	64.7
11 月	13.1	7.8	10.4	31.4	13.3	11.1	8.8	33.2				
12 月	7.7	4.8	6.3	18.7	6.2	3.9	7.2	17.4				
合计				1086.1				1116.1				1077.4
5~9 月				722.2				721.8				758.9

由上述计算可知，参考作物蒸发蒸腾量年内不同月份变化明显，不同水文年型参考作物腾发量差异较小（图 1-11）。

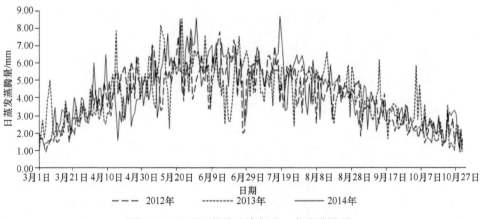

图 1-11　试验田作物生育期内日蒸发蒸腾量

2）膜下滴灌灌溉制度试验水量平衡计算

（1）作物生育期内有效降水计算。由降水资料可知，2013 年生育期内葵花降水量为 89.1mm，玉米为 104.8mm，2014 年生育期内葵花降水量为 53.8mm，玉米为 65.4mm。一般认为，有效降水量指总降水量中能够保存在作物根系层中用于满足作物蒸发蒸腾需要的那部分水量，所以它不包括地表径流和渗漏至作物根系吸水层以下的水量。对于旱作物，有效降水量指保存在根系吸水层内，以及降水过程中蒸发蒸腾消耗掉的雨量。因为该试验区年降水总量或某次降水过程持续时间和强度不大，一般而言，降水产生的地表径流和深层渗漏概率很小。某次较小的降水过程，虽然降水量保存在根系吸水层内的有效水量不多，更多的意义在于因降水而增加了田间相对湿度，改变田间小气候，减少作物蒸发蒸腾，从而缓解气象干旱对农作物生长的压力。降水有效利用系数与降水总量、降水强度、降水延续时间、土壤性质、作物生长、地面覆盖和计划湿润层深度等因素有关（SL13—2004）。计算分析一般多采用试验资料、统计分析和经验方法确定。

本试验采用统计分析和经验方法确定作物生育期内有效降水。根据 2012 年引黄灌区灌溉水效率测试数据，同时引入徐小波等（2010）在北疆灌区的试验数据，将一次降水量小于 1mm 的降水视为无效降水量，大于 1mm 按模拟确定出次有效降水量的计算公式计算（刘钰和 Pereira，2000）。其公式为

$$P_e = 0.3922 P 1.2204 e\ (-0.0056P) \qquad\qquad (1\text{-}2)$$

式中，P_e 为次有效降水，mm；P 为单次有效降水量，mm。

运用上述式（1-2）方法结合 2012 年数据对该试验区 2013 年 26 次、2014 年的 16 次降水进行分析，计算结果见表 1-13。运用此方法计算出作物 2013 年和 2014 年生育期内降水有效利用率分别为 57.83% 和 55.55%，与徐小波等 2010 年在北疆灌区的综合降水有效利用率 52% 相当。从作物生命特征来看，2013 年作物于 9 月 18 日均已成熟，故将 9 月 18 日有效降水视为生育期外降水。由此计算得出 2013 年葵花全生育期内有效降水量为 40.72mm，玉米为 47.6mm；2014 年葵花全生育期内有效降水量为 31mm，玉米为 34.4mm。

表 1-13　作物生育期内降水量及计算的有效降水量

2012 年降水					
日期	P/mm	P_e/mm	日期	P/mm	P_e/mm
3 月 4 日	0.4		5 月 21 日	5	2
3 月 15 日	0.2		5 月 28 日	18.4	8
3 月 28 日	0.2		6 月 6 日	3.6	1.4
4 月 20 日	0.2		6 月 19 日	0.2	
4 月 23 日	0.2		6 月 21 日	0.4	
5 月 11 日	13.4	5.7	6 月 26 日	22.9	10.2

续表

2012 年降水					
日期	P/mm	P_e/mm	日期	P/mm	P_e/mm
7 月 4 日	1.6	0.6	9 月 1 日	11.7	4.9
7 月 7 日	0.2		9 月 10 日	3.7	1.5
7 月 17 日	2.8	1.1	9 月 16 日	2.3	0.9
7 月 19 日	0.8		9 月 18 日	0.2	
7 月 21 日	0.2		9 月 21 日	3.4	1.4
7 月 24 日	1.2	0.5	9 月 24 日	0.9	
7 月 27 日	16.5	7.1	9 月 26 日	1.5	0.6
7 月 30 日	12.4	5.2	10 月 4 日	3.4	1.4
8 月 1 日	0.5		10 月 8 日	0.6	
8 月 4 日	3.2	1.3	11 月 3 日	0.4	
8 月 7 日	0.4		11 月 15 日	0.4	
8 月 10 日	6.3	2.6	11 月 22 日	0.2	
8 月 11 日	9.6	4	12 月 1 日	0.2	
8 月 16 日	0.6		12 月 7 日	0.2	
8 月 25 日	1.5	0.6	12 月 20 日	0.4	
2013 年降水					
日期	P/mm	P_e/mm	日期	P/mm	P_e/mm
5 月 6 日	0.2		7 月 1 日	5.8	3.2
5 月 8 日	2.1	1	7 月 7 日	0.2	
5 月 15 日	1.3	0.5	7 月 14 日	0.1	
5 月 16 日	11.7	7.4	7 月 18 日	0.5	
5 月 27 日	0.4		7 月 21 日	15.7	10.3
6 月 6 日	0.4		7 月 26 日	2.9	1.4
6 月 8 日	6.2	3.5	8 月 6 日	0.4	
6 月 10 日	0.2		8 月 11 日	0.3	
6 月 13 日	0.2		8 月 20 日	1.3	0.5
6 月 16 日	14.7	9.6	8 月 27 日	2.4	1.1
6 月 20 日	9.8	6	9 月 3 日	4.4	2.3
6 月 26 日	0.2		9 月 8 日	4.8	2.6
6 月 29 日	0.4		9 月 18 日	18.2	12.2
2014 年降水					
日期	P/mm	P_e/mm	日期	P/mm	P_e/mm
4 月 19 日	2.6	1.2	5 月 23 日	2.4	1.1
4 月 25 日	1.6	0.7	6 月 3 日	2.8	1.4
5 月 9 日	1.6	0.7	6 月 5 日	0.6	

续表

2014 年降水					
日期	P/mm	P_e/mm	日期	P/mm	P_e/mm
6 月 29 日	13.6	8.8	8 月 14 日	4.2	2.2
7 月 7 日	0.4		8 月 23 日	1.2	0.5
7 月 11 日	2.8	1.4	8 月 31 日	10.2	6.3
7 月 22 日	0.8		9 月 5 日	3.8	2
8 月 7 日	11	6.9	9 月 11 日	5.8	3.2

（2）地下水补给量计算。区域内的 10 眼地下水观测井，能够全面反映不同灌水方式下地下水的动态变化情况。图 1-12 为 2013 年该区域内地下水年平均变化情况。从图中可知，滴灌区平均地下水埋深小于 3.0m。陈亚新（1993）在内蒙古河套灌区解放闸沙壕渠灌域，利用地中渗透仪测定了葵花覆盖情况下粉质砂壤土和黏土，在潜水埋深为 0.5m、1m、1.5m、1.8m、2.1m、2.5m、3.0m 及变动水位（随试区地下水埋深变动）八种处理情况的潜水蒸发。试验表明，潜水位为 2.1m 时，黏土蒸发量为 13.5mm、粉质砂壤土为 124.62mm；潜水位为 2.5m 时，黏土蒸发量为 12.05mm、粉质砂壤土为 48.78mm；潜水位为 3m 时，黏土蒸发量为 11.5mm、粉质砂壤土为 25.4mm（王伦平和陈亚新，1993）。

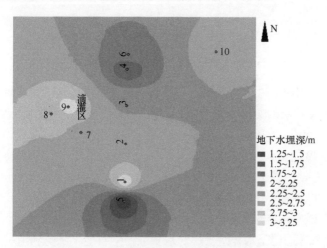

图 1-12　2013 年试验区区域内地下水变化

李法虎等（1992）1986～1991 年在商丘试验站通过测坑试验研究表明，地下水位为 2.0m 时，对于夏玉米，黏土地下水利用量与同期作物需水量之比为 16.2%，粉砂壤土为 57.0%。地下水位埋深达 2.5m 时，其比值分别为 0 和 29.6%。张义强等（2013）2009～2010 年在曙光试验站研究表明，当地下水埋深 2.0m 时，葵花年度平均补水量为 41.33mm。因此，在浅埋地下水地区，制订灌溉计划，应充分考虑这部分水量，以避免水资源、人力和物力的浪费。

图 1-13 为 2012～2014 年试验田作物生育期内地下水变化情况。由图可知年际间地下水总体相差不大，受灌水日期及降水影响，某些时段有较大差异。年内地下水变化受灌水影响较大，6 月初地下水明显下降，主要原因是 6 月初为小麦抽穗、玉米拔节，正值农业第一次全面灌溉，井灌区大量抽水，地下水下降，而后于 6 月底上升为最高。在试验区所在的一斗渠与二斗渠之间，约有 1800 亩（1 亩≈666.7m²）土地，而黄灌区面积约为 1200 亩，井灌区 600 亩，在一定程度上形成了 1∶2 的井渠结合灌溉区，黄灌区的大量灌水在一定程度上保证了地下水水位多年保持不变或稍有升高。

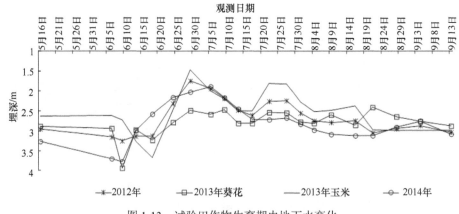

图 1-13 试验田作物生育期内地下水变化

2012 年试验田中，生育期内最小埋深为 6 月 29 日 1.74m，最大埋深为 6 月 9 日 3.26m，平均埋深 2.67m；2013 年葵花试验田中，生育期内最小埋深为 8 月 21 日 1.74m，最大埋深为 6 月 9 日 3.94m，平均埋深 2.8m；2013 年向玉米试验田中，生育期内最小埋深为 6 月 29 日 1.46m，最大埋深为 6 月 18 日 3.68m，平均埋深 2.54m；2014 年试验田中，生育期内最小埋深为 7 月 5 日 1.9m，最大埋深为 6 月 9 日 3.78m，平均埋深 2.8m；可以看出，该地区地下水埋深 2.8m 左右，相对较浅。

由于地表蒸发和作物蒸腾作用，浅埋地下水能不断地补给土壤一定的水量，以满足作物根系吸水。地下水补给土壤的水量或作物对地下水的利用量实际是指在有作物覆盖情况下的潜水蒸发。此部分水量从不能被作物直接利用的地下水转变为可被作物吸收利用的土壤水，扩大了土壤水资源的储量。利用此部分水资源，将减少灌溉定额、提高灌溉水利用率、降低农业生产成本，对拟定灌溉制度等具有一定的指导意义（肖娟等，2004）。且对地下水埋深较浅的内蒙古河套灌区研究灌溉制度，计算地下水补给量显得尤为重要。目前对于计算地下水的经验公式大多认为地下水补给量与地下水埋深、潜水蒸发、作物种类和土壤质地有关。陈亚新（1993）依据试验结果通过回归分析，求得适用于本地的潜水蒸发适宜计算地下水利用系数经验公式，但本公式未考虑不同作物的影响。通过综合比较各类经验公式，本书计划采用与该试验区土质接近的李法虎等（1992）对夏玉米研究的结果，同时利用 2014 年数据结合陈亚新（1993）研究结论对计算结果进行比较，其计算公式为

黏土：

$$\frac{W_{\mathrm{G}}}{W_{\mathrm{C}}} = -0.3264 \times H + 0.81458 \qquad (1\text{-}3)$$

粉砂壤土：

$$\frac{W_{\mathrm{G}}}{W_{\mathrm{C}}} = -0.54742 \times H + 1.66494 \qquad (1\text{-}4)$$

式中，W_{G} 为地下水利用量，mm；W_{C} 为同期的作物需水量，mm；H 为地下水位埋深，m；

校验公式：

$$G_{\mathrm{g}} = f_{(H)} \times E \qquad (1\text{-}5)$$

粉砂壤土：

$$f_{(H)} = C = 0.3356 - 0.2929 \ln H \qquad (1\text{-}6)$$

黏土：

$$f_{(H)} = C = 0.0548 H^{-1.5266} \qquad (1\text{-}7)$$

式中，H 为地下水埋深，m；$f_{(H)}$ 为地下水利用量与埋深的关系系数；E 为潜水蒸发量，mm。公式的适用范围：砂壤土（0.2，3.15），黏土（0.2，+∞）。W_{C} 同期的作物需水量利用 Penman-Monteith 法计算的参考作物蒸发蒸腾量与作物系数计算。作物系数参考内蒙古河套灌区多年研究，综合分析作物及覆膜对作物系数的影响。本计算拟采用石贵余等（2003）对河套灌区 1981～1999 年作物系数计算研究结果及戴佳信和史海滨（2011）在磴口试验站 2009～2010 年研究的作物系数，其值见表 1-14。在相应阶段运用插值法计算同期的作物需水量。该地区土壤质地为粉砂壤土，选用式（1-4）进行计算，式（1-6）校验。

表 1-14　各生育期划分及作物系数 K_{c}

名称	生育期划分		作物系数 K_{c}	
	葵花	玉米	葵花	玉米
生长初期	6.1～6.28	4.15～5.20	0.3	0.224
快速生长期	6.29～7.23	5.21～7.60	0.75	0.713
生长中期	7.24～9.60	7.61～8.28	1.2	1.224
成熟期	9.61～9.25	8.29～9.20	0.35	0.479
生育期天数	117	158		

两种计算方法计算地下水补给结果相近，说明所选公式基本适宜该地区地下水补给量计算。通过上述计算，2012 年葵花生育期内地下水补给量为 67.47mm，2013 年为 66.75mm，2014 年为 43mm。2013 年玉米生育期内地下水补给量为 150mm，较 2014 年 84mm 多 76mm，主要由于 2013 年玉米试验小区布设于井灌区区域内，地下水位较高所致（表 1-15、表 1-16）。

表 1-15　葵花生育期内地下水补给量

时间	2012 年葵花生育期地下水补给/mm				2013 年葵花生育期地下水补给/mm			
	上旬	中旬	下旬	月合计	上旬	中旬	下旬	月合计
6 月			6.88	6.88	1.02	0	3.46	4.48
7 月	9.38	6.82	18.80	34.99	8.31	7.49	18.79	34.59
8 月	10.03	6.33	2.09	18.45	10.29	9.07	5.51	24.86
9 月	2.87	0.85	1.81	5.52	2.4	0.41	0	2.81
10 月	1.63			1.63				
合计				67.47				66.75

时间	2014 年葵花生育期地下水补给/mm				2014 年校验计算地下水补给/mm			
	上旬	中旬	下旬	月合计	上旬	中旬	下旬	月合计
6 月	0.5	1.09	6.57	8.16	0.95	2.93	10.1	13.98
7 月	10.91	8.02	8.95	27.88	8.89	10.2	7.2	26.29
8 月	1.53	0	1.35	2.87	1.3	0.3	0.9	2.5
9 月	2.96	0.38	0.36	3.7				
10 月								
合计				42.61				

表 1-16　玉米生育期内地下水补给量

时间	2013 年玉米生育期地下水补给/mm				2014 年玉米生育期地下水补给/mm			
	上旬	中旬	下旬	月合计	上旬	中旬	下旬	月合计
4 月		0.56	0.05	0.61				
5 月	4.75	4.21	7.05	16	2.20	2.35	3.17	7.73
6 月	6.86	0.06	19.75	26.67	0.93	3.17	21.57	25.66
7 月	28.1	17.49	32.44	78.04	23.97	11.04	9.35	44.35
8 月	14.05	12.3	1.32	27.67	1.58	0.00	1.35	2.93
9 月	0.71	0.18		0.9	2.49	0.31	0.40	3.21
合计				149.88				83.88

（3）土体储水量变化量的计算。对于不同时段土体储水量采用式（1-8）（重量含水率）或式（1-9）（体积含水率）计算，土壤含水率采用适宜灌溉制度下不同作物的实测土壤含水率，即葵花在土壤基质势为–30kPa，玉米在–20kPa 下的土壤含水率。由于滴灌灌水定额较小，经测试其湿润峰在 30～40cm，故取计划湿润层为 40cm 计算土壤储水量。计算结果见表 1-17 和表 1-18。

$$\Delta S_{1\sim2} = 10\sum_{i=1}^{n} \gamma_i H_i (W_{i1} - W_{i2}) \qquad (1-8)$$

$$\Delta S_{1\sim2} = 10\sum_{i=1}^{n} H_i (\theta_{i1} - \theta_{i2}) \qquad (1-9)$$

式中，γ_i 为第 i 层土壤容重，g/cm^3；i、n 分别为土壤层次号数、总数目；H_i 为第 i 层土壤的厚度，cm；W_{i1}、W_{i2} 为第 i 层土壤在计算时段始末的重量含水率，%；θ_{i1}、θ_{i2} 为第 i 层土壤在计算时段始末的体积含水率，%。

表 1-17 葵花生育期内土壤储水量变化 （单位：mm）

生育期	苗期	现蕾期	开花期	灌浆期	成熟期	合计
2012 年	−0.61	−8.26	7.06	13.23	0.40	11.82
2013 年	−7.21	7.71	−5.60	−3.12	20.28	12.06
2014 年	−3.28	−0.46	27.77	−33.50	4.48	−5.00

表 1-18 玉米生育期内土壤储水量变化 （单位：mm）

生育期	苗期	拔节	抽穗	灌浆期	成熟期	合计
2013 年	9.59	1.50	−6.93	−4.92	5.56	4.80
2014 年	4.69	−19.55	10.97	−0.78	−2.20	−6.87

由表可知，作物生育期内由于灌水时间及频率有所差别，土壤储水量没有规律可循，但整个生育期内土壤储水量变化较小。

（4）膜下滴灌灌溉制度及作物耗水量。根据《灌溉试验规范》（SL13-2004）规定，作物耗水量计算公式为

$$ET_{1\sim2} = 10\sum_{i=1}^{n} \gamma_i H_i (W_{i1} - W_{i2}) + M + P + K - C - D \qquad (1-10)$$

式中，$ET_{1\sim2}$ 为阶段需水量，mm/d；γ_i 为第 i 层土壤容重，g/cm^3；i、n 为土壤层次号数、总数目；H_i 为第 i 层土壤的厚度，cm；W_{i1}、W_{i2} 为第 i 层土壤在计算时段始末的重量含水率，干土重，%；M、P、K、C、D 分别为时段内的灌水量、有效降水量、地下水补给量、地表径流量和深层渗漏量，mm。

根据试验观测和分析，作物生育时期滴灌无显著的深层渗漏和地表径流，因此，C 和 D 忽略不计。

从表 1-19 和表 1-20 可以看出，不同水文年作物耗水量有所差异，葵花耗水量 2013 年>2012 年>2014 年，玉米 2013 年为 513mm 较 2014 年 452mm 大 61mm。其主要原因与气候相关，气候条件适宜作物生长时，在相同条件下作物蒸腾较大。2013 年为平水年，在充分灌溉情况下气候条件更适宜作物生长。

表 1-19　葵花生育期内作物耗水量　　　　（单位：mm）

生育阶段		播种-出苗	出苗-现蕾	现蕾-开花	开花-灌浆	灌浆-成熟	合计
日期		6月20日～ 7月13日	7月14日～ 8月1日	8月2日～ 8月20日	8月21日～ 9月10日	9月11日～ 10月10日	
2012年	灌水量	49	49	49	24	24	320
	有效降水量	11	15	8	7	4	
	地下水补给量	18	25	15	5	4	
	土壤储水量	−1	−8	7	13	0	
	作物耗水量	77	81	79	50	33	
日期		6月4日～ 7月7日	7月8日～ 8月1日	8月2日～ 8月23日	8月24日～ 9月8日	9月9日～ 10月5日	
2013年	灌水量	73	49	73	24		350
	有效降水量	22	12	1	7	12	
	地下水补给量	10	30	20	6	1	
	土壤储水量	−7	8	−6	−3	20	
	作物耗水量	98	98	88	34	33	
日期		6月9日～ 7月4日	7月5日～ 7月20日	7月21日～ 8月13日	8月14日～ 9月4日	9月5日～ 10月1日	
2014年	灌水量	49	49	49	73	24	312
	有效降水量	9	1	7	9	5	
	地下水补给量	12	15	10	3	2	
	土壤储水量	−3	0	28	−33	4	
	作物耗水量	66	64	94	52	36	

表 1-20　玉米生育期内作物耗水量　　　　（单位：mm）

生育阶段		播种-出苗	出苗-拔节	拔节-抽穗	抽穗-灌浆	灌浆-成熟	合计
日期		5月4日～ 6月4日	6月5日～ 7月8日	7月9日～ 7月25日	7月26日～ 8月25日	8月26日～ 10月1日	
2013年	灌水量	45	67	67	111	22	513
	有效降水量	9	22	12	2	18	
	地下水补给量	19	48	40	25	2	
	土壤储水量	10	1	−7	−5	6	
	作物耗水量	82	138	112	134	48	
日期		5月1日～ 6月3日	6月4日～ 7月8日	7月9日～ 7月25日	7月26日～ 8月20日	8月21日～ 10月1日	
2014年	灌水量	69	92	69	92	23	452
	有效降水量	3	9	1	9	12	
	地下水补给量	8	46	21	1	5	
	土壤储水量	5	−20	11	−1	−2	
	作物耗水量	85	127	102	101	37	

从图 1-14 和图 1-15 可以看出，葵花生育期内耗水量自苗期至成熟期基本上呈现逐渐降低走势。葵花苗期处于 6 月中下旬，此阶段虽然作物蒸腾较小，但苗期植物覆盖率低，地面蒸发大。玉米除苗期外，2013 年全生育期内耗水量较 2014 年高。

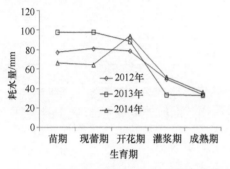

图 1-14　不同水文年葵花各生育期耗水量　　　　图 1-15　不同水文年玉米各生育期耗水量

（5）作物系数计算。作物系数（K_c）是计算作物需水量的重要参数，它反映了作物本身的生物学特性、产量水平及土壤肥力和耕作条件对作物需水量的影响。其计算可用实测的作物蒸发蒸腾量（ET）与同一时段内参照作物蒸发蒸腾量（ET_0）的比值来表示（肖娟等，2004）。

按试验观测的实际作物生育期时间统计计算参照作物蒸发蒸腾量 ET_0[式（1-1）]，利用水量平衡法[式（1-10）]计算作物蒸发蒸腾量 ET。

从表 1-21 和表 1-22 可知，2012 年葵花参考作物蒸发蒸腾量相对较小，主要由于 2012 年葵花种植时间较其他年份晚 15 天，而 6 月上旬与中旬参考作物蒸发蒸腾量为 115mm，对其修正后，可以看出不同水文年型同一作物参考作物蒸发蒸腾量差异较小。

表 1-21　葵花生育期内作物系数

参数名称	生育期	苗期	现蕾期	开花期	灌浆期	成熟期	合计
ET_0/mm	2012 年	129.25	94.29	88.61	82.61	74.96	469.72
	2013 年	179.17	125.28	105.41	66.26	89.27	565.39
	2014 年	145.48	96.01	120.37	92.81	85.99	540.66
ET/mm	2012 年	77.16	80.81	78.60	49.57	33.36	319.49
	2013 年	97.83	97.97	88.23	33.53	33.21	350.76
	2014 年	66.34	64.23	93.89	51.60	36.12	312.18
K_c	2012 年	0.60	0.86	0.89	0.60	0.45	
	2013 年	0.55	0.78	0.84	0.51	0.37	
	2014 年	0.46	0.67	0.78	0.56	0.42	

表 1-22　玉米生育期内作物系数

参数名称	生育期	苗期	拔节	抽穗	灌浆期	成熟期	合计
ET_0/mm	2013 年	180.15	183.51	91.18	114.69	132.27	701.80
	2014 年	194.85	199.59	99.67	89.59	143.96	727.66
ET/mm	2013 年	81.61	138.18	112.06	133.61	47.62	513.08
	2014 年	84.76	126.74	102.06	101.15	37.29	451.99
K_c	2013 年	0.45	0.75	1.23	1.17	0.36	
	2014 年	0.44	0.64	1.02	1.13	0.26	

从图 1-16 和图 1-17 可以看出，不同水文年型作物系数有所差异，总体表现为丰水年>平水年>枯水年。由于土壤含水率按作物生育时期测试，不具有连续性，计算作物系数时在不同时间段出现突变。依据实际作物系数结合实测计算结果，对上述作物系数加以修正，得出河套灌区膜下滴灌不同水文年型典型作物的作物系数。其值见表 1-23。

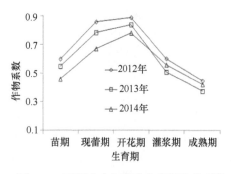

图 1-16　不同水文年葵花生育期作物系数

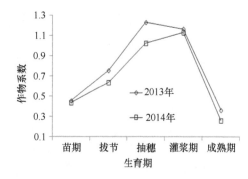

图 1-17　不同水文年玉米生育期作物系数

表 1-23　不同水文年典型作物作物系数

名称	丰水年 K_c		平水年 K_c		枯水年 K_c		传统 K_c	
生育期	葵花	玉米	葵花	玉米	葵花	玉米	葵花	玉米
生长初期	0.6		0.55	0.6	0.46	0.54	0.3	0.224
快速生长期	0.74		0.68	0.9	0.59	0.81	0.75	0.713
生长中期	0.88		0.81	1.2	0.73	1.08	1.2	1.224
成熟期	0.53		0.44	0.36	0.49	0.26	0.35	0.479

从表 1-23 可知，膜下滴灌较传统地面灌溉作物系数相差甚大。在作物生长初期膜下滴灌较传统地面灌溉作物系数大；快速生长期葵花膜下滴灌作物系数小于等于地面灌溉，玉米膜下滴灌大于地面灌溉；生长中期膜下滴灌作物系数小于地面灌溉；成熟期，葵花膜下滴灌大于地面灌溉，而玉米则表现为膜下滴灌小于地面灌溉。分析其形成原因，地面灌溉作物播种至苗期内没有灌水，葵花依靠春汇

时土壤储水，玉米依靠上一年度秋浇土壤底墒，因此地面灌溉作物生长初期耗水仅为土壤储水量，作物实际耗水量较小，但实际灌水量大，无效消耗大，水分利用效率低，而膜下滴灌能够依据土壤墒情实时补水，水分利用效率高，作物实际耗水较大；在作物快速生长期和生长中期作物实际蒸腾较大，在快速生长期葵花和玉米地面灌溉均有一次较大定额的灌水，生长中期葵花灌水 1 次、玉米灌水 2 次，对水分要求严格的葵花在灌水后表现出 2～3 天的短暂休眠现象，地面灌溉次灌水定额较大，部分灌水通过地下渗漏和蒸发无效损耗，造成作物系数偏高；在成熟期，由于葵花灌水后会引发根腐病的大面积发作，一般不进行地面灌溉，较滴灌灌水小，系数偏低，玉米进行一次定额为 90mm 的灌溉，较滴灌灌水量大，作物系数偏大。

1.2　盐碱地膜下滴灌典型作物需水规律

2015～2016 年在内蒙古乌拉特前旗长胜试验站开展了盐碱地典型作物膜下滴灌的需水规律试验，试验以玉米和葵花为供试作物，采用微咸水进行膜下滴灌，通过水量平衡法计算典型作物耗水规律，结合 Penman-Monteith 法计算的参考作物需水量，计算典型作物各生育阶段的作物系数。

1.2.1　试验设计与方法

盐碱地膜下滴灌典型作物需水规律试验在内蒙古长胜节水盐碱化与生态试验站展开，试验田土壤基本情况见表 1-24，地下水矿化度和地下水位埋深见图 1-18。

表 1-24　试验田土壤基本理化性质

土层深度/cm	干容重/（g/cm³）	土壤名称	黏粒/%	粉粒/%	砂粒/%	Q_{wp}/%	Q_{fc}/%	含盐量/（g/kg）
0～20	1.599	壤土	4.58	32.10	63.32	12.32	26.40	1.92
20～60	1.473	壤质砂土	1.46	11.34	87.20	11.04	25.76	2.03
60～100	1.427	砂质壤土	2.28	26.30	71.42	9.00	20.94	2.51

1. 试验设计

1) 供试作物

试验作物为玉米和葵花，属于目前河套灌区的主要经济作物。玉米品种为"科河 24"，种植密度为 67500～75000 株/hm²，行距为 60cm，株距 20cm，该品种有耐旱的特性，生育期 128 天；葵花品种为"浩丰 6601 杂交食用葵花"，发芽率≥90%，播种深度≤4cm，播种期间土壤表层 10cm，稳定温度≥10℃，行距 50cm，株距 50cm，具有耐盐耐旱的特性，生育期 105 天左右。

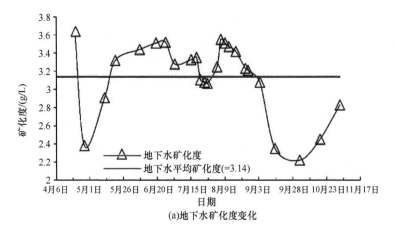

(a)地下水矿化度变化

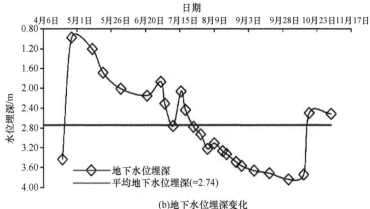

(b)地下水位埋深变化

图 1-18　地下水矿化度和水位埋深变化

2）种植方式

　　玉米和葵花种植采用膜下滴灌灌溉方式，分别于 5 月中旬和 6 月初播种玉米和葵花，种植模式为一膜一带两行（图 1-19），滴灌带均为上海华维节水灌溉股份有限公司生产的内镶贴片式滴灌带，滴头间距为 300mm，滴头流量为 1.38L/h，滴灌带管径为 16mm。

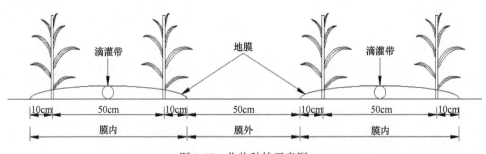

图 1-19　作物种植示意图

3）试验布置

玉米、葵花的微咸水膜下滴灌试验均设 3 个不同灌水下限，每个灌水下限对应一年洗盐制度和两年洗盐制度，共计 12 个处理研究方式，具体见表 1-25。微咸水膜下滴灌试验采用土水势（张力计）控制滴头下 20cm 深土层基质势指导灌溉，利用 TDR 水分监测系统进行校验，TDR 埋设深度为 120cm。当张力计读数达到指定灌水下限时，进行灌溉并适时施肥，灌水施肥设计具体见表 1-26。灌溉水为当地浅层地下水，矿化度约为 3.0g/L，每次灌水量为 15m³/亩，记录每次灌水的试验小区的张力计读数、灌水量、日期、施肥种类和施肥量。

表 1-25　试验处理设计表

玉米			葵花		
灌水方式	洗盐制度	灌水下限	灌水方式	洗盐制度	灌水下限
微咸水膜下滴灌	一年	−20kPa	微咸水膜下滴灌	一年	−20kPa
微咸水膜下滴灌	一年	−30kPa	微咸水膜下滴灌	一年	−30kPa
微咸水膜下滴灌	一年	−40kPa	微咸水膜下滴灌	一年	−40kPa
微咸水膜下滴灌	两年	−20kPa	微咸水膜下滴灌	两年	−20kPa
微咸水膜下滴灌	两年	−30kPa	微咸水膜下滴灌	两年	−30kPa
微咸水膜下滴灌	两年	−40kPa	微咸水膜下滴灌	两年	−40kPa

表 1-26　试验灌水制度设计表　　　　　　[单位：m³/（次·hm²）]

玉米			葵花		
生育期	微咸水膜下滴灌一年洗盐	微咸水膜下滴灌两年洗盐	生育期	微咸水膜下滴灌一年洗盐	微咸水膜下滴灌两年洗盐
播前	2250		播前	2250	
苗期	225	225	苗期	225	225
拔节期	225	225	现蕾期	225	225
抽穗期	225	225	花期	225	225
灌浆期	300	300	灌浆期	300	300
成熟期	225	225	成熟期	225	225

2. 试验方法

在作物生育期内灌溉试验监测内容分别有如下三种：

1）土壤参数的测定

2015 年、2016 年 4 月初在微咸水灌溉试验地块各处理膜内和膜外分别取土样测含水率、颗分，取环刀测土壤水分特征曲线、田间持水量、容重，取土样时以滴头为中心，在垂直滴灌带距滴头 0cm 和 60cm 处分别取 0~10cm、10~20cm、

20～30cm、30～40cm、40～60cm、60～80cm 和 80～100cm 土层土壤。

分别在玉米播前、苗期、拔节期、抽穗期、灌浆期、成熟期、收后及葵花播前、苗期、现蕾期、花期、灌浆期、成熟期、收后在膜内、膜外取土样测含水率。

土壤颗分、水分特性曲线和容重测定方法：田间取得土样经自然风干后碾压过 0.8mm 孔径标准筛，利用激光粒度分析仪测定各粒径范围的含量；环刀取得土样后利用压力薄膜仪、电子天平等测土壤水分特性曲线和容重。

土壤水分测定方法：在各试验处理膜内和膜外分别埋设 TDR 管，埋设深度 120cm，间隔 7 天监测不同试验处理各土层含水率；每天 08：00、14：00、18：00 观测各处理埋设的张力计读数，并记录；土钻取土后装入铝盒，采用中兴 101 型电热鼓风干燥箱在 105℃烘 8h，借助电子天平（精确至 0.01g）由称重法计算土壤含水率；间隔 1 个月利用称重法测得含水率用以校正 TDR 监测的含水率值。

2）水位、水质参数的测定

2015 年、2016 年自 3 月 20 日起，间隔 10 天分别取一次地下水和黄河水水样，测一次水位、读一次 TDR 值。

3）气象资料观测

在作物生育期间，使用 YM-03 自动气象记录仪同步记录试验区的降水量、2m 高处风速、相对湿度、光合有效辐射、太阳总辐射、气压、风向、最高温度和最低温度，记录时间间隔为 0.5h。采用 AM3 型蒸发皿每天 08：00 测定日蒸发量。

试验结果采用 Excel 软件计算、绘图，SPSS 软件统计分析。

1.2.2 结果与分析

1. 盐碱地典型作物膜下滴灌灌溉制度

1）玉米微咸水膜下滴灌灌水施肥结果

2015 年、2016 年试验期间玉米微咸水膜下滴灌灌水施肥情况如表 1-27～表 1-29 所示。

表 1-27 2015 年玉米微咸水膜下滴灌试验灌溉制度（单位：m^3/hm^2）

时间	一井 10Y	一井 20Y	一井 30Y	一井 40Y
4 月下旬	2250	2250	2250	2250
6 月上旬	0	0	0	0
6 月中旬	225	225	225	225
6 月下旬	0	0	0	0
7 月上旬	450	450	675	675
7 月中旬	900	675	225	225

续表

时间	一井 10Y	一井 20Y	一井 30Y	一井 40Y
7 月下旬	675	225	225	225
8 月上旬	900	450	450	225
8 月中旬	600	600	300	300
8 月下旬	600	600	600	300
9 月上旬	225	225	225	0
合计	6825	5700	5175	4425

表 1-28　2016 年玉米微咸水膜下滴灌试验灌溉制度（单位：m^3/hm^2）

时间	一井 20Y	一井 30Y	一井 40Y	两井 20Y	两井 30Y	两井 40Y
4 月下旬	2250	2250	2250			
6 月上旬	225	225	225	225	225	225
6 月中旬	225	225	225	225	225	255
6 月下旬	225	225	225	450	225	225
7 月上旬	450	450	225	450	450	450
7 月中旬	225	225	225	450	225	225
7 月下旬	450	450	225	675	675	450
8 月上旬	450	225	225	675	450	225
8 月中旬	300	300	300	300	300	300
8 月下旬	300	300	300	300	300	300
9 月上旬	225	225	225	225	225	225
合计	5325	5100	4650	3975	3300	2850

表 1-29　玉米微咸水膜下滴灌试验施肥制度　（单位：kg/hm^2）

年份	项目	5 月中旬	6 月下旬	7 月上旬	7 月中旬	7 月下旬	8 月上旬	8 月中旬	8 月下旬	合计
2015	磷酸二铵	375								375
	45%硫酸钾	300								300
	尿素		45	90	125	125	45	45	0	475
	复合肥		45			45		45		135
2016	磷酸二铵	375								375
	45%硫酸钾	300								300
	尿素		75	75	75	75		75	75	450
	复合肥		45		45			45		135

2）葵花微咸水膜下滴灌灌水施肥结果

2015 年、2016 年试验期间葵花微咸水膜下滴灌灌水施肥情况见表 1-30～表 1-32。

表 1-30   2015 年葵花微咸水膜下滴灌试验灌溉制度（单位：m³/hm²）

时间	一井 10K	一井 20K	一井 30K	一井 40K
4 月下旬	2250	2250	2250	2250
6 月上旬				
6 月中旬				
6 月下旬				
7 月上旬	450	225	225	225
7 月中旬	450	450	225	225
7 月下旬	225	225	225	225
8 月上旬	675	450	225	225
8 月中旬	600	600	600	300
8 月下旬	600	300	300	300
9 月上旬	225	225	225	225
合计	5475	4725	4275	3975

表 1-31   2016 年葵花微咸水膜下滴灌试验灌溉制度（单位：m³/hm²）

时间	一井 20K	一井 30K	一井 40K	两井 20K	两井 30K	两井 40K
4 月下旬	2250	2250	2250			
6 月上旬						
6 月中旬						
6 月下旬				225	225	225
7 月上旬	225			450	225	225
7 月中旬	225	225	225	450	225	225
7 月下旬	225	225	225	450	450	225
8 月上旬	450	225	225	450	225	225
8 月中旬	600	600	300	600	600	600
8 月下旬	300	300	300	300	300	300
9 月上旬	225	225	225	225	225	225
合计	4500	4050	3750	3150	2475	2250

表 1-32   葵花微咸水膜下滴灌试验施肥制度（单位：kg /hm²）

年份	项目	5 月中旬	6 月下旬	7 月上旬	7 月中旬	7 月下旬	8 月上旬	8 月中旬	8 月下旬	合计
2015	磷酸二铵	375								375
	45%硫酸钾	300								300
	尿素		45	45	90	45	45	45	45	360
	复合肥		45			45				90
2016	磷酸二铵	375								375
	45%硫酸钾	300								300
	尿素		75		75		75		75	300
	复合肥		45				45			90

2. 水量平衡法计算不同灌溉制度下的作物需水量

1) 计算公式

根据《灌溉试验规范》（SL13-2004）规定，作物耗水量计算公式为

$$ET_{1\sim2} = 10\sum_{i=1}^{n}\gamma_i H_i(W_{i1}-W_{i2}) + M + P + K - C - D \qquad (1\text{-}11)$$

式中，$ET_{1\sim2}$ 为阶段蒸发蒸腾量，mm；i 为土壤层次号数；n 为土壤层次总数目；γ_i 为第 i 层土壤干容重，g/m^3；H_i 为第 i 层土壤的厚度，cm；W_{i1}、W_{i2} 为第 i 层土壤在计算时段始、末的含水率（干土重的百分率）；M、P、K、C、D 分别为时段内的灌水量、有效降水量、地下水补给量、地表径流量和深层渗漏量，各个量的单位均为 mm。

2) 作物生育期内地下水补给量

试验区 2015 年和 2016 年地下水位年变化情况如图 1-20 所示。可知地下水最小埋深在 0.5m 以下，出现在 5 月中旬；最大埋深在 4.0m 以上，出现在 10 月上旬。在作物生育期内，地下水埋深总体上随着生育期延长而增加。陈亚新（1993）在解放闸沙壕渠灌域，测定了葵花覆盖情况下粉质沙壤土和黏土在潜水埋深为 0.5m、1m、1.5m、1.8m、2.1m、2.5m、3.0m 及变动水位八种处理下的潜水蒸发，结果表明潜水位为 2.1m 时，黏土蒸发量为 13.5mm、粉质砂壤土为 124.62mm；潜水位为 2.5m 时，黏土蒸发量为 12.05mm、粉质砂壤土为 48.78mm；潜水位为 3m 时，黏土蒸发量为 11.5mm、粉质砂壤土为 25.4mm。李法虎等（1992）于 1986~1991 年在商丘试验站进行了测坑试验，研究表明对于夏玉米，地下水位埋深为 2.0m 时，黏壤土地下水利用量与同期作物需水量之比为 16.2%，粉砂壤土为 57.0%；地下水位埋深达 2.5m 时，其比值分别为 0 和 29.6%。张义强等（2013）于 2009~2010 年在河套灌区曙光试验站研究表明，当地下水埋深为 2.0m 时，葵花年度平均补水量为 41.33mm。

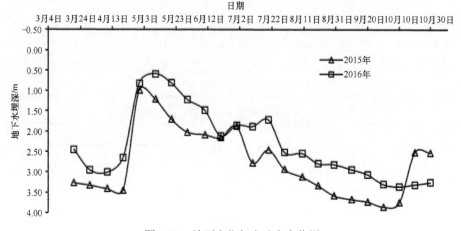

图 1-20　地下水位年内动态变化图

由于地表蒸发和作物蒸腾作用，浅埋地下水能不断地补给土壤一定的水量，以满足作物根系吸水。地下水补给土壤的水量或作物对地下水的利用量实际是指在有作物覆盖情况下的潜水蒸发。此部分水量从不能被作物直接利用的地下水转变为可被作物吸收利用的土壤水，扩大了土壤水资源的储量。利用此部分水资源，将减少灌溉定额，提高灌溉水利用率、降低农业生产成本，对拟定灌溉制度等具有一定的指导意义。在地下水埋深较浅的内蒙古河套灌区研究微咸水膜下滴灌灌溉制度，计算地下水补给量非常重要。地下水的补给量与地下水位埋深、潜水蒸发、作物种类和土壤质地有关。陈亚新（1993）对在河套灌区开展的大田试验结果的回归分析，得到利用地下水埋深计算潜水蒸发系数的经验公式为

$$E = C \times E_0 \tag{1-12}$$

$$粉砂壤土：C = 0.3356 - 0.2929\ln H \tag{1-13}$$

$$黏土：C = 0.0548 H^{-1.5266} \tag{1-14}$$

式中，E 为潜水蒸发量，mm；C 为潜水蒸发系数；H 为地下水埋深，m；E_0 为水面蒸发量，mm。

公式的适用范围：砂壤土 $\in$（0.2，3.15），黏土 $\in$（0.2，$+\infty$），试验区距地表 5m 以内主要是砂壤土且地下水埋深浅，故选择作为潜水蒸发系数计算公式。

根据试验区地下水埋深和水面蒸发资料，计算潜水蒸发系数和潜水蒸发量如表 1-33、表 1-34 所示。

表 1-33 2015 年作物生育期内潜水蒸发量计算表

生育期	玉米				生育期	葵花			
	水位埋深/mm	潜水蒸发系数 C	水面蒸发量/mm	潜水蒸发量/mm		水位埋深/mm	潜水蒸发系数 C	水面蒸发量/mm	潜水蒸发量/mm
苗期	1.96	0.1385	173.96	24.09	苗期	2.21	0.1033	125.04	12.92
拔节期	2.36	0.0841	104.43	8.78	现蕾期	2.81	0.0330	132.77	4.38
抽穗期	2.83	0.0309	167.36	5.17	花期	3.22	0.0000	115.34	0.00
灌浆期	3.42	0.0000	189.76	0.00	灌浆期	3.52	0.0000	168.77	0.00
成熟期	3.74	0.0000	225.64	0.00	成熟期	3.74	0.0000	196.62	0.00
全生育期			445.75	38.05	全生育期			257.81	17.30

表 1-34 2016 年作物生育期内潜水蒸发量计算表

生育期	玉米				生育期	葵花			
	水位埋深/mm	潜水蒸发系数 C	水面蒸发量/mm	潜水蒸发量/mm		水位埋深/mm	潜水蒸发系数 C	水面蒸发量/mm	潜水蒸发量/mm
苗期	1.66	0.1872	167.06	31.27	苗期	1.83	0.1586	135.66	21.52
拔节期	1.99	0.1341	125.36	16.81	现蕾期	2.03	0.1282	114.38	14.66
抽穗期	2.53	0.0637	104.84	6.68	花期	2.53	0.0637	104.93	6.68

续表

生育期	玉米				生育期	葵花			
	水位埋深/mm	潜水蒸发系数 C	水面蒸发量/mm	潜水蒸发量/mm		水位埋深/mm	潜水蒸发系数 C	水面蒸发量/mm	潜水蒸发量/mm
灌浆期	2.67	0.0480	134.55	6.46	灌浆期	2.77	0.0372	162.28	6.04
成熟期	3.04	0.0100	217.00	2.17	成熟期	3.10	0.0042	200	0.84
全生育期			748.81	63.39	全生育期			717.25	49.74

　　根据 1979～1981 年在沙壕渠的试验资料，取玉米试验田的地下水补给系数为 0.30，取葵花试验田的地下水补给系数为 0.53，计算试验区 2015 年和 2016 年的地下水补给量如表 1-35、表 1-36 所示。

表 1-35　2015 年典型作物地下水补给量　（单位：mm）

生育期	玉米			生育期	葵花		
	E	α	K		E	α	K
苗期	24.09	0.30	7.23	苗期	12.92	0.53	6.85
拔节期	8.78	0.30	2.64	现蕾期	4.38	0.53	2.32
抽穗期	5.17	0.30	1.55	花期	0.00	0.53	
灌浆期	0.00	0.30	0.00	灌浆期	0.00	0.53	
成熟期	0.00	0.30	0.00	成熟期	0.00	0.53	
全生育期	38.05	0.30	11.42	全生育期	17.30	0.53	9.17

表 1-36　2016 年典型作物地下水补给量　（单位：mm）

生育期	玉米			生育期	葵花		
	E	α	K		E	α	K
苗期	31.27	0.30	9.38	苗期	21.52	0.53	11.40
拔节期	16.81	0.30	5.04	现蕾期	14.66	0.53	7.77
抽穗期	6.68	0.30	2.00	花期	6.68	0.53	3.54
灌浆期	6.46	0.30	1.94	灌浆期	6.04	0.53	3.20
成熟期	2.17	0.30	0.65	成熟期	0.84	0.53	0.45
全生育期	63.39	0.30	19.02	全生育期	49.74	0.53	26.36

　　从表 1-35、表 1-36 可以看出，2015 年玉米生育期内的地下水补给量大于葵花生育期内的地下水补给量，这主要是由于玉米种植得早，玉米生育期长于葵花生育期，地下水补给时间长；2016 年玉米生育期内的地下水补给量小于葵花的地下水补给量，这主要是因为玉米试验田的地下水补给系数小于葵花试验田的地下水补给系数。

3）试验区内作物生育期有效降水量

有效降水量指总降水量中能够保存在作物根系层中用于满足作物蒸发蒸腾需要的那部分水量，所以它不包括地表径流和渗漏至作物根系吸水层以下的水量。对于旱作物，有效降水量指保存在根系吸水层内及降水过程中蒸发蒸腾消耗掉的雨量。由降水资料可知，2015 年葵花生育期内降水量为 119.10mm，玉米生育期内降水量为 168.00mm，2016 年葵花生育期内降水量为 70.64mm，玉米生育期内降水量为 106.36mm。因为该试验区年降水总量或某次降水过程持续时间和强度不大，降水产生地表径流和深层渗漏的概率很小，某次较小的降水过程中，虽然降水量保存在根系吸水层内的有效水量不多，但更多的意义在于因降水增加了田间相对湿度，改变田间小气候，导致作物蒸发蒸腾量减少，从而缓解气象干旱对农作物生长的压力。降水有效利用系数与降水总量、降水强度、降水延续时间、土壤性质、作物生长、地面覆盖和计划湿润层深度等因素有关。

采用统计分析和经验方法确定作物生育期内的有效降水，根据引黄灌区灌溉水效率测试等的试验结果，按以下方式计算有效降水量：

$$\begin{cases} 当P > 50\text{mm}, & P_0 = 0.75 \times P \\ 当30\text{mm} < P < 50\text{mm}, & P_0 = 0.80 \times P \\ 当5\text{mm} < P < 30\text{mm}, & P_0 = 0.90 \times P \\ 当1\text{mm} < P < 5\text{mm}, & P_0 = 1.00 \times P \\ 当P < 1\text{mm}, & P_0 = 0 \end{cases} \qquad (1\text{-}15)$$

式中，P 为次降水量，mm；P_0 为次有效降水量，mm。

运用上述方法对该试验区 2015 年 28 次和 2016 年 37 次的降水进行分析，计算出玉米和葵花生育期内的有效降水量，计算结果见表 1-37。

表 1-37　作物生育期内有效降水量计算表

2015 年						2016 年					
玉米			葵花			玉米			葵花		
日期	P/mm	P_0/mm	日期	P/mm	P_0/mm	日期	P/mm	P_0/mm	日期	P/mm	P_0/mm
6 月 2 日	5.56	5.00	6 月 11 日	1.84	1.84	6 月 3 日	3.70	3.70	6 月 8 日	4.30	4.30
6 月 3 日	2.74	2.74	6 月 12 日	2.89	2.89	6 月 4 日	24.00	21.6	6 月 9 日	0.70	0.00
6 月 4 日	15.46	13.9	6 月 15 日	11.55	10.40	6 月 5 日	10.80	9.72	6 月 11 日	0.90	0.00
6 月 10 日	15.46	13.9	6 月 16 日	1.79	1.79	6 月 7 日	0.90	0.00	6 月 12 日	0.50	0.00
6 月 11 日	5.56	5.00	6 月 16 日	4.03	4.03	6 月 8 日	4.30	4.30	6 月 13 日	4.60	4.60
6 月 12 日	6.49	5.84	6 月 18 日	2.44	2.44	6 月 9 日	0.70	0.70	6 月 14 日	4.00	4.00
6 月 14 日	2.48	2.48	6 月 20 日	7.60	6.84	6 月 11 日	0.90	0.00	6 月 16 日	4.40	4.40
6 月 16 日	4.03	4.03	6 月 29 日	2.60	2.60	6 月 12 日	0.50	0.00	6 月 25 日	3.10	3.10
6 月 18 日	2.44	2.44	9 月 4 日	16.89	15.20	6 月 13 日	4.60	4.00	6 月 27 日	0.10	0.00

续表

	2015 年						2016 年				
	玉米			葵花			玉米			葵花	
日期	P/mm	P_0/mm	日期	P/mm	P_0/mm	日期	P/mm	P_0/mm	日期	P/mm	P_0/mm
6 月 20 日	7.60	6.84	9 月 8 日	19.51	17.56	6 月 14 日	4.00	4.60	6 月 28 日	4.00	4.00
6 月 29 日	2.60	2.60	9 月 9 日	6.34	5.71	6 月 16 日	4.40	4.00	6 月 30 日	0.20	0.00
8 月 11 日	1.84	1.84	9 月 29 日	44.66	35.73	6 月 25 日	3.10	0.00	8 月 11 日	0.20	0.00
8 月 12 日	2.89	2.89	9 月 30 日	9.05	8.15	6 月 27 日	0.10	4.40	8 月 17 日	4.30	4.30
8 月 15 日	11.55	10.4	10 月 1 日	3.94	3.94	6 月 28 日	4.00	3.10	8 月 18 日	5.60	5.04
8 月 16 日	1.79	1.79				6 月 30 日	0.20	0.00	8 月 22 日	19.70	17.73
9 月 4 日	16.89	15.2				8 月 11 日	0.20	0.00	8 月 23 日	5.20	4.68
9 月 8 日	19.51	17.6				8 月 17 日	4.30	4.30	9 月 7 日	1.50	1.50
9 月 9 日	6.34	5.71				8 月 18 日	5.60	5.04	9 月 8 日	0.30	0.00
9 月 29 日	44.66	35.7				8 月 22 日	19.70	17.73	9 月 10 日	0.30	0
9 月 30 日	9.05	8.15				8 月 23 日	5.20	4.68	9 月 11 日	13.10	11.79
10 月 1 日	3.94	3.94				9 月 7 日	1.50	1.5	9 月 13 日	0.20	0
						9 月 8 日	0.30	0	10 月 4 日	1.2	1.2
						9 月 10 日	0.30	0			
						9 月 11 日	13.10	11.79			
						9 月 13 日	0.20	0			
						10 月 4 日	1.2	1.2			
合计	188.88	168.00		135.13	119.10		117.80	106.36		78.40	70.64

从表 1-37 可以看出，2015 年玉米生育期内有效降水量为 168.00mm，2016 年玉米生育期内有效降水量为 103.36mm；2015 年葵花生育期内有效降水量为 119.10mm，2016 年葵花生育期内有效降水量为 70.64mm；2015 年作物生育期内有效降水量大于 2016 年作物生育期内有效降水量，这主要是由于 2015 年降水量大于 2016 年所致。

4）试验区内作物生育期土体储水量估算

研究表明滴灌的湿润峰深度在 30～40cm，故取计划湿润层为 40cm 计算土壤储水量，利用试验各生育期始末取土称重法测得的土壤质量含水率，计算经过春汇淋洗后，作物不同灌水控制下限处理下不同生育期阶段的土体储水量。计算结果见表 1-38、表 1-39。

由表 1-38、表 1-39 可知，在作物整个生育期内土壤储水量一直处于变化状态。在作物整个生育期内，土壤储水量均增加；同种作物相同春汇制度下，土壤储水量随着灌水下限的降低而增大；相同灌水下限下，一年春汇处理的土壤储水量大于两年春汇处理的土壤储水量。

表 1-38　玉米不同灌水下限生育期内土壤储水量　（单位：mm）

年份	试验处理	苗期	拔节期	抽穗期	灌浆期	成熟期	合计
2015	一井 20Y	6.66	4.94	12.45	−8.32	6.75	22.48
	一井 30Y	11.96	18.44	14.83	−14.56	19.10	49.77
	一井 40Y	13.80	7.64	33.80	27.36	19.37	101.97
2016	一井 20Y	31.00	2.46	23.00	26.52	10.41	93.39
	一井 30Y	26.00	−4.69	24.23	27.10	13.73	86.37
	一井 40Y	26.00	12.96	26.18	23.06	20.72	108.92
	两井 20Y	2.28	−12.30	−3.37	26.45	12.01	25.07
	两井 30Y	6.86	27.92	11.03	7.96	8.51	62.28
	两井 40Y	6.42	25.12	13.02	24.75	6.60	75.91

表 1-39　葵花不同灌水下限生育期内土壤储水量　（单位：mm）

年份	试验处理	苗期	拔节期	抽穗期	灌浆期	成熟期	合计
2015	一井 20K	8.25	13.41	−1.14	10.01	18.62	49.15
	一井 30K	−0.46	33.91	−4.76	18.35	13.30	60.34
	一井 40K	10.80	27.55	13.68	5.90	10.02	67.95
2016	一井 20K	27.82	25.66	−7.57	5.31	12.67	63.89
	一井 30K	26.23	20.41	18.00	4.31	18.45	87.40
	一井 40K	20.62	12.37	22.84	27.39	10.77	93.99
	两井 20K	6.25	4.42	19.37	−0.62	12.57	41.99
	两井 30K	20.83	13.74	2.53	23.49	6.67	67.26
	两井 40K	13.84	31.12	−9.70	13.30	10.88	59.44

5）水量平衡法计算试验区内作物耗水量

根据试验观测和分析，在作物膜下滴灌的生育内未出现显著的深层渗漏和地表径流。根据式（1-11）计算玉米和葵花各处理生育期内耗水量结果见表 1-40～表 1-43。

表 1-40　2015 年玉米生育期内耗水量　（单位：mm）

试验处理	名称	苗期	拔节期	抽穗期	灌浆期	成熟期	合计
一井 20Y	日期	5 月 24 日～6 月 29 日	6 月 30 日～7 月 24 日	7 月 25 日～8 月 10 日	8 月 11 日～9 月 4 日	9 月 5 日～10 月 10 日	
	灌水量	22.50	112.5	67.5	120.00	22.50	546.91
	有效降水量	64.81	16.92	0.00	15.20	71.08	
	地下水补给量	7.23	2.64	1.55	0.00	0.00	
	土壤储水量	6.66	4.94	12.45	−8.32	6.75	
	作物耗水量	101.20	137.00	81.50	126.88	100.33	

续表

试验处理	名称	苗期	拔节期	抽穗期	灌浆期	成熟期	合计
一井30Y	日期	5 月 24 日～6 月 29 日	6 月 30 日～7 月 24 日	7 月 25 日～8 月 10 日	8 月 11 日～9 月 4 日	9 月 5 日～10 月 10 日	
	灌水量	22.50	90.00	67.50	90	22.50	
	有效降水量	64.81	16.92	0.00	15.20	71.08	521.70
	地下水补给量	7.23	2.64	1.55	0.00	0.00	
	土壤储水量	11.96	18.44	14.83	−14.56	19.10	
	作物耗水量	106.50	128.00	83.88	90.64	112.68	
一井40Y	日期	5 月 24 日～6 月 29 日	6 月 30 日～7 月 24 日	7 月 25 日～8 月 10 日	8 月 11 日～9 月 4 日	9 月 5 日～10 月 10 日	
	灌水量	22.50	90.00	45.00	60.00	0.00	
	有效降水量	64.81	16.92	0.00	15.20	71.08	498.90
	地下水补给量	7.23	2.64	1.55	0.00	0.00	
	土壤储水量	13.80	7.64	33.80	27.36	19.37	
	作物耗水量	108.34	117.20	80.35	102.56	90.45	

表 1-41　2016 年玉米生育期内耗水量　　（单位：mm）

试验处理	名称	苗期	拔节期	抽穗期	灌浆期	成熟期	合计
一井20Y	日期	6 月 2 日～6 月 26 日	6 月 27 日～7 月 26 日	7 月 27 日～8 月 8 日	8 月 9 日～8 月 20 日	8 月 21 日～10 月 5 日	
	灌水量	45	90	67.5	52.5	52.5	
	有效降水量	39.62	20.5	0	9.34	36.9	526.26
	地下水补给量	9.38	5.04	2	1.94	0.65	
	土壤储水量	31	2.46	23	26.52	10.41	
	作物耗水量	125	118	92.5	90.3	100.46	
一井30Y	日期	6 月 2 日～6 月 26 日	6 月 27 日～7 月 26 日	7 月 27 日～8 月 8 日	8 月 9 日～8 月 20 日	8 月 21 日～10 月 5 日	
	灌水量	45	90	45	52.5	52.5	
	有效降水量	39.62	20.5	0	9.34	36.9	496.74
	地下水补给量	9.38	5.04	2	1.94	0.65	
	土壤储水量	26	−4.69	24.23	27.1	13.73	
	作物耗水量	120	110.85	71.23	90.88	103.78	
一井40Y	日期	6 月 2 日～6 月 26 日	6 月 27 日～7 月 26 日	7 月 27 日～8 月 8 日	8 月 9 日～8 月 20 日	8 月 21 日～10 月 5 日	
	灌水量	45	67.5	22.5	52.5	52.5	
	有效降水量	39.62	20.5	0	9.34	36.9	474.29
	地下水补给量	9.38	5.04	2	1.94	0.65	
	土壤储水量	26	12.96	26.18	23.06	20.72	
	作物耗水量	120	106	50.68	86.84	110.77	

续表

试验处理	名称	苗期	拔节期	抽穗期	灌浆期	成熟期	合计
两井20Y	日期	6月2日~6月26日	6月27日~7月26日	7月27日~8月8日	8月9日~8月20日	8月21日~10月5日	
	灌水量	67.5	135	90	52.5	52.5	547.94
	有效降水量	39.62	20.5	0	9.34	36.9	
	地下水补给量	9.38	5.04	2	1.94	0.65	
	土壤储水量	2.28	−12.3	−3.37	26.45	12.01	
	作物耗水量	118.78	148.24	88.63	90.23	102.06	
两井30Y	日期	6月2日~6月26日	6月27日~7月26日	7月27日~8月8日	8月9日~8月20日	8月21日~10月5日	
	灌水量	45	90	67.5	75	52.5	517.65
	有效降水量	39.62	20.5	0	9.34	36.9	
	地下水补给量	9.38	5.04	2	1.94	0.65	
	土壤储水量	6.86	27.92	11.03	7.96	8.51	
	作物耗水量	100.86	143.46	80.53	94.24	98.56	
两井40Y	日期	6月2日~6月26日	6月27日~7月26日	7月27日~8月8日	8月9日~8月20日	8月21日~10月5日	
	灌水量	45	90	45	52.5	52.5	486.28
	有效降水量	39.62	20.5	0	9.34	36.9	
	地下水补给量	9.38	5.04	2	1.94	0.65	
	土壤储水量	6.42	25.12	13.02	24.75	6.6	
	作物耗水量	100.42	140.66	60.02	88.53	96.65	

表 1-42　2015 年葵花生育期内耗水量　（单位：mm）

试验处理	名称	苗期	拔节期	抽穗期	灌浆期	成熟期	合计
一井20K	日期	6月15日~7月13日	7月14日~8月3日	8月4日~8月20日	8月21日~9月11日	9月12日~10月4日	
	灌水量	45	67.5	82.5	52.5	0	424.93
	有效降水量	20.64	12.19	0	38.47	47.81	
	地下水补给量	6.85	2.32	0	0	0	
	土壤储水量	8.25	13.41	−1.14	10.01	18.62	
	作物耗水量	80.74	95.42	81.36	100.98	66.43	
一井30K	日期	6月15日~7月13日	7月14日~8月3日	8月4日~8月20日	8月21日~9月11日	9月12日~10月4日	
	灌水量	45	22.5	82.5	52.5	0	391.12
	有效降水量	20.64	12.19	0	38.47	47.81	
	地下水补给量	6.85	2.32	0	0	0	
	土壤储水量	−0.46	33.91	−4.76	18.35	13.3	
	作物耗水量	72.03	70.92	77.74	109.32	61.11	

续表

试验处理	名称	苗期	拔节期	抽穗期	灌浆期	成熟期	合计
	日期	6月15日～7月13日	7月14日～8月3日	8月4日～8月20日	8月21日～9月11日	9月12日～10月4日	
一井40 K	灌水量	45	22.5	52.5	52.5	0	368.73
	有效降水量	20.64	12.19	0	38.47	47.81	
	地下水补给量	6.85	2.32	0	0	0	
	土壤储水量	10.8	27.55	13.68	5.9	10.02	
	作物耗水量	83.29	64.56	66.18	96.87	57.83	

表 1-43 2016 年葵花生育期内耗水量 （单位：mm）

试验处理	名称	苗期	拔节期	抽穗期	灌浆期	成熟期	合计
	日期	6月10日～7月6日	7月7日～7月25日	7月26日～8月12日	8月13日～9月5日	9月6日～9月28日	
一井20 K	灌水量	22.5	45	75	60	22.5	385.89
	有效降水量	8.6	15.8	0	31.75	14.49	
	地下水补给量	11.4	7.77	3.54	3.2	0.45	
	土壤储水量	27.82	25.66	−7.57	5.31	12.67	
	作物耗水量	70.32	94.23	70.97	100.26	50.11	
	日期	6月10日～7月6日	7月7日～7月25日	7月26日～8月12日	8月13日～9月5日	9月6日～9月28日	
一井30 K	灌水量	0	45	52.5	60	22.5	364.40
	有效降水量	8.6	15.8	0	31.75	14.49	
	地下水补给量	11.4	7.77	3.54	3.2	0.45	
	土壤储水量	26.23	20.41	18	4.31	18.45	
	作物耗水量	46.23	88.98	74.04	99.26	55.89	
	日期	6月10日～7月6日	7月7日～7月25日	7月26日～8月12日	8月13日～9月5日	9月6日～9月28日	
一井40 K	灌水量	0	45	52.5	30	22.5	341.00
	有效降水量	8.6	15.8	0	31.75	14.49	
	地下水补给量	11.4	7.77	3.54	3.2	0.45	
	土壤储水量	20.62	12.37	22.84	27.39	10.77	
	作物耗水量	40.62	80.94	78.88	92.34	48.21	
	日期	6月10日～7月6日	7月7日～7月25日	7月26日～8月12日	8月13日～9月5日	9月6日～9月28日	
两井20 K	灌水量	67.5	67.5	67.5	90	22.5	454.00
	有效降水量	8.6	15.8	0	31.75	14.49	
	地下水补给量	11.4	7.77	3.54	3.2	0.45	
	土壤储水量	6.25	4.42	19.37	−0.62	12.57	
	作物耗水量	93.75	95.49	90.41	124.33	50.01	

续表

试验处理	名称	苗期	拔节期	抽穗期	灌浆期	成熟期	合计
两井 30 K	日期	6月10日~7月6日	7月7日~7月25日	7月26日~8月12日	8月13日~9月5日	9月6日~9月28日	
	灌水量	45	45	75	60	22.5	411.76
	有效降水量	8.6	15.8	0	31.75	14.49	
	地下水补给量	11.4	7.77	3.54	3.2	0.45	
	土壤储水量	20.83	13.74	2.53	23.49	6.67	
	作物耗水量	85.83	82.31	81.07	118.44	44.11	
两井 40 K	日期	6月10日~7月6日	7月7日~7月25日	7月26日~8月12日	8月13日~9月5日	9月6日~9月28日	
	灌水量	45	22.5	75	60	22.5	381.44
	有效降水量	8.6	15.8	0	31.75	14.49	
	地下水补给量	11.4	7.77	3.54	3.2	0.45	
	土壤储水量	13.84	31.12	-9.7	13.3	10.88	
	作物耗水量	78.84	77.19	68.84	108.25	48.32	

从表1-40~表1-43可以看出,作物相同处理不同水文年作物耗水量有所差异,平水年作物耗水量小于丰水年作物耗水量;作物相同控制下限两年春汇处理相比一年春汇处理耗水量大;作物相同春汇处理下,随着灌水控制下限的降低,灌水量减小,作物耗水量减小。其主要原因与降水和灌水相关,气候条件适宜作物生长时,在相同条件下作物蒸腾作用较强,2015年为丰水年,2016年为平水年,2015年气候条件更适宜作物生长,作物耗水量大;相同灌水下限两年春汇灌水量大,相同春汇处理控制下限越高灌水量越多,作物耗水量越大。

试验期间2015年、2016年玉米和葵花生育期内耗水量见图1-21~图1-24。

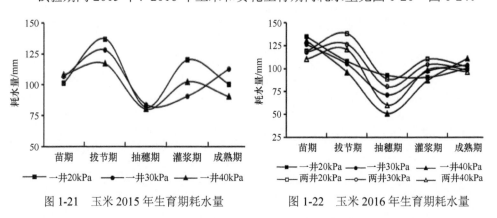

图 1-21　玉米 2015 年生育期耗水量　　　图 1-22　玉米 2016 年生育期耗水量

图1-21~图1-24中可见2015年和2016年玉米的耗水量均随着生育期的延长而波动,玉米各处理均在抽穗期达到最低,葵花各处理在灌浆期达到最大;玉米

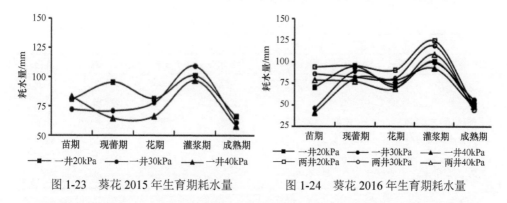

图 1-23　葵花 2015 年生育期耗水量　　　图 1-24　葵花 2016 年生育期耗水量

在成熟期耗水量减少，葵花在成熟期耗水量减少；同种作物相同春汇制度下灌水下限越低，作物耗水量越少。

　　试验确定玉米和葵花两年一春汇–30kPa 灌水下限处理对应灌溉制度最佳，对应玉米生育期内需水量为 517.65mm，葵花生育期内需水量为 411.76mm。

3. Penman-Monteith 法计算参考作物蒸发蒸腾量

　　Penman-Monteith 公式综合考虑了各种气象因素对 ET$_0$ 的影响，是当前被推荐的唯一定义和计算 ET$_0$ 的标准公式。经过几十年的理论研究与实践应用，不需要进行地区率定，也不需要改变任何参数，可适用于中国和世界各个地区，具有可靠的物理基础，已在世界上许多国家和地区广泛应用。其计算公式为

$$ET_0 = \frac{0.408(R_n - G) + \gamma \dfrac{900}{T + 273} u_2 (e_s - e_a)}{\Delta + \gamma(1 + 0.34 u_2)} \tag{1-16}$$

式中，ET$_0$ 为参考作物蒸发蒸腾量，mm/d；R_n 为作物冠层表面的净辐射，MJ/（m^2/d）；G 为土壤热通量，MJ/（m^2/d）；T 为 2m 高度处的日平均气温，℃；u_2 为 2m 高度处的日平均风速，m/s；e_s 为饱和水汽压，kPa；e_a 为实际水汽压，kPa；e_s–e_a 为饱和水汽压差，kPa；Δ 为饱和水汽压与温度曲线的斜率、即水汽压曲线斜率，kPa/℃；γ 为湿度计常数，kPa/℃。

　　以日为时间段，利用试验田内气象仪资料计算该试验区的参考作物蒸发蒸腾量 ET$_0$，计算结果按旬统计见表 1-44 和图 1-25。

　　由图 1-25 可知，参考作物蒸发蒸腾量随着作物生育期的延长，变化明显。在玉米生育期内，参考作物蒸发蒸腾量先减小，后增大，2015 年和 2016 年在抽穗期以前和成熟期差别不大，在灌浆期 2015 年参考作物蒸发蒸腾量大于 2016 年；在葵花生育期内，2015 年和 2016 年参考作物蒸发蒸腾量随着葵花生育期的延长总体趋势均减小。

表 1-44　Penman-Monteith 法计算参考作物蒸发蒸腾量（单位：mm）

2015 年				2016 年			
生育期	玉米	生育期	葵花	生育期	玉米	生育期	葵花
苗期	241.4	苗期	184.72	苗期	218.40	苗期	152.60
拔节期	144.48	现蕾期	98.94	拔节期	152.42	现蕾期	89.68
抽穗期	76.16	花期	67.34	抽穗期	65.63	花期	90.39
灌浆期	91.72	灌浆期	64.06	灌浆期	51.69	灌浆期	86.88
成熟期	79.28	成熟期	55.8	成熟期	136.85	成熟期	62.62
全生育期	633.04	全生育期	470.86	全生育期	624.98	全生育期	482.17

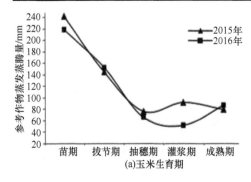
(a)玉米生育期

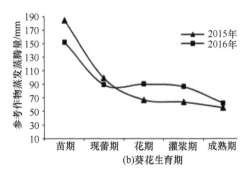
(b)葵花生育期

图 1-25　试验区参考作物 ET_0 变化曲线图

4. 典型作物系数计算

利用水量平衡法和 Penman-Monteith 法计算玉米和葵花的作物系数，具体计算方法为

$$K_c = \frac{ET_c}{ET_0} \tag{1-17}$$

式中，ET_c 为典型作物蒸发蒸腾量，mm/d；K_c 为作物系数；ET_0 为参考作物蒸发蒸腾量，mm/d。

计算结果见表 1-45 和表 1-46。

表 1-45　玉米不同处理生育阶段作物系数计算表

年份	名称	苗期	拔节期	抽穗期	灌浆期	成熟期
	一井 20Y	0.42	0.95	1.07	1.38	1.27
2015	一井 30Y	0.44	0.89	1.10	0.99	1.42
	一井 40Y	0.45	0.81	1.06	1.12	1.14
	一井 20Y	0.57	0.77	1.41	1.75	0.73
2016	一井 30Y	0.55	0.73	1.09	1.76	0.76
	一井 40Y	0.55	0.70	0.77	1.68	0.81

续表

年份	名称	苗期	拔节期	抽穗期	灌浆期	成熟期
	两井 20Y	0.54	0.97	1.35	1.75	0.75
2016	两井 30Y	0.46	0.94	1.23	1.82	0.72
	两井 40Y	0.46	0.92	0.91	1.71	0.71

表 1-46　葵花不同处理生育阶段作物系数计算表

年份	处理	苗期	拔节期	抽穗期	灌浆期	成熟期
	一井 20K	0.44	0.96	1.21	1.58	1.19
2015	一井 30K	0.39	0.72	1.15	1.71	1.10
	一井 40K	0.45	0.65	0.98	1.51	1.04
	一井 20K	0.46	1.05	0.79	1.15	0.80
	一井 30K	0.30	0.99	0.82	1.14	0.89
	一井 40K	0.27	0.90	0.87	1.06	0.77
2016	两井 20K	0.61	1.06	1.00	1.43	0.80
	两井 30K	0.56	0.92	0.90	1.36	0.70
	两井 40K	0.52	0.86	0.76	1.25	0.77

第 2 章　微咸水膜下滴灌水盐调控技术

2.1　不同水质条件下膜下滴灌土壤水盐运移及典型作物产量研究

不同水质条件下的膜下滴灌土壤水盐运移及典型作物响应研究在内蒙古巴彦淖尔市临河区九庄试验基地开展，试验采用常规地下水（1.0g/L）人工复配不同矿化度（2.0g/L、3.0g/L 和 4.0g/L）的微咸水，以玉米和葵花为供试作物，研究不同矿化度微咸水膜下滴灌对土壤水盐运移及作物产量的影响。

2.1.1　试验设计与方法

1. 试验设计

1）滴灌设备

试验所用滴灌带均为大禹节水公司生产的内镶贴片式，滴头间距为 300mm，滴头流量为 1.68L/h，滴灌带管径为 16mm。

2）供试作物

（1）供试作物玉米品种是内单 314。采用现行的一膜两行的种植模式，行距 60cm，株距 20cm，亩株数约 5400 株。传统施肥模式：底肥用磷酸二氢铵 600kg/hm²，后期随一水追肥尿素 600kg/hm²，随二水追肥尿素 300kg/hm²。滴灌：底肥用磷酸二氢铵 600kg/hm²，后期随滴灌追肥尿素 600kg/hm²、钾肥 90kg/hm²。

（2）供试作物葵花品种是 9009。在种植模式因素中，采用现行的一膜两行的种植模式，行距 60cm，株距 40cm，种植密度为 2700 株/hm²。播种、施基肥、覆膜、铺滴灌带一次性完成。传统种植施肥模式：底肥用磷酸二氢铵 190kg/hm²，尿素 525kg/hm²。水肥一体化种植：底肥仅仅采用磷酸二氢铵 190kg/hm²，硝酸钾 150kg/hm²，尿素 150kg/hm² 随水进行追施。

3）药品配比

用试验区机电井水（矿化度：1.007g/L）加入不同药品配制成与河套灌区天然水质状况相近的水样，具体配比见表 2-1。2013 年对不同水质在同一灌水量（土壤基质势–20kPa）灌溉下进行了试验研究，2014 年对不同水质在不同土壤基质势条件下的灌溉进行了研究。微咸水灌溉试验设计见表 2-2，微咸水灌水试验装置示意图见图 2-1。

表 2-1　微咸水灌溉矿化度配比表

药品名称	不同矿化度水质的药品用量/（g/m³）				
	矿化度为 1.5g/L	矿化度为 2g/L	矿化度为 2.5g/L	矿化度为 3g/L	矿化度为 4g/L
$CaCl_2$	79.40	170.71	262.02	353.33	536.07
$MgSO_4$	109.97	236.43	362.89	489.36	742.59
K_2SO_4	0.42	0.91	1.39	1.87	2.84
$NaHCO_3$	222.93	479.28	735.63	991.99	1505.44
$MgCl_2$	19.16	41.18	63.21	85.24	129.35

表 2-2　微咸水灌溉试验设计

2013 年		2014 年			
水质处理	土壤基质势	水质处理	土壤基质势	水质处理	土壤基质势
1.0g/L			−10kPa		−10kPa
1.5g/L			−20kPa		−20kPa
2g/L	−20kPa	1.0g/L	−30kPa	3.0g/L	−30kPa
2.5g/L			−40kPa		−40kPa
3g/L			−10kPa		−10kPa
			−20kPa		−20kPa
		2.0g/L	−30kPa	4.0g/L	−30kPa
			−40kPa		−40kPa

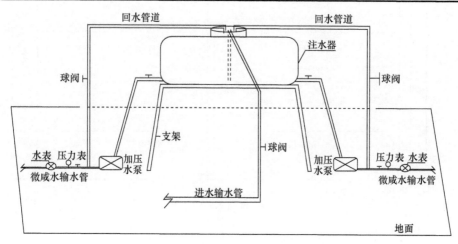

图 2-1　微咸水灌水试验装置示意图

4）小区布置

玉米、葵花均设 4 个不同矿化度，每个矿化度对应四个灌水水平共计 32 个处理方式进行研究。本试验采用土水势（张力计）指导灌溉，TDR 水分监测系统进行校验，其中张力计埋设深度为 20cm，为膜上膜下埋设。当埋设深度为 20cm 张力计读数达到指定数值时，进行灌溉并施肥，每次灌水量为 15m³/亩，追肥氮肥 3kg/亩。各小区布置如图 2-2 所示。

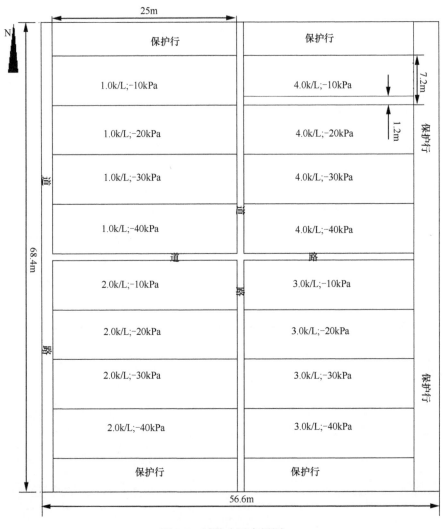

图 2-2　试验小区布置图

2. 试验方法

对作物生育期内灌溉试验监测内容有如下五种：

1）土壤参数的测定

测定内容包括质地、容重、pH、田间持水量、土壤水分特征曲线、颗分、有效/速效 N-P-K、土壤盐分、八大离子垂向分布。在作物各生育时期（包括播种前），每隔 10cm 土层用 TDR 水分测定仪（第二重复小区）或土钻取土（第一、三重复小区）动态监测 1.5m 土体内的土壤含水量。每 5 天测量 1 次，并且在灌水前、灌水后及降水后加测。

每年在播种前、生育中期、收获后分别取土测盐分、养分。每年播种前取土方法为 0～100cm 范围内每 10cm 垂直取土分别测其盐分、养分。生育期中期、收割后取土方法为：以滴头为中心，在垂直滴灌带距滴头 0cm、17.5cm、35cm、60cm 和两滴头中间位置处分别取 0～10cm、10～20cm、20～30cm、30～40cm、40～60cm、60～80cm、80～100cm 深度土层土壤。盐分主要用电导率（electrical conductivity，Ec）衡量，养分主要测试速效 N。

2）气象资料观测

在作物生育期间，使用自动气象站同步记录试验区的降水量、气温、光合有效辐射、风速等气象数据（精确到日）。

3）地下水位观测

利用试验区附近的地下水观测井，观测地下水位的变化，每 5 天观测 1 次。

4）作物形态生理指标的测定

出苗后，在各试验小区，每个生育期测试一次作物的株高、茎粗和叶面积。

5）考种及测产

作物成熟时，在各小区单独收获，晒干脱粒测产。

2.1.2　结果与分析

1. 不同矿化度灌溉水膜下滴灌不同试验处理灌水量分析

表 2-3 和表 2-4 为不同灌溉水质膜下滴灌葵花和玉米的灌水制度。2013 年试验主要针对不同水质（1.0g/L、1.5g/L、2.0g/L、2.5g/L、3.0g/L）膜下滴灌水盐运移情况进行试验研究，试验在同一灌溉制度下进行。2014 年针对水盐调控技术进行研究，试验设置了不同水质、不同土壤基质势处理。

从表 2-3、表 2-4 中可以看出，同一矿化度灌溉水下在不同土壤基质势下作物生育灌水次数及灌水量有较大差异，随土壤基质的减小灌水次数及灌水量均减少；不同矿化度灌溉水在同一土壤基质势下灌水量变化不同，除 1.0g/L 灌溉水质外，总体表现为土壤基质势较大（≥–20kPa）时，灌水量随灌水矿化度的增大而减少，当土壤基质势<–30kPa 时，同一土壤基质势不同水质作物生育期内灌水次数及灌水量无变化。

表 2-3　葵花不同水质灌溉试验灌水制度

生育阶段		播种-出苗	出苗-现蕾	现蕾-开花	开花-灌浆	灌浆-成熟	合计灌水次数/次	合计灌水量/mm
	日期	6月4日~7月7日	7月8日~8月1日	8月2日~8月23日	8月24日~9月8日	9月9日~10月5日		
				灌水次数/次				
水质	2013年	3	2	3	1		9	202.5
	2014年	6月9日~7月4日	7月5日~7月20日	7月21日~7月28日	7月29日~8月28日	8月29日~10月1日	0	
				灌水量/mm				
1.0g/L	−10kPa	67.5	67.5	90.0	67.5	22.5	14	315
	−20kPa	45.0	67.5	67.5	67.5	22.5	12	270
	−30kPa	45.0	45.0	45.0	67.5	22.5	10	225
	−40kPa	22.5	45.0	45.0	45.0		7	157.5
2.0g/L	−10kPa	45.0	45.0	67.5	67.5	22.5	11	247.5
	−20kPa	45.0	45.0	45.0	67.5	22.5	10	225
	−30kPa	45.0	45.0	45.0	45.0		8	180
	−40kPa	22.5	45.0	45.0	45.0		7	157.5
3.0g/L	−10kPa	45.0	45.0	45.0	67.5	22.5	10	225
	−20kPa	45.0	45.0	45.0	45.0	22.5	9	202.5
	−30kPa	45.0	45.0	45.0	45.0		8	180
	−40kPa	22.5	45.0	45.0	45.0		7	157.5
4.0g/L	−10kPa	45.0	45.0	45.0	67.5	22.5	10	225
	−20kPa	45.0	45.0	45.0	45.0	22.5	9	202.5
	−30kPa	45.0	45.0	45.0	45.0		8	180
	−40kPa	22.5	45.0	45.0	45.0		7	157.5

表 2-4　玉米不同水质灌溉试验灌水量

生育阶段		播种-出苗	出苗-拔节	拔节-抽穗	抽穗-灌浆	灌浆-成熟	合计灌水次数/次	合计灌水量/mm
	日期	5月4日~6月4日	6月5日~7月8日	7月9日~7月25日	7月26日~8月25日	8月26日~10月1日		
				灌水次数/次				
水质	2013年	2	3	3	5	1	14	315
	2014年	5月1日~6月3日	6月4日~7月8日	7月9日~7月25日	7月26日~8月20日	8月21日~10月1日		
				灌水量/mm				
1.0g/L	−10kPa	67.5	157.5	90.0	90.0	22.5	19	427.5
	−20kPa	67.5	90.0	67.5	90.0	22.5	15	337.5
	−30kPa	45.0	90.0	67.5	67.5	22.5	13	292.5
	−40kPa	45.0	67.5	45.0	67.5	22.5	11	247.5

生育阶段	播种-出苗	出苗-拔节	拔节-抽穗	抽穗-灌浆	灌浆-成熟	合计灌水次数/次	合计灌水量/mm
日期	5月4日～6月4日	6月5日～7月8日	7月9日～7月25日	7月26日～8月25日	8月26日～10月1日		
灌水量/mm							
2.0g/L　−10kPa	67.5	135.0	90.0	90.0	22.5	18	405
−20kPa	45.0	90.0	67.5	67.5	22.5	13	292.5
−30kPa	45.0	67.5	67.5	67.5	22.5	12	270
−40kPa	45.0	67.5	45.0	67.5	22.5	11	247.5
3.0g/L　−10kPa	67.5	112.5	67.5	90.0	22.5	16	360
−20kPa	45.0	90.0	67.5	67.5	22.5	13	292.5
−30kPa	45.0	67.5	67.5	67.5	22.5	12	270
−40kPa	45.0	67.5	45.0	67.5	22.5	11	247.5
4.0g/L　−10kPa	67.5	90.0	67.5	90.0	22.5	15	337.5
−20kPa	45.0	90.0	67.5	67.5	22.5	13	292.5
−30kPa	45.0	67.5	67.5	67.5	22.5	12	270
−40kPa	45.0	67.5	45.0	67.5	22.5	11	247.5

葵花和玉米不同灌溉水质膜下滴灌灌水量分别见图 2-3 和图 2-4。

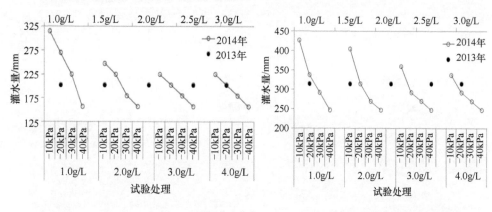

图 2-3　葵花微咸水膜下滴灌灌水量　　　　图 2-4　玉米微咸水膜下滴灌灌水量

从图 2-3 和图 2-4 可知，土壤基质势较大（≥−20kPa）时，灌水量随灌水矿化度的增大而减少，这一规律与已有研究结果不一致，主要原因是本试验依据张力计指导灌水，土水势为基质势与溶质势之和，即 $\psi_w = \psi_m + \psi_{os}$，张力计能够测试土壤的基质势，水和离子能够通过张力计的陶土头，根系是植物吸收养分和水分的主要器官，但植物对离子的吸收具有选择性。在相同条件下用矿化度较高的微咸水灌溉，由于溶质势的影响，矿化度高的灌溉势必造成土壤土水势较低，土壤吸力增大，因而使作物较难利用土壤中的水分，在长期盐分胁迫下，作物某些器官衰竭，耗水能力下降，灌水量随之减少；当灌水矿化度较低时，土水势较高，作物容易吸收土壤水分，在一定范围内基质势变化较频繁，在张力计指导下，进而增加了灌水频率，也导致灌水量增加；当土壤基质势较小时，作物长期受水分胁迫，耗水能力也随之下降，灌水量随之减少。

随灌水矿化度的增加，不同土水势之间的灌水量差值逐渐减小，主要由于随灌水矿化度增加，盐分胁迫使作物耗水在一定程度上受限所致。

2. 不同矿化度膜下滴灌土壤盐分变化及分布情况

1）不同灌溉水质膜下滴灌制度下葵花地土壤盐分分布

图 2-5 和图 2-6 为灌水矿化度 1.0g/L 及 3.0g/L 时不同土壤基质势的葵花地土壤盐分分布图。

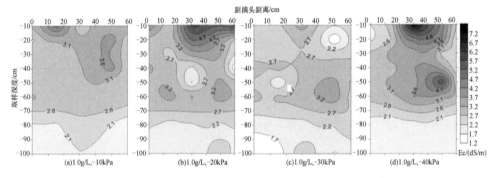

图 2-5　灌水矿化度为 1.0g/L 条件下，不同土壤基质势对土壤盐分的空间分布影响

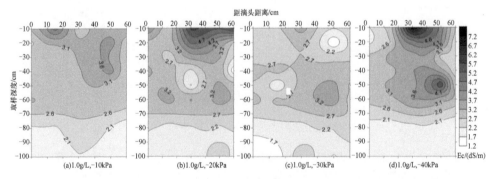

图 2-6　灌水矿化度为 3.0g/L 条件下，不同土壤基质势对土壤盐分的空间分布影响

葵花在整个生育期内灌水量较少，在滴头下方竖直方向产生积盐区域，主要原因可能是淋滤水量少，盐分未完全淋洗至根层外。灌水矿化度一定，当土壤基质势控制水平较高时（–10kPa 和–20kPa），主根区（0~40cm）土壤含盐高值区有

远离滴头的趋势；当土壤基质势控制水平较低时（–30kPa 和–40kPa），主根区土壤含盐高值区有向滴头靠近的趋势。另外，基质势控制水平较低时，次根区（40～80cm）土壤含盐高值区有向上运移的趋势；土壤基质势一定，随灌水矿化度增大（1.0～4.0g/L），主根区土壤含盐量减小，次根区土壤含盐量增大。

2）不同灌溉水质膜下滴灌制度下玉米地土壤盐分分布

图 2-7 为 2014 年不同处理土壤剖面盐分的分布，各灌水矿化度下从左到右依次为–10kPa、–20kPa、–30kPa 和–40kPa 灌水下限土壤剖面盐分分布图，等值线的疏密表示盐分在该区域的变化剧烈水平。总体来看，各处理在滴头横向（地表

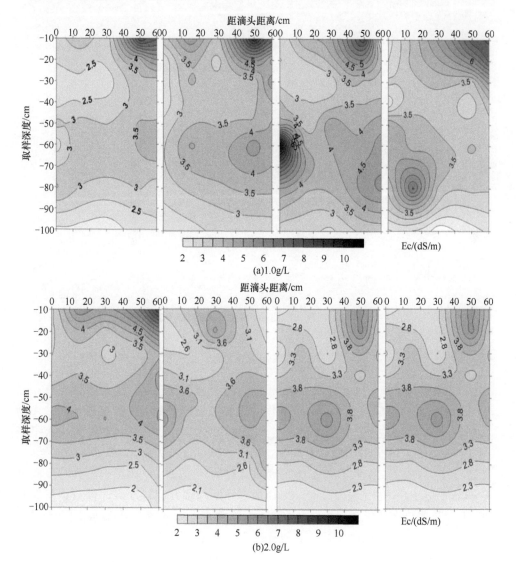

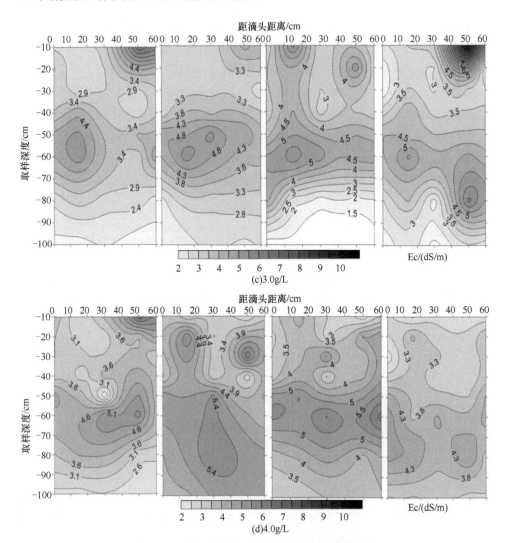

图 2-7　膜下滴灌不同处理剖面土壤盐分分布

水平）30cm，竖向（地下埋深）40cm 范围内盐分含量较低，说明膜下滴灌在滴头 30cm 范围内土壤盐分较低，这为作物生长提供了较好的生长条件。但在作物次根区和膜外土壤盐分变化各异，在土壤基质势为−10kPa 下，在距滴头水平距离 40～60cm 处的土壤剖面积盐明显，当灌水矿化度≥3.0g/L，在地下 50～80cm 处盐分增大，主要由于−10kPa 下，灌水量较大，湿润峰横向达到膜外，纵向可至 50cm，盐随水动，水失盐留，作物蒸腾和地面蒸发消耗水分，盐分则留在此处；土壤基质势在−20kPa 下，除水质为 1.0g/L 灌溉水处理在距滴头水平距离 35～60cm 处的土壤剖面积盐明显，其他处理表层土壤水平方向盐分变化不明显，但灌水矿化度≥3.0g/L 时，在地下 40cm 处盐分明显增大，且 4.0g/L 水质下，距滴头水平距离 10～20cm 和 40～55cm 处形成一个盐分较高的盐壳；土壤基质势在 −30kPa 下，1.0g/L 灌水在水平方向盐分变化与−10kPa 相似，但在滴头下方 50～ 80cm 处有明显盐分聚集，2.0g/L 灌水处理盐分变化与 1.0g/L 相似，3.0g/L 灌水 的盐分分布与−20kPa 灌水下限 4.0g/L 灌水盐分变化相似；土壤基质势在−40kPa 下，4.0g/L 灌水下整个土壤剖面盐分较均匀，没有明显的积盐区域，主要由于其 灌水量较少所致。

由上分析可知，1.0g/L 灌溉水下，在土壤基质势>−20kPa 时，土壤剖面盐分 较小，但−10kPa 下灌水量较大，其灌水效率较低；2.0g/L 灌水矿化度下，土壤 剖面盐分积盐较小，土壤基质势<−30kPa 时，在 50～70cm 处盐分较高；3.0g/L 灌水矿化度下，在土壤基质势>−20kPa 时，主根区积盐较小，但次根区盐分含量 明显较高，土壤基质势<−30kPa 时，整个剖面盐分较高，并有表聚趋势；4.0g/L 灌水矿化度下，在土壤基质势为−10kPa 时，主根区积盐较小，但次根区盐分含 量明显较高，土壤基质势分别为−20kPa 和−30kPa 时，整个剖面盐分较高，也出 现表聚趋势。

总体来看，灌水矿化度≤2.0g/L 时，在土壤基质势为−20kPa 灌水下，没有明 显的积盐现象，灌水矿化度≥3.0g/L 时，应适当增加灌水量或频率。

3. 玉米不同矿化度微咸水膜下滴灌的土壤盐分平衡分析

不考虑土壤盐分平衡的收支项，仅考虑土壤盐分总量变化，根据质量守恒定 律，可将根层盐分均衡方程简化为

$$\Delta S = S_2 - S_1 \tag{2-1}$$

式中，ΔS 为播前收后土壤盐分含量改变量；S_2 为收后土壤盐分含量；S_1 为播前土 壤盐分含量。

当 $\Delta S > 0$，说明土壤积盐；$\Delta S < 0$ 说明土壤脱盐；$\Delta S = 0$ 说明土壤盐分平衡。 灌水引入盐分总量是总灌水量灌溉水盐分含量的乘积。玉米不同试验处理生育期 内灌溉水量如表 2-5 所示，灌水引入盐量计算结果如表 2-6 所示。播前收后土壤 盐分为各控制点盐分含量乘以对应体积，其中，播前土壤中的含盐量为 369.8kg/ 亩，收后土壤盐量见表 2-7。

表 2-5　不同处理灌水量

基质势		试验阶段灌水量/mm			
		−10kPa	−20kPa	−30kPa	−40kPa
灌水矿化度	1.0g/L	777.1	667	552.5	402.2
	2.0g/L	572.5	517.5	441.3	329.6
	3.0g/L	533.6	401.3	329.1	248.5
	4.0g/L	494.7	324.6	232.9	190.1

表 2-6 不同处理灌水引入盐量

基质势		灌水引入盐量/（kg/亩）			
		−10kPa	−20kPa	−30kPa	−40kPa
灌水矿化度	1.0g/L	518.1	444.69	368.35	268.15
	2.0g/L	763.37	690.03	588.43	439.49
	3.0g/L	1067.25	802.64	658.23	497.02
	4.0g/L	1319.27	865.64	621.10	506.96

表 2-7 不同处理收后土壤盐量

基质势		收后土壤盐量/（kg/亩）			
		−10kPa	−20kPa	−30kPa	−40kPa
灌水矿化度	1.0g/L	456.7	520.3	507.7	552.4
	2.0g/L	473.7	474.7	488.2	597.9
	3.0g/L	558.9	476.3	485.5	602.7
	4.0g/L	538.1	526.5	554.1	517.9

由表 2-5 可以看出不同灌水矿化度处理试验阶段灌水量随着灌水矿化度的增大（1.0～4.0g/L）递减，随土壤基质势控制的降低（−10～−40kPa）明显减少，其中土壤基质势控制在−40kPa 处理试验阶段平均灌水量为土壤基质势控制在−10kPa 处理的 49.2%。灌水矿化度为 4.0g/L 处理试验阶段平均灌溉水量为灌水矿化度为 1.0g/L 处理的 51.7%。

由表 2-6 可知不同盐分处理试验阶段灌水引入盐量随灌水矿化度增大而增大，随土壤基质势控制水平的降低而减小。与表 2-5 相结合，随灌水矿化度的增加灌溉水量减小，但灌水引入盐量增大；随基质势控制水平的降低，灌水量减少，引入盐量减少。其中在灌水矿化度为 4.0g/L，基质势控制水平为−10kPa 下灌水引入盐量高达 1319.3kg/亩，与其余三种灌水矿化度处理相比引入盐量分别增加 60.7%、42.1%、19.1%。

图 2-8 表示播前收后 0～100cm 不同处理土壤盐分含量改变量。图中可以看出收后土壤均产生积盐。其中在灌水矿化度为 1.0g/L 和 2.0g/L 的条件下，随基质势控制水平的减小，土壤积盐量呈增大趋势。积盐量分别为：86.9kg/亩、150.5kg/亩、137.9kg/亩、182.6kg/亩和 103.8kg/亩、104.9kg/亩、118.4kg/亩、228.2kg/亩。积盐率分别为：23.5%、40.7%、37.3%、49.4%和 28.1%、28.3%、32.0%、61.7%。在灌水矿化度为 3.0g/L 与 4.0g/L 的情况下，随基质势控制水平的减小，土壤积盐量并无明显的变化规律。

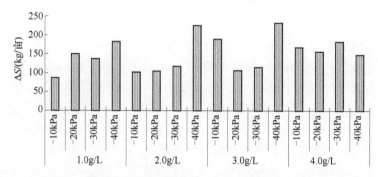

图 2-8　播前收后 0~100cm 不同处理土壤盐分含量改变量

1）膜内土壤盐分平衡

灌溉过程中，膜内土壤盐分增加还是减少，是判断灌溉方式优劣的主要指标之一。以玉米根系层（膜内 0~40cm 及 0~100cm）播前与收后的含盐量变化进行说明（图 2-9）。

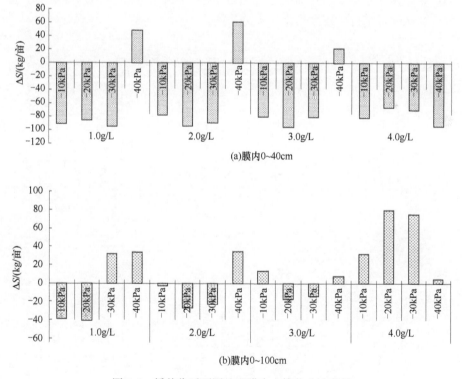

(a)膜内0~40cm

(b)膜内0~100cm

图 2-9　播前收后不同处理膜内土壤盐分改变量

图 2-9（a）中可以看出，在作物根系层 0~40cm，不同处理在灌水矿化度为 1.0~3.0g/L，基质势控制水平为–40kPa 下 ΔS 为正值，土壤产生积盐。而 4.0g/L

膜内 0～40cm 未积盐原因需进一步明确。

图 2-9（b）中可看出，灌水矿化度为 4.0g/L，不同基质势控制水平处理下的土壤均产生积盐，说明灌水矿化度对土壤积盐有很大的影响。在其余三组处理中可以发现，当基质势控制水平较高时（–10～–30kPa）土壤脱盐，当基质势控制水平较低时（–40kPa）土壤积盐，积盐量随灌水矿化度的升高呈递减趋势。初步判断，膜内 0～100cm 土壤积盐与否与灌溉引入的盐量关系密切，需进一步细致分析研究。

综上所述，采用膜下滴灌可使膜内土壤脱盐，但当灌水矿化度较高（4.0g/L）或基质势控制水平较低时（–40kPa），脱盐土层仅限于较浅的根系层，无法将盐分淋洗至更深的土层。初步判断，膜内 0～100cm 土壤积盐与否与灌溉引入的盐量关系密切，需进一步细致分析研究。

2）膜外土壤盐分平衡

图 2-10 表示不同处理膜外土壤盐分改变量。与膜内土壤相反，无论 0～40cm 还是 0～100cm 膜外土壤均无灌溉水进入，并且接纳了膜内侧移来的盐分，土壤积盐。膜间裸地充当了干排盐的生态用地角色，减轻了由于灌溉水量减小引起的盐分失衡状况，维持了短期内土壤盐分平衡。

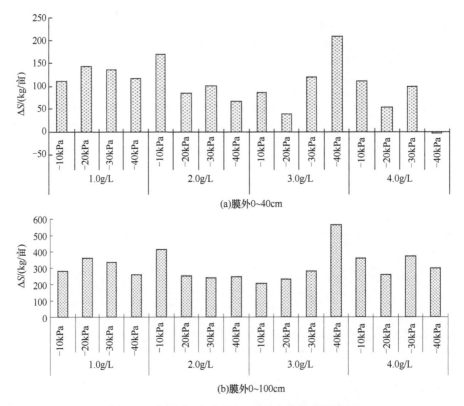

(a)膜外0~40cm

(b)膜外0~100cm

图 2-10　播前收后不同处理膜外土壤盐分改变量

4. 不同矿化度微咸水膜下滴灌对典型作物产量的影响

从图 2-11 可以看出，不同水质灌溉情况下作物产量变化较大，总体来看灌水矿化度为 3.0g/L 时，作物产量相对较高，说明低矿化度微咸水灌溉对作物产量没有影响，反而增加了作物产量。有研究表明一定矿化度微咸水灌溉不仅不会抑制作物的生长，反而会因改善土壤结构，增加土壤通透性，减小土壤容重，从而提高土壤饱和含水率，增加作物根部吸水功能，为作物生长提供较好的条件（王全九和来剑斌，2002）。再因微咸水配制中含有植物必需的多种营养物质，且试验区土地含盐量较低，土壤较肥沃，但部分作物所需微量元素缺乏，灌入微咸水正好补充了作物所需元素，对作物生长有利，从而增加作物产量。

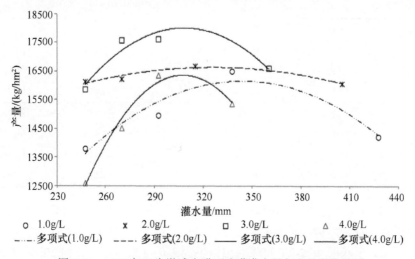

图 2-11 2014 年玉米微咸水膜下滴灌灌水量与产量变化关系

灌水量较小时，水分和盐分均显著影响作物产量，灌水量较大时盐分较水分对作物产量影响明显。当灌水量≤248mm 时，作物产量随灌水矿化度的变化为 2.0g/L>3.0g/L>1.0g/L>4.0g/L；当灌水量≥270mm 时，作物产量随灌水矿化度的变化为 3.0g/L>2.0g/L>1.0g/L>4.0g/L；当灌水量≥295mm 时，作物产量随灌水矿化度的变化为 3.0g/L>2.0g/L>4.0g/L>1.0g/L。由上述分析可知，作物产量受水分和盐分的双重影响：当灌水量<250mm 时，矿化度 3.0g/L 以上微咸水灌溉会因盐分胁迫致使作物减产；当灌水量>300mm 时，矿化度 4.0g/L 以下微咸水灌溉不会造成作物减产。分析原因，当灌水量较小时，即使膜下滴灌也不能将盐分排到作物主根系区以外，作物受水分和盐分胁迫造成减产；当灌水量较大时，膜下滴灌高频灌溉，能将多余盐分排到主根系区以外，保证主根系区有较好的水肥条件，进而保证作物产量（表 2-8）。

表 2-8 不同矿化度微咸水灌溉试验作物产量

葵花			玉米		
灌水矿化度	基质势控制水平	产量/（kg/hm²）	水质	基质势控制水平	产量/（kg/hm²）
	−10kPa	3038.4		−10kPa	14230.2
	−20kPa	3772.1		−20kPa	16511.0
1.0g/L	−30kPa	3931.7	1.0g/L	−30kPa	14964.4
	−40kPa	3739.9		−40kPa	13804.0
	−10kPa	2938.2		−10kPa	16082.4
	−20kPa	3619.5		−20kPa	16687.2
2.0g/L	−30kPa	3670.5	2.0g/L	−30kPa	16236.0
	−40kPa	3519.0		−40kPa	16139.3
	−10kPa	3085.6		−10kPa	16615.2
	−20kPa	3886.8		−20kPa	17629.0
3.0g/L	−30kPa	4081.7	3.0g/L	−30kPa	17584.8
	−40kPa	3769.9		−40kPa	15874.4
	−10kPa	2988.3		−10kPa	15372.7
	−20kPa	3695.8		−20kPa	16362.2
4.0g/L	−30kPa	3801.1	4.0g/L	−30kPa	14519.5
	−40kPa	3629.45		−40kPa	12598.8

从图 2-11 可以看出玉米微咸水膜下滴灌灌水量与产量之间符合二次抛物线变化，对实际土壤基质势指导下灌水量进行差值，找出产量最大时对应的灌水量下的土壤基质势，其值见表 2-9。可以看出，不同矿化度水质下，作物产量最大时，灌水量差异较大，但未呈现出规律。当在地下水中加入一定量盐分配制为更高矿化度水质时，最大产量对应的土壤基质势有不同程度的提高，在此土壤基质势指导灌溉下不同水质在滴头 30cm 范围内盐分均较低，为较为理想的膜下滴灌水盐运移调控灌溉制度。

表 2-9 玉米微咸水灌溉试验作物产量与灌水量的关系

灌水矿化度	拟合方程	相关系数 R^2	最大产量/（kg/hm²）	灌水量/mm	土壤基质势/kPa
1.0g/L	$y = -0.2712x^2 + 186.77x - 15984$	0.9086	16172.19	344	−20
2.0g/L	$y = -0.0903x^2 + 59.058x + 6991.2$	0.9082	16497.72	368	−15
3.0g/L	$y = -0.5348x^2 + 329.98x - 32886$	0.8984	18014.71	309	−17
4.0g/L	$y = -1.0739x^2 + 660.83x - 85297$	0.9766	16364.30	308	−15

注：拟合方程中 x 为作物灌水量（mm）；y 为作物产量（kg/hm²）。

2.2　微咸水灌溉条件下土壤水盐运移累积规律
与作物响应研究

2015～2016 年在内蒙古乌拉特前旗长胜试验站和五原盐碱地改良研究院开展了盐碱地典型作物微咸水膜下滴灌试验,试验以玉米、葵花和番茄为供试作物,采用张力计控制不同灌水下限指导灌溉,灌溉水源为地下微咸水,分析土壤水分变化、盐分迁移积累、作物生长和产量,综合作物产量和土壤积盐情况推荐最优微咸水膜下滴灌制度。

2.2.1　试验设计与方法

1. 玉米与葵花微咸水膜下滴灌灌溉制度试验设计与方法

　　1)试验设计
　　盐碱地典型作物膜下滴灌试验在内蒙古长胜节水盐碱化与生态试验站展开,试验田土壤基本情况见表 2-10,地下水矿化度和地下水埋深见图 2-12。

表 2-10　滴灌试验田土壤基本理化性质

土层深度/cm	干容重/(g/cm³)	土壤名称	黏粒/%	粉粒/%	砂粒/%	Q_{wp}/%	Q_{fc}/%	含盐量/(g/kg)
0～20	1.599	壤土	4.58	32.10	63.32	12.32	26.40	1.92
20～60	1.473	壤质砂土	1.46	11.34	87.20	11.04	25.76	2.03
60～100	1.427	砂质壤土	2.28	26.30	71.42	9.00	20.94	2.51

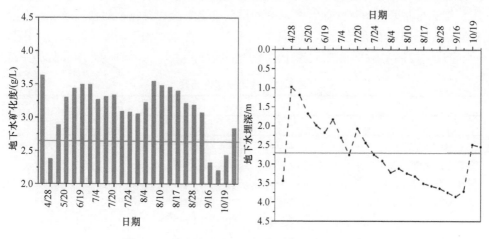

图 2-12　滴灌试验地下水矿化度和水位埋深变化
图中横线分别代表平均地下水矿化度(=3.14g/L)和平均地下水埋深(=2.74m)

A. 供试作物

试验作物为玉米和葵花，属于目前河套灌区的主要经济作物。玉米品种为科河 24，种植密度为 67500～75000 株/hm²，行距为 60cm，株距 20cm，该品种有耐旱的特性，产量稳定，高抗大小斑病，抗倒力强，生育期 128 天；葵花品种为浩丰 6601 杂交食用葵花，发芽率≥90%，播种深度≤4cm，播种期间土壤表层 10cm，稳定温度≥10℃，行距 50cm，株距 50cm，个大、仁饱、色佳、味香、营养价值高，具有耐盐耐旱的特性，生育期 105 天左右。

B. 种植方式

玉米和葵花种植采用膜下滴灌灌溉方式，分别于 5 月中旬和 6 月初播种玉米和葵花，种植模式为一膜一带两行，如图 2-13 所示，滴灌带均为上海华维节水灌溉股份有限公司生产的内镶贴片式滴灌带，滴头间距为 300mm，滴头流量 1.38L/h，滴灌带管径为 16mm。

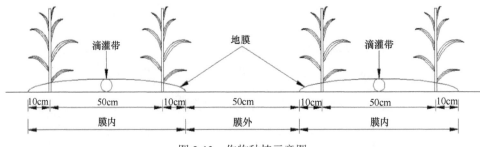

图 2-13　作物种植示意图

C. 试验布置

玉米、葵花的微咸水膜下滴灌试验均设 3 个不同灌水下限，每个灌水下限对应一年洗盐制度和两年洗盐制度，另外设置监测玉米和葵花黄河水地面灌溉对照处理，共计 14 个处理进行研究，具体见表 2-11。微咸水膜下滴灌试验采用土水势（张力计）控制滴头下 20cm 深土层基质势指导灌溉，利用 TDR 水分监测系统

表 2-11　试验处理设计表

玉米			葵花		
灌水方式	洗盐制度	灌水下限	灌水方式	洗盐制度	灌水下限
微咸水膜下滴灌	一年	−20kPa	微咸水膜下滴灌	一年	−20kPa
微咸水膜下滴灌	一年	−30kPa	微咸水膜下滴灌	一年	−30kPa
微咸水膜下滴灌	一年	−40kPa	微咸水膜下滴灌	一年	−40kPa
微咸水膜下滴灌	两年	−20kPa	微咸水膜下滴灌	两年	−20kPa
微咸水膜下滴灌	两年	−30kPa	微咸水膜下滴灌	两年	−30kPa
微咸水膜下滴灌	两年	−40kPa	微咸水膜下滴灌	两年	−40kPa
黄河水地面灌	一年	无	黄河水地面灌	一年	无

进行校验，TDR 埋设深度为 120cm。当张力计读数达到指定灌水下限时，进行灌溉并适时施肥，灌水施肥设计具体见表 2-12～表 2-14，灌溉水为当地浅层地下水，矿化度约为 3.0g/L，每次灌水量为 225m³/hm²，记录每次灌水的试验小区、张力计读数、灌水量、日期、施肥种类和施肥量。

表 2-12　试验灌水制度设计表　　[单位：m³/（次·hm²）]

生育期	玉米			生育期	葵花		
	微咸水膜下滴灌一年洗盐	微咸水膜下滴灌两年洗盐	黄河水地面灌		微咸水膜下滴灌一年洗盐	微咸水膜下滴灌两年洗盐	黄河水地面灌
播前	2250		2250	播前	2250		2250
苗期	225	225		苗期	225	225	
拔节期	225	225		现蕾期	225	225	
抽穗期	225	225		花期	225	225	
灌浆期	300	300		灌浆期	300	300	
成熟期	225	225		成熟期	225	225	

表 2-13　玉米试验施肥制度设计表　　[单位：kg/（次·hm²）]

		5 月中旬	6 月下旬	7 月上旬	7 月中旬	7 月下旬	8 月上旬	8 月中旬	8 月下旬
微咸水膜下滴灌	磷酸二铵	375							
	45%硫酸钾	300							
	尿素		45	45	45	45	45	45	45
	复合肥		45	45	45	45	45	45	45
黄河水地面灌	磷酸二铵	375							
	45%硫酸钾	300							
	尿素	300	750						
	复合肥		150						

表 2-14　葵花试验施肥制度设计表　　[单位：kg/（次·hm²）]

		5 月中旬	6 月下旬	7 月上旬	7 月中旬	7 月下旬	8 月上旬	8 月中旬	8 月下旬
微咸水膜下滴灌	磷酸二铵	375							
	45%硫酸钾	135							
	尿素		75	75	75	75	75	75	75
	复合肥		45	45	45	45	45	45	45
黄河水地面灌	磷酸二铵	375							
	45%硫酸钾	300							
	尿素	300	300						
	复合肥		150						

2）试验方法

A. 土壤参数的测定

2015 年、2016 年 4 月初在微咸水灌溉试验地块、黄河水漫灌地块和试验站井灌地块按 4 钻 7 层法取土样测含水率、全盐量、八大离子（Ca^{2+}、Mg^{2+}、Na^+、K^+、CO_3^{2-}、HCO_3^-、Cl^-、SO_4^{2-}）、pH、颗分，取环刀测土壤水分特征曲线、田间持水量、容重、速效 N、速效 P、速效 K，取土样时以滴头为中心，在垂直滴灌带距滴头 0cm、17.5cm、35cm 和 60cm 处分别取 0～10cm、10～20cm、20～30cm、30～40cm、40～60cm、60～80cm 和 80～100cm 土层土壤（图 2-14）。

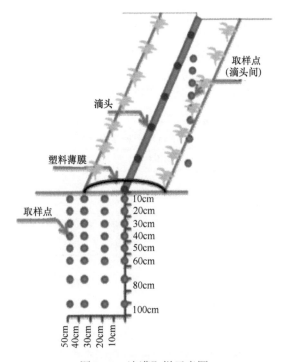

图 2-14　滴灌取样示意图

作物播前在全量春汇地块、半量春汇地块、不春汇地块、玉米黄河水地面灌地块、葵花黄河水地面灌地块按 4 钻 7 层法取土样测含水率、养分、全盐量、八大离子、$Ec_{1:5}$，取环刀测土壤水分特征曲线、容重和颗分。

分别在玉米苗期、拔节期、抽穗期、灌浆期、成熟期及葵花苗期、现蕾期、花期、灌浆期、成熟期按 4 钻 7 层法取土样测含水率、全盐量和 $Ec_{1:5}$。

玉米和葵花收后各处理按 4 钻 7 层法取土测全盐量、$Ec_{1:5}$、养分、八大离子，取环刀测容重、土壤水分特征曲线、颗分。

土壤颗分、水分特性曲线和容重测定方法：田间取得土样经自然风干后碾压过 0.8mm 孔径标准筛，利用激光粒度分析仪测定各粒径范围的含量；环刀取得土样利用压力薄膜仪、电子天平等测土壤水分特性曲线和容重。

土壤水分测定方法：在各试验处理膜内和膜外分别埋设 TDR 管，埋设深度 120cm，间隔 7 天监测不同试验处理各土层含水率；每天 08：00、14：00、18：00 观测各处理埋设的张力计读数，并记录；土钻取土后装入铝盒，采用中兴 101 型电热鼓风干燥箱 105℃烘 8h，借助电子天平（精确至 0.01g）用称重法计算土壤含水率；间隔 1 个月利用称重法测得含水率校正 TDR 监测的含水率值。

土壤盐分、碱性、养分测定方法：从试验田取回的土样经自然风干后碾压过 2mm 孔径标准筛，将过筛后的土样与去离子水按 1：5 搅拌混合，静置一段时间澄清后，用雷磁 DDSJ-308A 电导仪测定上清液电导率，用上海雷磁 PHS-25 台式数显 pH 计测定上清液 pH。乙二胺四乙酸（EDTA）滴定法测定 Ca^{2+}、Mg^{2+}（mg/kg）；火焰光度计法测定 Na^+（mg/kg）；1 mol/L KCl 浸提，紫外分光光度计测定硝态氮（mg/kg）；1 mol/L KCl 浸提，靛酚蓝比色法测定铵态氮（mg/kg）；0.5 mol/L $NaHCO_3$ 浸提，钼锑抗比色法测定速效磷（mg/kg）；NH_4OAc 浸提，火焰光度计测定速效钾（mg/kg）。

B. 水位、水质参数的测定

2015 年、2016 年自 3 月 20 日起，间隔 10 天分别取一次地下水和黄河水水样，测一次水位、读一次 TDR，所取水样检测全盐量、八大离子、pH 和 Ec 值。

C. 气象资料观测

在作物生育期间，使用 YM-03 自动气象记录仪同步记录试验区的降水量、2m 高处风速、相对湿度、光合有效辐射、太阳总辐射、气压、风向、最高温度和最低温度，记录时间间隔为 0.5h。采用 AM3 型蒸发皿每天 08：00 测定日蒸发量。

D. 作物形态生理指标的测定

玉米和葵花出苗后，调查各处理的出苗率，分别在各试验小区选取连续 5 株长势均匀的植株，做好标记。在玉米和葵花的每个生育期测试一次标记作物的株高、茎粗和叶面积。

E. 考种及测产

作物成熟时，在各试验区随机取样考种、测产。

根据灌溉试验规范，调查玉米、葵花生育期动态，并在各自生育期结束后进行考种。作物出苗后，在每个试验处理内，选取 5 株长势均匀的作物，并做好标记以便后期跟踪调查，在每个生育期的初、末分别测定各处理 5 株标记作物的株高、茎粗、叶面积，取均值作为作物本生育期的生长指标；在玉米生育期结束后，单独收获各处理标记的 5 株玉米植株玉米穗，分别测量其穗长、穗粗、穗行数、行粒数、秃尖长度、单穗玉米粒重、百粒重。

在葵花生育期结束后，单独收获各处理标记的 5 株葵花植株花盘，分别测量其盘径、盘重、单盘粒重、百粒重、百粒仁重。

玉米测产：各试验小区随机取 3 个 $12m^2$（宽 2.4m×长 5.0m）面积收获，进行脱粒、自然晾干，得出 $12m^2$ 面积的玉米总干重，计算各试验处理平均单位面积玉米重量，再换算出每公顷玉米产量。

葵花测产：各试验小区随机取 3 个 $12m^2$（宽 2.4m×长 5.0m）面积收获，进行脱粒、自然晾干，得出 $12m^2$ 面积的葵花总葵花籽干重，计算各试验处理平均单位面积葵花籽重量，再换算出每公顷葵花产量。

试验结果采用 Excel 软件计算、SPSS 软件统计分析、Origin 等软件绘图分析。

2. 番茄微咸水膜下滴灌灌溉制度试验设计与方法

试验区选在蒙草抗旱五原盐碱地改良研究所试验田中部，地下水埋深大于 1.5m 的地块，试验共设 3 个处理，每个处理设 3 个重复。2015 年西块微咸水灌溉处理试验田面积 0.44 亩，中块微咸水灌溉处理试验田面积 0.40 亩，东块淡水灌溉处理试验田面积 0.44 亩；2016 年西块微咸水灌溉处理试验田面积 0.41 亩，中块微咸水灌溉处理试验田面积 0.43 亩，东块淡水灌溉处理试验田面积 0.44 亩。番茄种植方式都为一膜一带两行，滴灌带长 32m，型号为单翼迷宫 Φ16mm，滴头距 30cm，出水量 3.2L/h。微咸水取用当地地下水（2015 年年均矿化度为 3.0g/L，2016 年年均矿化度为 2.4g/L）；试验用番茄品种为金野 1 号，2015 年其全生育期约为 100 天，株距 30cm，行距 50cm，栽培密度为 2625 株/亩。2015 年 5 月 27 日春耕并人工起垄覆膜，5 月 28 日春汇（春汇滴灌水量 $36.41m^3$/亩），供试番茄于 2015 年 5 月 29 日破膜穴栽，2015 年 9 月 25 日收获；2016 年其全生育期约为 150 天，株距 30cm，行距 70cm，栽培密度为 2200 株/亩。2016 年 4 月 18 日春耕，同月 24 日人工起垄覆膜，于 2016 年 5 月 14 日破膜移栽，2016 年 10 月 24 日收获；2015 年 6 月初和 2016 年 5 月初，分别在滴灌试验小区每个处理膜上、膜间埋设张力计和 TDR 管（张力计埋设深度为 20cm，TDR 管埋设深度为 120cm），每隔两天观测 TDR 读数，记录土壤含水率变化，并适时用土钻取土测验校核张力计读数。

番茄微咸水膜下滴灌灌水下限设为 –20kPa，每天观测所埋设的张力计读数，当张力计读数达到指定数值 –20kPa 时，按试验设计表 2-15、表 2-16 进行灌水、施肥，施肥采用压差式施肥泵将溶解的肥随灌水打入待灌溉的小区，记录灌水量和施肥量。在作物每个生育期观测记录作物生物量（株高、茎粗），收后测产。

表 2-15　番茄微咸水试验灌水设计表　　（单位：m³/hm²）

试验处理	移栽后	幼苗期	开花坐果期	结果期
WD2	300	300	300	300
WD1	375	375	375	375
DD	300	300	300	300

表 2-16　番茄微咸水试验施肥设计表　　（单位：kg/hm²）

肥料名称	移栽前	幼苗期	开花坐果期	结果期
磷酸二铵	225	0	0	0
尿素	0	60	60	0
硫酸钾	75	45	0	0

试验结果采用 Excel 软件计算、统计、绘图分析。

2.2.2　结果与分析

1. 不同作物微咸水膜下滴灌灌水施肥结果

1）玉米微咸水膜下滴灌灌水施肥结果

2015 年、2016 年试验期间玉米微咸水膜下滴灌灌水施肥情况如表 2-17、表 2-18 所示，从表中可以看出 2015 年、2016 年黄河水漫灌对照处理灌水总量均为 6750 m³/hm²，生育期灌水量均为 4500 m³/hm²；相同春汇处理随着灌水下限的降低，玉米生育期内灌水量减少；在玉米生育期内相同灌水下限下，一年春汇处理比两年春汇处理灌水量少，2015 年比 2016 年灌水量多；玉米生育期内两年春汇–20kPa 处理灌水量最大为 3375 m³/hm²。

表 2-17　2015 年玉米微咸水膜下滴灌试验灌溉制度（单位：m³/hm²）

时间	一井 10Y	一井 20Y	一井 30Y	一井 40Y	黄漫 Y
4 月下旬	2250	2250	2250	2250	2250
6 月上旬	0	0	0	0	
6 月中旬	225	225	225	225	
6 月下旬	0	0	0	0	2250
7 月上旬	450	450	675	675	
7 月中旬	900	675	225	225	
7 月下旬	675	225	225	225	
8 月上旬	900	450	450	225	2250
8 月中旬	600	600	300	300	

时间	一井 10Y	一井 20Y	一井 30Y	一井 40Y	黄漫 Y
8 月下旬	600	600	600	300	
9 月上旬	225	225	225	0	
合计	6825	5700	5175	4425	6750

表 2-18　2016 年玉米微咸水膜下滴灌试验灌溉制度（单位：m^3/hm^2）

时间	一井 20Y	一井 30Y	一井 40Y	两井 20Y	两井 30Y	两井 40Y	黄漫 Y
4 月下旬	2250	2250	2250	1125	1125	1125	2250
6 月上旬	225	225	225	112.5	112.5	112.5	
6 月中旬	225	225	225	225	225	240	
6 月下旬	225	225	225	225	112.5	112.5	2250
7 月上旬	450	450	225	450	562.5	562.5	
7 月中旬	225	225	225	562.5	225	225	
7 月下旬	450	450	225	450	450	337.5	
8 月上旬	450	225	225	562.5	450	225	2250
8 月中旬	300	300	300	450	300	300	
8 月下旬	300	300	300	450	450	300	
9 月上旬	225	225	225	225	225	112.5	
合计	5325	5100	4650	4837.5	4237.5	3637.5	6750

从表 2-19、表 2-20 可以看出 2015 年玉米生育期内，微咸水膜下滴灌处理累计施肥 6 次，施肥量 610kg/hm²（其中尿素 475kg/hm²、复合肥 135kg/hm²）；黄河水漫灌对照处理仅施肥 2 次，施肥量 900kg/hm²（其中尿素 750kg/hm²、复合肥 150kg/hm²）；从表 2-19 可以看出 2016 年玉米生育期内，微咸水膜下滴灌处理累计施肥 9 次，施肥量 585kg/hm²（其中尿素 450kg/hm²、复合肥 135kg/hm²）；黄河水漫灌对照处理仅施肥 1 次，施肥量 900kg/hm²（其中尿素 750kg/hm²、复合肥 150kg/hm²）；2015 年、2016 年玉米微咸水膜下滴灌和玉米黄河水漫灌施底肥（磷酸二铵和 45%硫酸钾）量一致，在玉米生育期施入复合肥量相差不大，但黄河水漫灌尿素在底肥中施入一部分，生育期集中在玉米幼苗阶段追施，且施入量大于微咸水膜下滴灌处理。

表 2-19　玉米微咸水膜下滴灌试验施肥制度　（单位：kg/hm²）

年份	项目	5 月中旬	6 月下旬	7 月上旬	7 月中旬	7 月下旬	8 月上旬	8 月中旬	8 月下旬	合计
	磷酸二铵	375								375
2015	45%硫酸钾	300								300
	尿素		45	90	125	125	45	45	0	475
	复合肥		45			45		45		135

年份	项目	5月中旬	6月下旬	7月上旬	7月中旬	7月下旬	8月上旬	8月中旬	8月下旬	合计
2016	磷酸二铵	375								375
	45%硫酸钾	300								300
	尿素		75	75	75	75		75	75	450
	复合肥		45			45			45	135

表 2-20　玉米黄河水地面灌对照试验施肥制度（单位：kg/hm²）

年份	项目	5月中旬	6月下旬	7月上旬	7月中旬	7月下旬	8月上旬	8月中旬	8月下旬	合计
2015	磷酸二铵	375								750
	45%硫酸钾	300								300
	尿素	300	750							1050
	复合肥		150							150
2016	磷酸二铵	375								375
	45%硫酸钾	300								300
	尿素	300	750							1050
	复合肥		150							150

注：表中空白单元格代表没有施肥。

综上，玉米微咸水膜下滴灌相比玉米黄河水地面灌溉施入尿素量减少约600kg/hm²，复合肥减少约15kg/hm²，且生育期灌水量明显减少，微咸水膜下滴灌具有较大的节水减肥效益。仅考虑节水效益，玉米微咸水膜下滴灌灌水下限小于−10kPa处理的灌溉制度较玉米黄河水漫灌制度更节水，且灌水下限越低，节水效益越明显；虽然在作物生育期内一年春汇处理较两年春汇处理节水，但从全年灌溉总水量角度来看，两年春汇处理相对一年春汇处理更节水；考虑节约淡水效益，两年一春汇较一年一春汇更节约淡水。

2）葵花微咸水膜下滴灌灌水施肥结果

2015 年、2016 年试验期间葵花微咸水膜下滴灌灌水施肥情况见表 2-21 和表 2-22。

表 2-21　2015 年葵花微咸水膜下滴灌试验灌溉制度（单位：m³/hm²）

时间	一井 10K	一井 20K	一井 30K	一井 40K	黄漫 K
4月下旬	2250	2250	2250	2250	2250
6月上旬					
6月中旬					
6月下旬					1500
7月上旬	450	225	225	225	

续表

时间	一井 10K	一井 20K	一井 30K	一井 40K	黄漫 K
7 月中旬	450	450	225	225	
7 月下旬	225	225	225	225	
8 月上旬	675	450	225	225	1000
8 月中旬	600	600	600	300	
8 月下旬	600	300	300	300	
9 月上旬	225	225	225	225	
合计	5475	4725	4275	3975	4750

表 2-22　2016 年葵花微咸水膜下滴灌试验灌溉制度（单位：m^3/hm^2）

时间	一井 20K	一井 30K	一井 40K	两井 20K	两井 30K	两井 40K	黄漫 K
4 月下旬	2250	2250	2250				2250
6 月上旬							
6 月中旬							
6 月下旬				225	225	225	1500
7 月上旬	225			450	225	225	
7 月中旬	225	225	225	450	225	225	
7 月下旬	225	225	225	450	450	225	
8 月上旬	450	225	225	450	225	225	1000
8 月中旬	600	600	300	600	600	600	
8 月下旬	300	300	300	300	300	300	
9 月上旬	225	225	225	225	225	225	
合计	4500	4050	3750	3150	2475	2250	4750

注：表中两年春汇处理的灌溉制度为两年总的灌溉制度平均分配到每一年。

从表 2-21、表 2-22 中可以看出 2015 年除一井 10K 处理外，其他处理在葵花生育期内的灌水量均小于黄河水漫灌处理，2016 年黄河水漫灌对照处理灌水总量和生育期灌水量分别为 4750m^3/hm^2 和 2500m^3/hm^2，灌水总量最大；相同春汇处理随着灌水下限的降低，葵花生育期内灌水量减少；在葵花生育期内相同灌水下限下，一年春汇处理比两年春汇处理灌水量少，2015 年比 2016 年灌水量多；葵花生育期内两年春汇–20kPa 处理灌水量最大为 3150m^3/hm^2。

从表 2-23、表 2-24 可以看出 2015 年葵花生育期内，微咸水膜下滴灌处理累计施肥 8 次，施肥量 450kg/hm²（其中尿素 360kg/hm²、复合肥 90kg/hm²）；2016 年葵花生育期内，微咸水膜下滴灌处理累计施肥 4 次，施肥量 390kg/hm²（其中尿素 300kg/hm²、复合肥 90kg/hm²）；2015 年、2016 年黄河水漫灌对照处理均施肥 1 次，施肥量450kg/hm²（其中尿素300kg/hm²、复合肥150kg/hm²）；2015年、2016年葵花微咸水膜下滴灌和葵花黄河水漫灌施底肥（磷酸二铵和45%硫酸钾）量一致，葵花生育期施入复合肥量相差不大，但黄河水漫灌尿素在底肥中另外施入300kg/hm²，生育期集中在葵花幼苗阶段追施，且施入量大于微咸水膜下滴灌处理。

表 2-23　葵花微咸水膜下滴灌试验施肥制度（单位：kg/hm²）

年份	项目	5月中旬	6月下旬	7月上旬	7月中旬	7月下旬	8月上旬	8月中旬	8月下旬	合计
2015	磷酸二铵	375								375
	45%硫酸钾	300								300
	尿素		45	45	90	45	45	45	45	360
	复合肥		45		45					90
2016	磷酸二铵	375								375
	45%硫酸钾	300								300
	尿素		75		75		75		75	300
	复合肥		45				45			90

表 2-24　葵花黄河水地面灌对照试验施肥制度（单位：kg/hm²）

年份	项目	5月中旬	6月下旬	7月上旬	7月中旬	7月下旬	8月上旬	8月中旬	8月下旬	合计
2015	磷酸二铵	375								375
	45%硫酸钾	300								300
	尿素	300	300							600
	复合肥		150							150
2016	磷酸二铵	375								375
	45%硫酸钾	300								135
	尿素	300	300							600
	复合肥		150							150

综上，葵花微咸水膜下滴灌相比葵花黄河水地面灌溉施入尿素量减少约300kg/hm²，复合肥减少约60kg/hm²，且除-10kPa灌水下限处理外，生育期灌水量明显减少，微咸水膜下滴灌具有较大的节水减肥效益。仅考虑节水效益，葵花微咸水膜下滴灌灌水下限小于-10kPa处理的灌溉制度较葵花黄河水漫灌制度更节水，且灌水下限越低，节水效益越明显；虽然在作物生育期内一年春汇处理较两年春汇处理节水，但从全年灌溉总水量角度来看，两年春汇处理相对一年春汇处理更节水；考虑节约淡水效益，两年春汇较一年春汇更节约淡水。

3）番茄微咸水膜下滴灌灌水施肥结果

2015年和2016年番茄微咸水膜下滴灌灌水施肥制度一致，具体见表2-25、表2-26。

表 2-25　番茄膜下滴灌试验灌溉制度　　（单位：m³/hm²）

试验处理	4 月下旬	5 月下旬	6 月上旬	6 月下旬	7 月中旬	7 月下旬	8 月中旬
WD2	300	300	300	600	300	300	300
WD1	375	375	375	750	375	375	375
DD	300	300	300	600	300	300	300

注：非生育期内 4 月 27 日灌水是为了保证番茄移栽时的土壤的湿润环境。

表 2-26　番茄膜下滴灌试验施肥制度　　（单位：kg/hm²）

肥料名称	5 月 27 日	6 月上旬	6 月下旬	7 月中旬
磷酸二铵	225			
尿素		60	60	60
硫酸钾	75	45		

各试验处理累计灌水 7 次，WD1 处理（微咸水滴灌中区 375m³/hm²）灌水量最大，累计灌溉地下微咸水 3000mm；WD2 处理（微咸水滴灌西区 300m³/hm²）和 DD 处理（淡水滴灌东区 300m³/hm²）分别灌溉地下微咸水和淡水 2400mm。

在 5 月下旬即移栽前，各处理均施入基肥（磷酸二铵 225kg/hm²，硫酸钾 75kg/hm²），各处理分别在 6 月上旬、6 月下旬、7 月中旬施尿素 60kg/hm²，在 6 月上旬番茄苗期施入硫酸钾 45kg/hm²，番茄全生育期内累计施磷酸二铵 225kg/hm²，硫酸钾 120kg/hm²，尿素 180kg/hm²。

考虑节水效益，灌水定额为 300m³/hm² 的淡水膜下滴灌和微咸水膜下滴灌的灌溉制度更节水；考虑节约淡水效益，灌水定额为 300m³/hm² 的微咸水膜下滴灌的灌溉制度更节约淡水。

2. 不同作物微咸水膜下滴灌的土壤水分变化

1）玉米微咸水膜下滴灌的土壤水分变化

2015 年、2016 年玉米微咸水膜下滴灌试验 0～20cm、20～40cm、40～100cm 土层膜内、膜外水分变化如图 2-15～图 2-26 所示。

2015 年一年春汇各处理及黄河水漫灌处理同 2016 年一年春汇各处理及黄河水漫灌处理在膜内、膜外各土层的土壤含水率具有相同的变化规律，一年春汇各处理之间和两年春汇各处理之间具有相似的变化规律，但在膜内、膜外表层 40cm 土层，一年春汇各处理和两年春汇各处理存在着差别，主要体现在播种期间，两年春汇各处理膜内、膜外表层 20cm 土层土壤含水率下降且明显小于一年春汇处理对应含水率；一年春汇各处理灌水控制下限越高，膜内相同深度或膜外相同深度的土壤含水率越大；一年春汇和两年春汇各处理相同土层深度内，膜内土壤含水率大于膜外；随着土层深度的增加，土壤含水率逐渐增大，土壤含水率变化幅

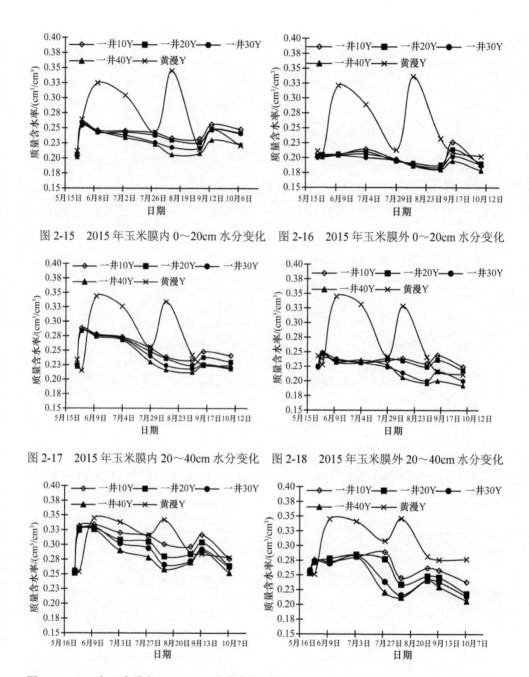

图 2-15　2015 年玉米膜内 0～20cm 水分变化　　图 2-16　2015 年玉米膜外 0～20cm 水分变化

图 2-17　2015 年玉米膜内 20～40cm 水分变化　　图 2-18　2015 年玉米膜外 20～40cm 水分变化

图 2-19　2015 年玉米膜内 40～100cm 水分变化　　图 2-20　2015 年玉米膜外 40～100cm 水分变化

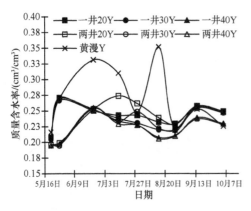

图 2-21　2016 年玉米膜内 0～20cm 水分变化

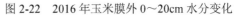

图 2-22　2016 年玉米膜外 0～20cm 水分变化

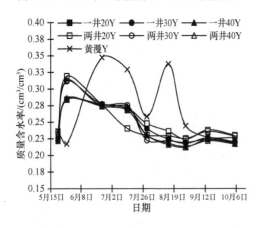

图 2-23　2016 年玉米膜内 20～40cm 水分变化

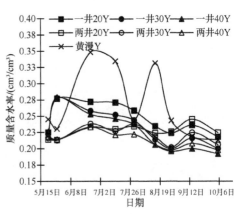

图 2-24　2016 年玉米膜外 20～40cm 水分变化

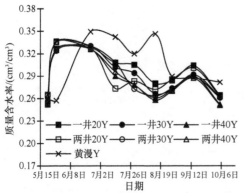

图 2-25　2016 年玉米膜内 40～100cm 水分变化

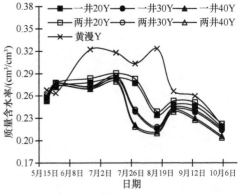

图 2-26　2016 年玉米膜外 40～100cm 水分变化

度逐渐减小；黄河水漫灌处理在播种前土壤含水率与一年春汇各处理一致，但在两次引黄灌溉后，膜内、膜外土壤含水率迅速增长且大小均接近田间持水量，在玉米生育期结束后，黄河水漫灌处理在相应位置和相应土层内土壤含水量与各微咸水滴灌试验处理保持一致。

2）葵花微咸水膜下滴灌的土壤水分变化

图 2-27 为 2015 年、2016 年葵花微咸水膜下滴灌试验 0～20cm、20～40cm、40～100cm 土层膜内、膜外水分变化。

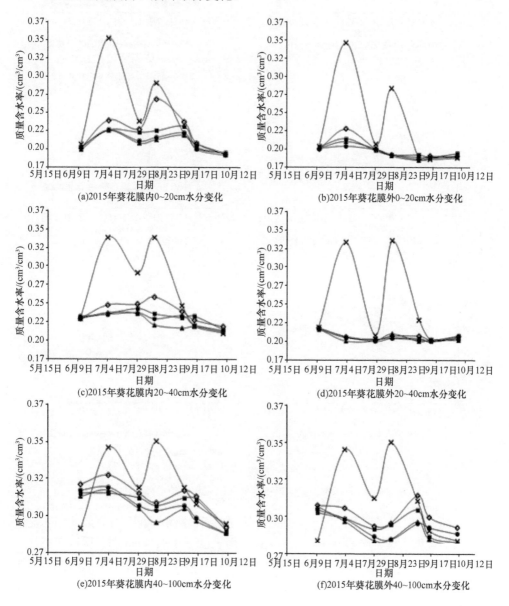

(a)2015年葵花膜内0~20cm水分变化

(b)2015年葵花膜外0~20cm水分变化

(c)2015年葵花膜内20~40cm水分变化

(d)2015年葵花膜外20~40cm水分变化

(e)2015年葵花膜内40~100cm水分变化

(f)2015年葵花膜外40~100cm水分变化

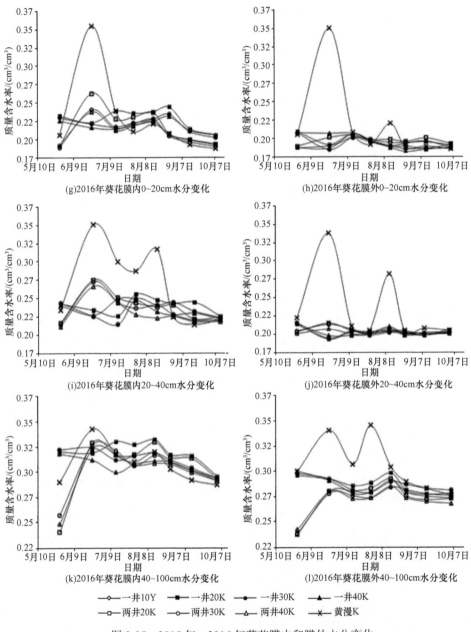

图 2-27 2015 年、2016 年葵花膜内和膜外水分变化

从图 2-27 中可以看出，一年春汇各处理之间、两年春汇各处理之间相同位置相同土层深度土壤含水率变化趋势一致；在地表以下 0～100cm 内，两年春汇各处理与一年春汇各处理自播种至拔节期相应土壤含水率变化趋势相反；一年春汇各处理灌水控制下限越高，膜内相同深度的土壤含水率越大；一年春汇和两年春汇各处

理相同土层深度内，膜内土壤含水率大于膜外；随着土层深度的增加，土壤含水率逐渐增大，土壤含水率变化幅度逐渐减小；在两次引黄灌溉后，黄河水漫灌处理膜内、膜外土壤含水率迅速增大且大小均接近田间持水量，在葵花生育期结束后，黄河水漫灌处理相应位置相应土层土壤含水率与各微咸水滴灌试验处理保持一致。

　　3）番茄微咸水膜下滴灌的土壤水分变化

　　番茄膜下滴灌各个处理在 2015 年 7 月 15 日、9 月 20 日和 2016 年 7 月 21 日、9 月 25 日膜内、膜外的含水率随深度的变化情况见图 2-28～图 2-35。

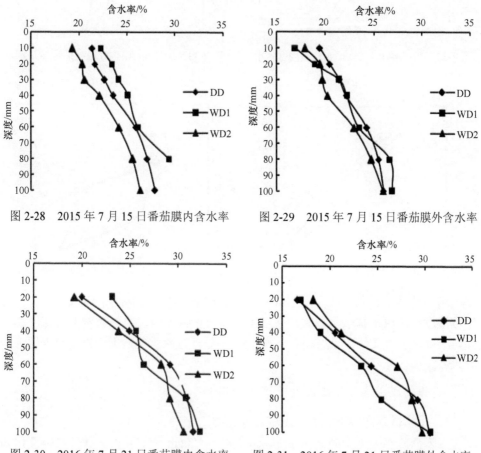

图 2-28　2015 年 7 月 15 日番茄膜内含水率　　图 2-29　2015 年 7 月 15 日番茄膜外含水率

图 2-30　2016 年 7 月 21 日番茄膜内含水率　　图 2-31　2016 年 7 月 21 日番茄膜外含水率

　　2015 年和 2016 年 DD 处理在 0～100cm 相同土层深度内，膜内含水率大于膜外含水率；各处理相同时间膜内、膜外随着土层深度的增加，土壤含水率逐渐增大；各处理膜内相同时间相同土层深度范围内土壤含水率关系为 WD1>DD>WD2，各处理膜外相同时间相同土层深度范围内土壤含水率 WD1 处理最大，其次为 WD2 和 DD 处理。

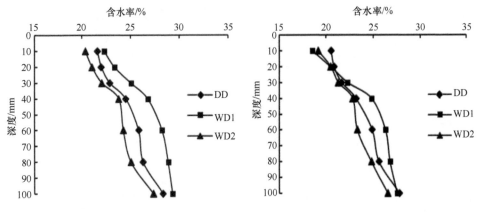

图 2-32　2015 年 9 月 20 日番茄膜内含水率　　图 2-33　2015 年 9 月 20 日番茄膜外含水率

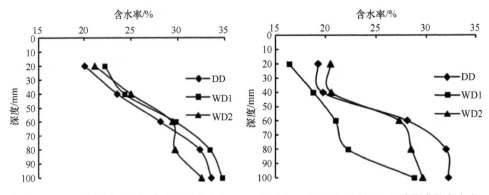

图 2-34　2016 年 9 月 25 日番茄膜内含水率　　图 2-35　2016 年 9 月 25 日番茄膜外含水率

这主要是地膜具有减少土壤水分蒸发的作用，生育期膜内灌溉水增加了膜内土壤湿度；膜内植株吸水和膜外表层土壤蒸发使得膜内、膜外随着土层深度的增加，土壤含水率降低；灌水频率一致，WD1 处理灌水定额最大，故相应土层土壤含水率越大。

3. 不同作物微咸水膜下滴灌的土壤盐分运动

1）玉米微咸水膜下滴灌的土壤盐分运动

玉米微咸水膜下滴灌试验 0～40cm、40～100cm 土层膜内、膜外盐分变化如图 2-36、图 2-37 所示。

各处理膜内 0～40cm 与 40～100cm 土层土壤盐分均随着玉米生育期的延长而波动，具有相似的变化趋势。各处理从自播种至苗期、拔节期至抽穗期、灌浆期至成熟期土层含盐量均增加，但苗期至拔节期、抽穗期至灌浆期土层含盐量均减少，相同时段各处理土层含盐量均大于黄河水漫灌对照处理；2016 年两年春汇各处理灌水下限越高，同时段膜内 0～40cm 土层含盐量越小，同时段膜内 40～100cm

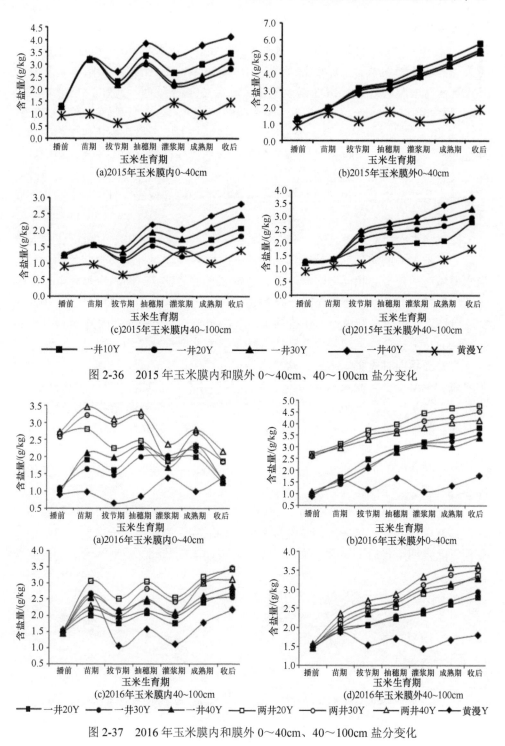

图 2-36　2015 年玉米膜内和膜外 0～40cm、40～100cm 盐分变化

图 2-37　2016 年玉米膜内和膜外 0～40cm、40～100cm 盐分变化

土层含盐量越大；2015 年一年春汇各处理同时段膜内 0～40cm 土层含盐量关系为 –20kPa 处理<–30kPa 处理<–10kPa 处理<–40kPa 处理，膜内 40～100cm 土层含盐量关系为–20kPa 处理<–10kPa 处理<–30kPa 处理<–40kPa 处理；2016 年一年春汇各处理同时段膜内 0～40cm 土层含盐量关系为–30kPa 处理<–20kPa 处理<–40kPa 处理，膜内 40～100cm 土层含盐量关系为–40kPa 处理<–30kPa 处理<–20kPa 处理；2016 年相同灌水下限一年春汇处理膜内 0～40cm 土层含盐量变化幅度小于两年春汇处理，膜内 40～100cm 各试验处理土层含盐量变化幅度相差不大；相同处理同时段膜内 0～40cm 土层含盐量小于膜内 40～100cm 土层含盐量；黄河水漫灌对照处理在苗期至拔节期和灌浆期至成熟期膜内 0～40cm 和 40～100cm 土层含盐量减少，其他各时段土层含盐量均增加。

除黄河水漫灌对照处理外，各试验处理膜外 0～40cm 和 40～100cm 土层含盐量随着玉米生育期的延长而持续增加，相同时段各处理膜外土层含盐量均大于黄河水漫灌对照处理；相同春汇制度下各处理灌水下限越高，同时段膜外 0～40cm 土层含盐量越大；相同处理同时段膜外 0～40cm 土层含盐量大于膜外 40～100cm 土层含盐量；黄河水漫灌处理在苗期至拔节期和灌浆期至成熟期膜外 0～40cm 和 40～100cm 土层含盐量均减少，其他各时段膜内土层含盐量均增加。

各处理相同时段膜内土层含盐量小于膜外相应土层含盐量；两年春汇各处理膜内 0～40cm 土层含盐量总体趋势在减小，两年春汇各处理膜内 40～100cm 土层、膜外 0～40cm 和 40～100cm 土层含盐量总体趋势在增加，一年春汇各处理和黄河水漫灌对照处理膜内、膜外 0～100cm 土层含盐量总体趋势增加。

2）葵花微咸水膜下滴灌的土壤盐分运动

葵花微咸水膜下滴灌试验 0～40cm、40～100cm 土层膜内、膜外盐分变化如图 2-38、图 2-39 所示。

各处理膜内 0～40cm 与 40～100cm 土层盐分均随着葵花生育期的延长而波动，具有相似的变化趋势。一年春汇和两年春汇各处理从播种至苗期、现蕾期至花期、灌浆期至收后土层含盐量均增加，但苗期至现蕾期、花期至灌浆期土层含

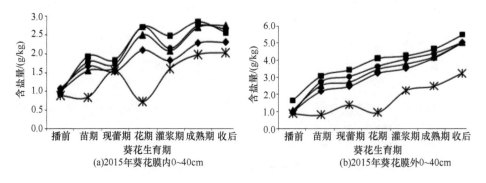

(a)2015年葵花膜内0~40cm　　　　(b)2015年葵花膜外0~40cm

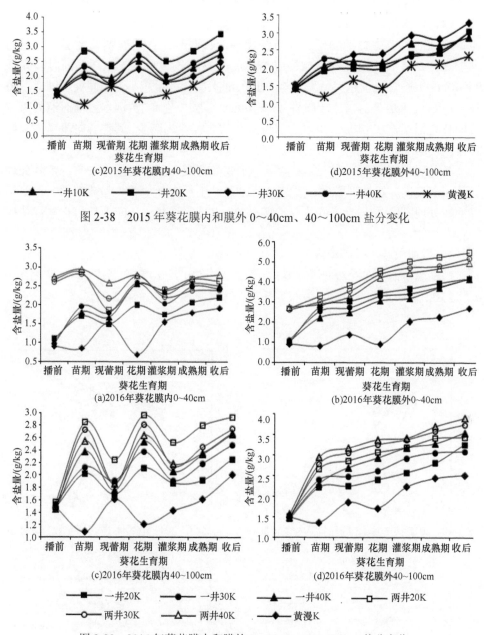

图 2-38　2015 年葵花膜内和膜外 0～40cm、40～100cm 盐分变化

图 2-39　2016 年葵花膜内和膜外 0～40cm、40～100cm 盐分变化

盐量均减少，相同时段各处理土层含盐量均大于黄河水漫灌对照处理；相同春汇制度下各处理灌水下限越高，同时段膜内 0～40cm 土层含盐量越小，膜内 40～100cm 土层含盐量越大；黄河水漫灌对照处理在苗期和现蕾期至花期膜内 0～40cm 和 40～100cm 土层含盐量减少，其他各时段土层含盐量均增加。

除黄河水漫灌对照处理外，各试验处理膜外 0～40cm 和 40～100cm 土层含盐量均随着葵花生育期的延长而持续增加，相同时段各处理膜外土层含盐量均大于黄河水漫灌对照处理；相同春汇制度下各处理灌水下限越高，同时段膜外 0～40cm 土层含盐量越大，膜外 40～100cm 土层含盐量越小；相同处理同时段膜外 0～40cm 土层含盐量大于膜外 40～100cm 土层含盐量；黄河水漫灌对照处理在苗期和花期膜外 0～40cm 和 40～100cm 土层含盐量均减少，其他各时段膜内土层含盐量均增加。

各处理相同时段膜内土层含盐量小于膜外相应土层含盐量；一年春汇各处理和黄河水漫灌对照处理膜内、膜外 0～100cm 土层含盐量总体趋势在增大，两年春汇各处理膜内 40～100cm 土层、膜外 0～40cm 和 40～100cm 土层含盐量总体趋势在增加，两年春汇各处理膜内 0～40cm 土层含盐量总体趋势在减少。

3）番茄微咸水膜下滴灌的土壤盐分运动

番茄膜下滴灌各个处理在 2015 年 7 月 15 日、9 月 20 日和 2016 年 7 月 21 日、9 月 25 日膜内膜外的含盐量随深度的变化情况见图 2-40～图 2-47。

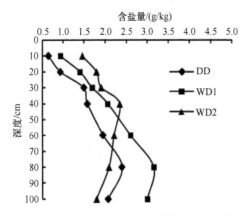

图 2-40　2015 年 7 月 15 日番茄膜内含盐量

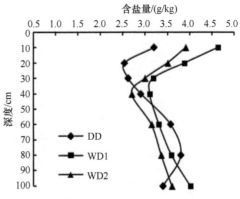

图 2-41　2015 年 7 月 15 日番茄膜外含盐量

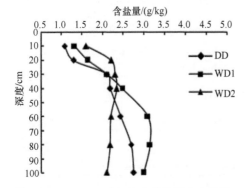

图 2-42　2016 年 7 月 21 日番茄膜内含盐量

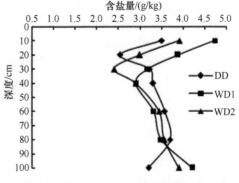

图 2-43　2016 年 7 月 21 日番茄膜外含盐量

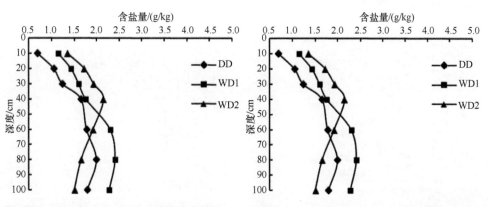

图 2-44　2015 年 9 月 20 日番茄膜内含盐量　　图 2-45　2015 年 9 月 20 日番茄膜外含盐量

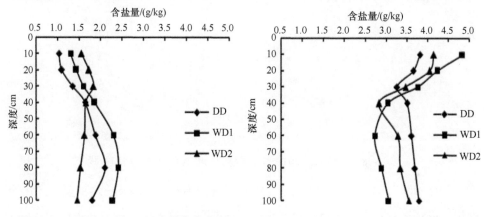

图 2-46　2016 年 9 月 25 日番茄膜内含盐量　　图 2-47　2016 年 9 月 25 日番茄膜外含盐量

　　2015 年和 2016 年各个处理都是膜内脱盐膜外积盐，WD1 脱盐量最大，DD 脱盐量最小；在 0～40cm 相同土层深度内，膜内含盐量关系为 WD2>WD1>DD，膜外含盐量关系为 WD1>WD2>DD。

　　这主要因为微咸水本身带有盐分，当淋洗土壤时，会把本身的盐分随着灌水进入土壤中，而 WD1 处理灌水定额最大，故相应土层土壤番茄膜内含盐量小于 WD2，DD 处理淋洗土壤时，本身所带的盐分少，所以膜内含盐量最小，在膜外 WD1 由于灌水定额最大，所以脱盐量最大。

4. 不同作物微咸水膜下滴灌的土壤盐分累积

1）玉米微咸水膜下滴灌的土壤盐分累积

　　计算各处理不同土层在玉米生育期前后的积盐量，结果见图 2-48，各土层收后相比播前土壤含盐量增加即为土壤积盐，各土层收后相比播前土壤含盐量减少即为土壤脱盐，相应土壤脱盐量为计算积盐量的绝对值。

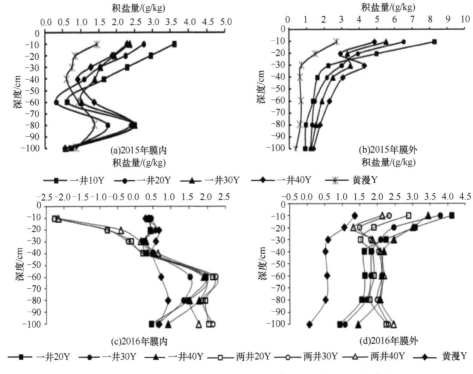

图 2-48　2015 年、2016 年玉米生育期膜内和膜外土层积盐量

2015 年和 2016 年一年春汇各处理在膜内和膜外 0～100cm 均积盐；2016 年两年春汇处理在玉米生育期内膜内表层 20cm 均脱盐，土壤脱盐量随着深度的增加而减小，膜内 20～100cm 土层土壤积盐量随着深度的增加而增加，两年春汇各处理在玉米生育期内膜外 0～100cm 土层均积盐，且各处理膜外表层 40cm 土壤积盐量随着土层深度的增加而减小，膜外 40～100cm 土壤积盐量随着土层深度的增加总体呈增大趋势；随着土层深度的增加，黄河水漫灌对照处理在膜内同一年春汇各处理具有相同的变化趋势，在膜外同一年春汇和两年春汇各处理具有相同的变化趋势，但膜外黄河水漫灌对照处理各土层土壤积盐量均小于一年春汇和两年春汇各处理相应土层土壤积盐量；一年春汇各处理中–30kPa 处理在膜内表层 40cm 土层土壤积盐量最小，在膜外表层 20cm 土层，一年春汇各处理土壤积盐量明显大于两年春汇各处理和黄河水漫灌处理；两年春汇处理在膜外表层 20cm 内，灌水控制下限越高土壤积盐量越大，两年春汇处理在膜外 40～100cm 土层土壤的积盐量随着灌水控制下限的降低而增大；在膜内和膜外 80～100cm 土层，两年春汇各处理土壤积盐量大于一年春汇各处理土壤积盐量。

玉米微咸水膜下滴灌两年春汇–20kPa 处理在膜内、膜外土壤积盐量最小，其次为两年春汇–30kPa 处理。仅考虑在玉米生育期内土壤积盐量，优先考虑两年春汇

−20kPa 灌水下限对应的灌溉洗盐制度，每两年春汇一次，春汇定额为 2250m³/hm²，玉米生育期内累计灌溉 17 次，灌溉定额 3975m³/hm²。

2）葵花微咸水膜下滴灌的土壤盐分累积

计算各土层在葵花生育期前后的积盐量，结果见图 2-49，各土层收后相比播前土壤含盐量增加即为土壤积盐，积盐量为负表明土层脱盐，相应土壤脱盐量为计算积盐量的绝对值。

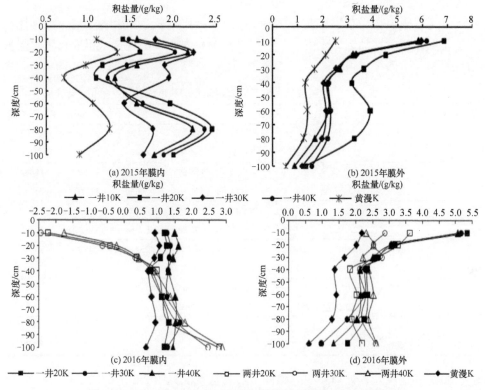

图 2-49　2015 年、2016 年葵花生育期膜内和膜外土层积盐量

从图 2-49 可以看出，一年春汇各处理在葵花生育期内膜内、膜外 100cm 土层均积盐，且一年春汇各处理在膜外表层 40cm 土壤积盐量随着土层深度的增加而减少；两年春汇各处理在葵花生育期内膜内表层 20cm 均脱盐，且土壤脱盐量随着深度的增加而减小，两年春汇各处理在葵花生育期内膜内 20~100cm 土层土壤积盐，且积盐量随着土层深度的增加而增加；膜外 40~100cm 土壤积盐量随着土层深度的增加总体呈增大趋势，但增幅不大；随着土层深度的增加，黄河水漫灌处理在膜内一年春汇各处理具有相同的变化趋势，膜外同一年春汇和两年春汇各处理具有相同的变化趋势，但黄河水漫灌处理膜内各土层土壤积盐量均小于一年春汇各处理相应土层土壤积盐量，膜外黄河水漫灌处理各土层土壤积盐量均小于

一年春汇和两年春汇各处理相应土层土壤积盐量；一年春汇各处理膜外表层 20cm 土壤积盐量明显大于两年春汇各处理和黄河水漫灌处理。

葵花微咸水膜下滴灌两年春汇–30kPa 处理在膜内、膜外土壤积盐量最小，若仅考虑在葵花生育期内土壤积盐量，优先考虑两年春汇–30kPa 灌水下限对应的灌溉洗盐制度，每两年春汇一次，春汇定额为 2250m^3/hm^2，葵花生育期内累计灌溉 10 次，灌溉定额 2475m^3/hm^2。

3）番茄微咸水膜下滴灌的土壤盐分累积

计算各土层在番茄生育期前后的积盐量，结果见表 2-27。各土层收后相比移栽前土壤含盐量增加即为土壤积盐，积盐量为负表明土层脱盐，相应土壤脱盐量为计算积盐量的绝对值。

表 2-27　番茄微咸水膜下滴灌不同土层深度积盐量（单位：kg/hm^2）

年份	试验处理		0～10cm	10～20cm	20～30cm	30～40cm	40～60cm	60～80cm	80～100cm
2015	DD	膜内	−152.23	−89.36	−15.85	288.15	325.46	189	293.2
		膜外	621.15	343.15	39.65	125.57	26.7	254.25	348
	WD1	膜内	−253.6	−203.26	−120.35	258.56	195.26	152.85	126.65
		膜外	953.26	723.15	402	302.36	498.56	527.85	707.85
	WD2	膜内	8.55	205.23	245.23	359.86	502.36	266.2	356.05
		膜外	728.36	492.45	256.23	192.89	234.56	348.12	388.6
2016	DD	膜内	159.12	218.4	255.91	195.6	252.8	462	688.8
		膜外	202.8	234	260.8	130.4	96	369.6	787.2
	WD1	膜内	0.02	58.88	208.2	252.65	547.2	261.8	492
		膜外	982.8	751.92	351.2	277.1	896	708.4	852.8
	WD2	膜内	280.8	296.4	326	342.3	624	554.4	787.2
		膜外	691.08	452.4	342.3	228.2	672	585.2	721.6

番茄膜下滴灌各处理膜内、膜外土层积盐状况见图 2-50～图 2-53。

2015 年、2016 年番茄膜下滴灌各处理相同土层深度膜内积盐量均小于膜外，这主要是因为土壤中盐分随着灌溉水入渗，从膜内向膜外迁移聚集；相同灌水定额下微咸水滴灌膜外积盐量高于淡水滴灌膜外积盐量，这主要是由于微咸水中含有盐分，相同灌溉定额下微咸水滴灌处理随水向膜外运移的盐分多；各处理膜内表层 30cm 积盐量表现为 WD1<DD<WD2，这主要是由于相同灌水定额下，淡水含盐量相比地下微咸水要小，带入试验田土壤盐分少，相同水质情况下，WD1 灌溉定额大，对土壤中盐分淋洗更充分，相对于灌溉水向试验田带入盐分的影响，灌水对试验田土壤盐分淋洗影响更大；在膜外 0～80cm 相同深度土层，WD1 土壤积盐量最大，DD 土壤积盐量最小，这主要是由于相对 WD2，WD1 灌水定额大，随灌溉水带入土壤中盐分多，在灌溉水入渗过程中，随湿润峰向膜外迁移的盐分

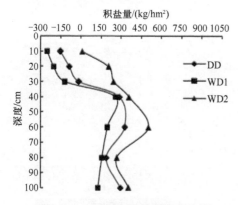

图 2-50　2015 年番茄膜内积盐量

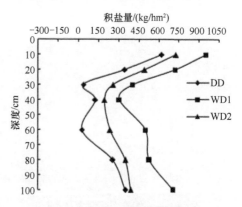

图 2-51　2015 年番茄膜外积盐量

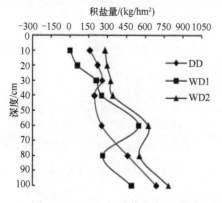

图 2-52　2016 年番茄膜内积盐量

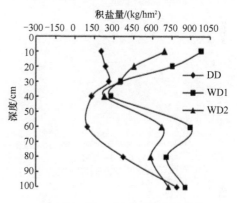

图 2-53　2016 年番茄膜外积盐量

多，相对 WD2 而言，DD 灌溉水本身含盐量少，随灌溉水带入土壤中盐分少，在灌溉水入渗过程中，随湿润峰向膜外表层迁移的盐分少。

番茄淡水膜下滴灌处理在膜内、膜外土壤积盐量最小，两个不同灌水定额的微咸水膜下滴灌处理在膜内、膜外土壤积盐量相差不大，若仅考虑在番茄生育期内土壤积盐量，优先考虑淡水灌溉，灌水定额为 300m³/hm²，番茄生育期内累计灌溉 8 次，灌溉定额 2400m³/hm²。

5. 微咸水膜下滴灌对不同作物性状影响

1）微咸水膜下滴灌对玉米生长影响

2015 年、2016 年微咸水膜下滴灌玉米茎粗、株高、叶面积分别如图 2-54 所示。

从苗期至抽穗期玉米茎粗均增长，且增长幅度较大，平均增长率为 219.2%，黄河水漫灌对照处理和 2016 年一年春汇各处理在拔节期达到最大，2016 年两年春汇各处理在抽穗期达到最大；随着生育期的延长，茎粗均有所减小，但减小幅度较小，平均减小率为 6.3%；相同生育期内黄河水漫灌对照处理茎粗最大。

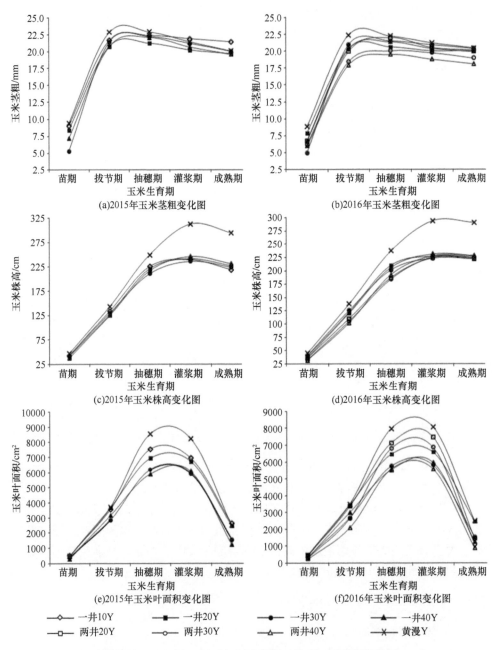

图 2-54　2015 年、2016 年玉米茎粗、株高、叶面积变化图

　　从苗期至灌浆期，试验各处理株高均增加，且从苗期至抽穗期玉米株高几乎呈直线增长，抽穗期至灌浆期增长率减缓，从灌浆期至成熟期各处理玉米株高略有减小。相同生育期内，黄河水漫灌处理玉米的株高要大于其他试验处理，

2015 年各微咸水膜下滴灌处理之间、2016 年一年春汇各处理之间、2016 年两年春汇各处理之间株高均相差不大；但 2016 年玉米苗期至抽穗期一年春汇各处理玉米株高均大于两年春汇各处理。

2015 年、2016 年各处理玉米叶面积在生育期内均先增大后减小，在抽穗期-灌浆期达到最大值，相同生育期内，黄河水漫灌对照处理玉米叶面积最大；从图 2-54 中可以看出，玉米相同生育期内，2015 年微咸水膜下滴灌各处理、2016 年一年春汇和两年春汇各处理玉米叶面积均满足-20kPa 处理>-30kPa 处理>-40kPa 处理，微咸水膜下滴灌相同春汇处理下，随着灌水下限的降低，玉米叶面积均减小。

2）微咸水膜下滴灌对葵花生长影响

2016 年地下微咸水膜下滴灌葵花试验茎粗、株高、叶面积分别如图 2-55 所示。

在整个葵花生育期内，各处理葵花茎粗均随着生育期延长而增加，在成熟期达到最大，在相同的生育期内一年春汇-20kPa 处理茎粗最大，2016 年两年春汇-40kPa 处理茎粗最小。

在整个葵花生育期内，各处理葵花株高均增加，在成熟期达到最大值，在葵花生育期内，一年春汇各处理葵花株高表现为-20kPa 处理>-40kPa 处理>-30kPa 处理，两年春汇各处理葵花株高表现为-30kPa 处理>-40kPa 处理>-20kPa 处理。

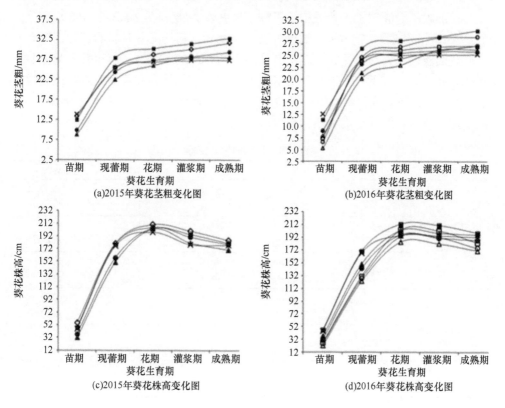

(a)2015年葵花茎粗变化图　(b)2016年葵花茎粗变化图
(c)2015年葵花株高变化图　(d)2016年葵花株高变化图

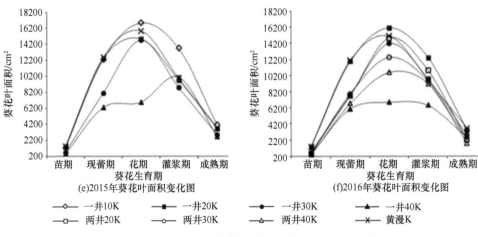

图 2-55　2015 年、2016 年葵花茎粗、株高、叶面积变化图

在整个葵花生育期内，各处理叶面积均先增加后减少。自播种开始葵花叶面积达到最大值所用时间一年春汇–40kPa 处理最小，一年春汇–20kPa 处理最大，一年春汇各处理随着灌水下限的降低叶面积达到最大值所需时间延长。

3）微咸水膜下滴灌对番茄生长影响

番茄膜下滴灌试验各处理生长指标结果见表 2-28 和图 2-56～图 2-59。

2015 年和 2016 年番茄各试验处理的株高和茎粗均随着时间的延长而增大。相同时间段内，番茄各试验处理株高关系为 WD2>DD>WD1，茎粗关系为 WD2>WD1>DD。以上试验结果表明水分和盐分都对番茄的株高和茎粗有影响：相同灌水定额下，番茄微咸水滴灌处理株高和茎粗大于淡水滴灌处理，相同水质情况下，灌水定额越大，番茄株高和茎粗越大。

表 2-28　番茄的生长指标

年份	日期	生长指标	DD	WD1	WD2
2015	6 月 23 日	株高/cm	42.95	42.36	46.00
		茎粗/mm	12.31	13.11	13.12
	7 月 28 日	株高/cm	45.00	44.72	49.90
		茎粗/mm	13.14	13.57	13.66
	9 月 9 日	株高/cm	46.66	45.50	50.22
		茎粗/mm	13.78	13.89	13.99
2016	6 月 30 日	株高/cm	43.96	43.01	47.92
		茎粗/mm	13.31	14.11	14.12
	7 月 23 日	株高/cm	45.82	45.22	49.80
		茎粗/mm	14.14	14.57	14.66
	8 月 23 日	株高/cm	47.66	45.62	50.88
		茎粗/mm	14.29	14.68	14.76

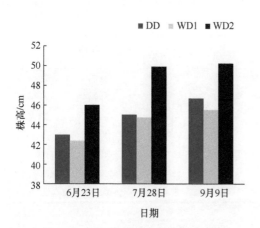

图 2-56　2015 年番茄株高

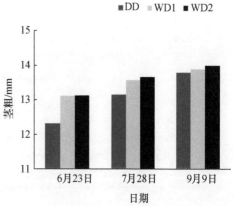

图 2-57　2015 年番茄茎粗

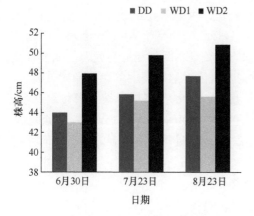

图 2-58　2016 年番茄株高

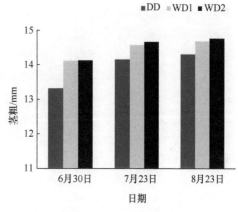

图 2-59　2016 年番茄茎粗

6. 微咸水膜下滴灌对不同作物产量的影响

1）微咸水膜下滴灌对玉米产量的影响

微咸水膜下滴灌玉米产量构成因素分析见表 2-29。

表 2-29　玉米产量构成因素分析表

年份	处理	穗长/cm	穗粗/mm	穗重/g	穗行数	行粒数	秃尖长度/mm	单穗玉米粒重/g	百粒重/（g/百粒）
2015	一井 10Y	17.48	46.64	199.35	16.6	25.18	2.14	161.38	31.12
	一井 20Y	17.68	46.55	198.26	17.2	24.07	2.23	165.6	31.25
	一井 30Y	18.12	46.52	200.34	17.8	23.37	2.56	168.08	32.05
	一井 40Y	18.16	46.48	205.42	16.8	24.23	7.32	158.73	29.66
	黄漫 Y	19.11	46.54	221.22	16.2	28.03	2.37	186.14	31.18

续表

年份	处理	穗长/cm	穗粗/mm	穗重/g	穗行数	行粒数	秃尖长度/mm	单穗玉米粒重/g	百粒重/(g/百粒)
	一井20Y	14.86	47.08	186.37	17.40	27.00	2.09	144.79	30.06
	一井30Y	16.06	46.91	211.79	17.60	29.40	2.65	156.87	31.00
	一井40Y	17.00	46.86	198.57	16.60	30.20	7.44	142.64	27.62
2016	两井20Y	16.30	47.77	196.21	16.80	26.40	7.98	141.81	29.79
	两井30Y	16.83	46.39	189.53	17.00	29.00	13.83	133.68	29.16
	两井40Y	17.20	45.31	180.14	15.40	31.60	15.45	122.63	26.11
	黄漫Y	18.90	45.51	218.09	15.80	34.80	2.44	167.40	29.76

　　一年一春汇各处理之间、两年春汇各处理之间穗长、穗粗差异不大，穗长随着灌水控制下限的降低而增大，穗粗随着灌水控制下限的降低而减小；黄河水漫灌处理穗重最大，其次为一年春汇–30kPa处理，两年春汇各处理的穗重随着灌水下限的降低而减小；除了黄河水漫灌对照处理外，一年春汇–30kPa灌水下限处理穗粒数最多，其次为一年春汇–40kPa灌水下限处理；两年春汇各处理的秃尖长度均要大于一年春汇各处理的秃尖长度；黄河水漫灌对照处理的单穗玉米粒重最大，其次为一年春汇–30kPa处理，相同春汇制度下–40kPa处理的单穗玉米粒重最小，两年春汇各处理的单穗玉米粒重随着灌水下限的降低而减小；一年春汇–30kPa灌水下限处理的百粒重最大，其次为一年春汇–20kPa处理，两年春汇各处理的百粒重随着灌水下限的降低而减小。

　　微咸水膜下滴灌试验玉米产量分析见表2-30。

表 2-30　玉米产量分析表

年份	处理	种植密度/（株/hm²）	出苗率/%	非生育期灌水量/（m³/hm²）	生育期灌水量/（m³/hm²）	总灌水量/（m³/hm²）	产量/（kg/hm²）
	一井10Y	75000	99.2	2250	4575	6825	12075.4
	一井20Y	75000	99.3	2250	3450	5700	11895.6
2015	一井30Y	75000	99.2	2250	2925	5175	11605.2
	一井40Y	75000	99.1	2250	2175	4425	10018.05
	黄漫Y	75000	99.8	2250	4500	6750	11970.95
	一井20Y	75000	99.52	2250	3075	5325	11140.80
	一井30Y	75000	99.53	2250	2850	5100	10973.94
	一井40Y	75000	99.51	2250	2400	4650	10333.96
2016	两井20Y	75000	95.12		3975	3975	9425.78
	两井30Y	75000	94.74		3300	3300	10214.78
	两井40Y	75000	94.66		2850	2850	9020.75
	黄漫Y	75000	99.53	2250	4500	6750	12214.75

微咸水膜下滴灌各试验处理和黄河水漫灌情况下的玉米产量结果如图 2-60～图 2-63 所示。

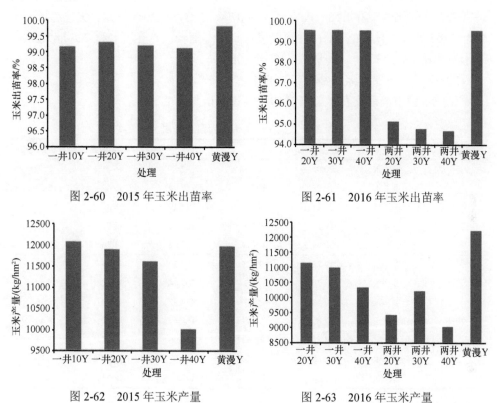

图 2-60 2015 年玉米出苗率

图 2-61 2016 年玉米出苗率

图 2-62 2015 年玉米产量

图 2-63 2016 年玉米产量

2015 年一年春汇各处理之间出苗率相差不大，但明显低于黄河水漫灌处理；2016 年一年春汇各处理和黄河水漫灌处理之间玉米出苗率相差不大，2016 年两年春汇各处理之间出苗率相差也不大，但一年春汇各处理的出苗率均大于两年春汇各处理的出苗率；微咸水膜下滴灌不同灌水下限处理中，2015 年一年春汇−10kPa 处理对应玉米产量最高，一年春汇−40kPa 处理对应玉米产量最低，一年春汇−20kPa 与一年春汇−30kPa 处理对应产量相差不大但明显低于一年春汇−10kPa 处理；相比黄河水漫灌处理，一年春汇−10kPa 处理增产 1.5%，一年春汇−20kPa、−30kPa、−40kPa 分别减少 0.63%、3.1%、16.3%；2016 年黄河水漫灌处理产量最大为 12214.75kg/hm^2，其次为一年春汇−20kPa 处理的 11140.80kg/hm^2，两年春汇−40kPa 处理对应玉米产量最少为 9020.75kg/hm^2，一年春汇−30kPa 处理玉米产量略低于一年春汇−20kPa 处理；相比黄河水漫灌对照处理，一年春汇−20kPa、−30kPa、−40kPa 分别增产 8.79%、10.16%、15.40%，两年春汇−20kPa、−30kPa、−40kPa 分别减产 22.83%、16.37%、26.15%；一年春汇各处理相同灌水下限 2015 年玉米产量大于 2016 年。

玉米微咸水膜下滴灌试验一年春汇处理中，–20kPa 灌水下限处理对应产量最大，两年一春汇处理中，–30kPa 灌水下限处理对应产量最大，一年春汇–20kPa 处理玉米产量仅比两年春汇–30kPa 处理大 9.07%。若仅考虑玉米产量，优先选择一年春汇–20kPa 灌水下限处理对应灌溉制度：每年春汇一次，春汇定额 2250m³/hm²，玉米生育期灌溉 13 次，灌溉定额 3075m³/hm²。

2）微咸水膜下滴灌对葵花产量的影响

微咸水膜下滴灌葵花试验产量构成因素分析见表 2-31。

表 2-31　葵花产量构成因素分析表

年份	处理	盘径/cm	盘重/g	单盘粒重/g	百粒重/g	百粒仁重/g
	一井 10K	20.02	106.38	192.33	16.01	8.49
	一井 20K	19.85	108.21	187.04	16.42	8.51
2015	一井 30K	20.23	117.56	216.39	19.85	8.58
	一井 40K	19.15	112.33	186.62	13.72	7.82
	黄漫 K	20.53	122.68	192.22	17.76	8.63
	一井 20K	19.25	95.25	187.70	18.12	8.52
	一井 30K	19.79	123.31	207.44	16.72	8.52
	一井 40K	19.40	112.03	177.32	14.79	6.20
2016	两井 20K	17.80	84.97	168.47	15.60	8.40
	两井 30K	18.82	85.33	181.06	16.04	8.11
	两井 40K	18.58	98.84	159.90	16.25	8.06
	黄漫 K	19.86	134.24	172.06	18.73	8.87

葵花黄河水漫灌处理盘径最大，其次为一年春汇–30kPa 处理，2015 年一年春汇–40kPa 处理最小，2016 年一年春汇各处理葵花盘径均大于两年春汇各处理，且 2016 年两年春汇–20kPa 处理最小为 17.80cm；葵花黄河水漫灌处理盘重最大，其次为一年春汇–30kPa 处理，2015 年一年春汇–10kPa 处理最小，2016 年一年春汇各处理葵花盘重均大于两年春汇各处理，且 2016 年两年春汇–20kPa 处理盘重最小为 84.97g；一年春汇–30kPa 处理单盘粒重最大，2016 年两年春汇–40kPa 处理最小为 159.9g；2016 年葵花黄河水漫灌处理百粒重和百粒仁重均最大，一年春汇各处理百粒重和百粒仁重均随着灌水下限的降低而减小，两年春汇各处理百粒重随着灌水下限的降低而增大，百粒仁重随着灌水下限的降低而减小。

葵花微咸水膜下滴灌试验产量分析见表 2-32 和图 2-64～图 2-67。

一年春汇各处理与黄河水漫灌处理之间出苗率相差不大，2016 年两年春汇各处理间的出苗率差别明显，而且 2016 年两年春汇各处理间的出苗率普遍低于一年春汇各处理和黄河水漫灌处理，这说明春汇对葵花出苗率影响明显；一年春汇–30kPa 处理葵花产量最高，2015 年一年春汇–40kPa 处理葵花产量最低，2016 年两年春

表 2-32　葵花产量分析表

年份	处理	种植密度/ （株/hm²）	出苗率/ %	非生育期灌水量/ （m³/hm²）	生育期灌水量/ （m³/hm²）	总灌水量/ （m³/hm²）	产量/ （kg/hm²）
	一井 10K	41250	90.71	2250	3225	5475	6588
	一井 20K	41250	90.67	2250	2475	4725	6678
2015	一井 30K	41250	90.72	2250	2025	4275	7236
	一井 40K	41250	90.64	2250	1725	3975	6166
	黄漫 K	41250	90.82	2250	2500	4750	6711
	一井 20K	41250	90.67	2250	2250	4500	7020
	一井 30K	41250	90.72	2250	1800	4050	7763
	一井 40K	41250	90.64	2250	1500	3750	6630
2016	两井 20K	41250	86.56		2925	2925	4764
	两井 30K	41250	90.02		2250	2250	6630
	两井 40K	41250	85.34		2025	2025	4310
	黄漫 K	41250	91.12	2250	2500	4750	6468

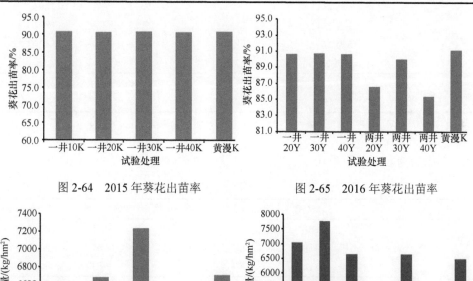

图 2-64　2015 年葵花出苗率　　图 2-65　2016 年葵花出苗率

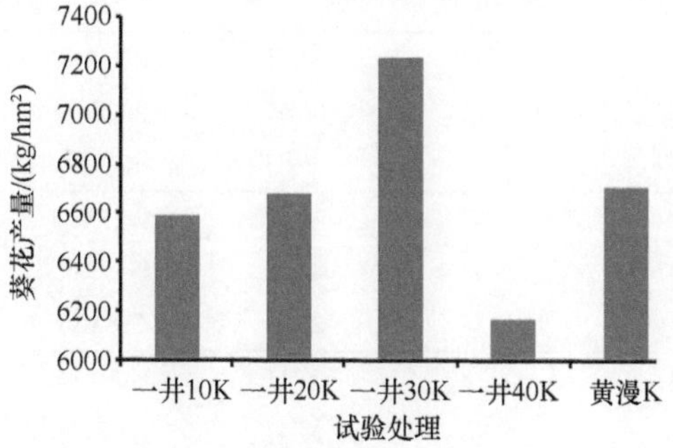

图 2-66　2015 年葵花产量 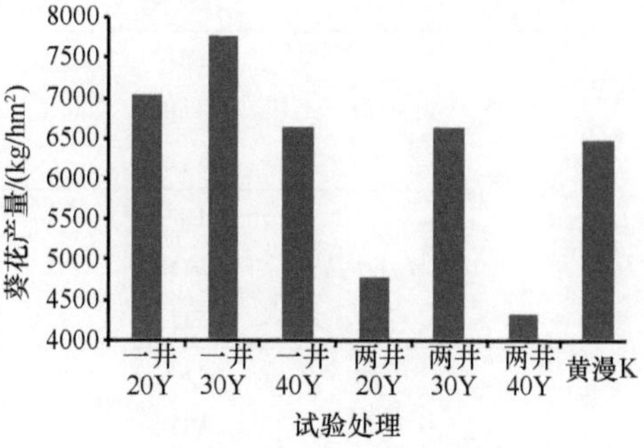　　图 2-67　2016 年葵花产量

–40kPa 处理葵花产量最低，2016 年一年春汇各处理葵花产量均大于两年春汇各处理；相比黄河水漫灌处理，2015 年一年春汇–30kPa 处理葵花产量增加 7.8%，2015

年一年春汇–10kPa、–20kPa、–40kPa 处理葵花产量分别减少 1.8%、0.49%、8.1%；同黄河水漫灌处理相比，2016 年一年春汇–20kPa、–30kPa、–40kPa 分别增产 8.5%、20.0%、2.5%，两年春汇–20kPa、–30kPa、–40kPa 分别减产 26.5%、19.1%、33.4%。

相同微咸水灌水定额下，灌水控制下限过高和过低都不利于葵花产量提高；葵花播前春汇处理对葵花出苗率和产量影响很大。葵花微咸水膜下滴灌试验一年春汇处理中，–30kPa 灌水下限处理对应产量最大，两年一春汇处理中，–30kPa 灌水下限处理对应产量最大，一年春汇–30kPa 处理葵花产量仅比两年春汇–30kPa 处理大 21.67%。仅考虑葵花产量，优先选择一年春汇–30kPa 灌水下限处理对应灌溉制度；每年春汇一次，春汇定额 2250m³/hm²，葵花生育期灌溉 7 次，灌溉定额 1800m³/hm²。

3）微咸水膜下滴灌对番茄产量的影响

2015 年、2016 年调查番茄膜下滴灌各处理成活率结果见表 2-33。

表 2-33　番茄成活率　　　　　　　　（单位：%）

年份	日期	DD	WD1	WD2
2015	6 月 23 日	53.13	52.75	39.07
	7 月 28 日	32.64	31.29	16.94
	8 月 21 日	20.16	28.55	14.34
	9 月 7 日	13.8	27.93	13.8
2016	6 月 20 日	75.24	70.46	78.56
	7 月 18 日	74.42	68.57	77.89

注：2015 年试验区的种植密度为 2600 株/亩；2016 年试验区的种植密度为 2600 株/亩。

2015 年和 2016 年番茄分次采摘产量及产量构成结果见表 2-34。

表 2-34　番茄膜下滴灌产量构成结果

年份	日期	试验处理	红熟果株数/株	每株果数/个	单果重/g	产量/（kg/hm²）
2015	8 月 21 日	DD	240	37	33.01	10233.00
		WD1	250	42	36.57	16863.75
		WD2	202	28	25.53	4675.50
	9 月 7 日	DD	324	40	34.98	13257.00
		WD1	307	47	42.23	19593.00
		WD2	256	34	28.25	7184.25
2016	8 月 25 日	DD	241	38	33.11	11093.47
		WD1	245	40	35.47	11850.21
		WD2	234	37	33.39	10084.56
	9 月 10 日	DD	347	40	36.12	18341.91
		WD1	308	48	41.12	20724.48
		WD2	315	44	35.49	17159.00

2015 年和 2016 年番茄膜下滴灌试验的累计测产结果见图 2-68～图 2-71。

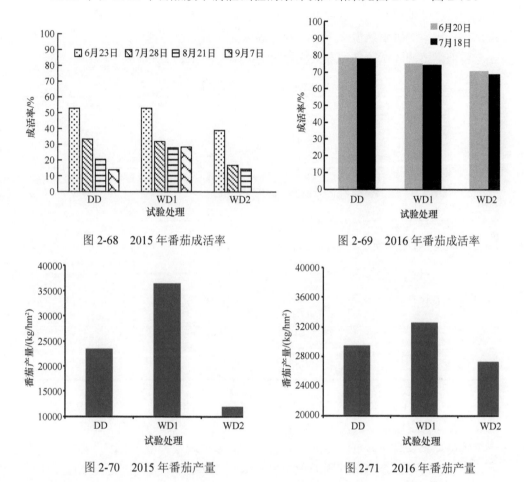

图 2-68 2015 年番茄成活率　　　　图 2-69 2016 年番茄成活率

图 2-70 2015 年番茄产量　　　　图 2-71 2016 年番茄产量

2015 年和 2016 年各试验处理的成活率都随着时间的推移而降低，在 6 月下旬至 7 月下旬时间段内，各处理成活率关系为 DD>WD1>WD2。

主要是由于 DD 处理淡水含盐量少，对番茄幼苗植株没有伤害，而 WD1 和 WD2 处理灌溉水含盐量较多，不利于番茄幼苗植株的正常生长。这说明在番茄移栽后幼苗阶段不宜灌溉微咸水，宜补充淡水，保证番茄成活率。

2015 年和 2016 年两次测产结果表明，后一次收获番茄时，红熟果株数、每株番茄果数和单果重均大于前一次，后一次累计番茄产量大于前一次番茄产量，相同时间段内，各处理产量关系为 WD1>DD>WD2。从 2015 年最后一次测产结果可以看出，相比 DD 处理的产量，WD1 处理的产量增大 47.7%，WD2 处理产量减小 45.8%；从 2016 年最后一次测产结果可以看出，相比 DD 处理的产量，WD1 处理的产量增大 13.0%，WD2 处理产量减小 6.4%。

这说明在番茄生育期后期，番茄产量各构成因素有所增加，收获番茄宜分多次进行，避免浪费和人为造成减产；相同灌水定额下，灌溉水含盐量越少番茄产量越大；相同灌溉水质情况下，灌水定额越大，番茄产量越大。

番茄膜下滴灌试验各处理采样测得的品质结果见表2-35。

表 2-35　番茄膜下滴灌测得的品质结果

年份	日期	试验处理	单果均重/（g/个）	可溶性固体物/%	红色素/（mg/10g）	总糖	总酸
2015	8月21日	DD	38.09	8.05	7.92	8	1.14
		WD1	43.92	7.91	7.54	7.6	1.02
		WD2	37.15	8.12	8.35	7.7	1.16
	9月7日	DD	36.5	7.95	7.85	8.3	1.12
		WD1	50.3	8.01	7.11	7.9	0.98
		WD2	40	8.22	6.08	7.8	1.11
2016	8月25日	DD	38.00	8.07	8.00	8.0	1.15
		WD1	37.41	8.15	8.40	7.7	1.16
		WD2	43.90	7.90	7.50	7.6	1.05
	9月10日	DD	37.41	8.00	7.92	8.3	1.12
		WD1	39.25	8.24	7.42	7.8	1.14
		WD2	47.25	7.99	7.22	7.7	1.00
	9月25日	DD	36.9	7.92	7.86	8.5	1.10
		WD1	41.20	8.30	6.00	7.9	1.11
		WD2	51.00	8.05	7.05	7.8	0.95

2015年和2016年番茄膜下滴灌各处理随着时间的延长，总糖含量均增加，总酸和红色素含量均减少，这可能是由于前期番茄果实还未完全成熟，总酸和红色素含量较高，总糖含量较低；微咸水灌溉处理的单果均重和可溶性固形物含量均增加，而淡水滴灌处理可溶性固形物含量和单果均重减少，这可能是由于微咸水中含一些微量元素有利于可溶性固性物的形成和果实的生长。

番茄微咸水膜下滴灌试验一年春汇处理中，WD1处理对应产量最大。仅考虑番茄产量，优先选择WD1处理对应灌溉制度：番茄生育期灌溉微咸水8次，灌水定额为300m³/hm²。

2.3　小　　结

2.3.1　结论一：不同水质条件下膜下滴灌土壤水盐运移规律

1. 不同矿化度微咸水膜下滴灌不同试验处理灌水量分析

同一水质在不同土壤基质势下作物生育灌水次数及灌水量有较大差异，随土壤基质减小，灌水次数及灌水量均减少；不同水质在同一土壤基质势下灌水量变化不同，除 1.0g/L 水质灌溉外，总体表现为土壤基质势较大（≥–20kPa）时，灌水量随灌水水质矿化度的增大而减少，当土壤基质势<–30kPa 时，同一土壤基质势不同水质作物生育期内灌水次数及灌水量无变化。

土壤基质势较大（≥–20kPa）时，灌水量随灌水水质矿化度的增大而减少，这一规律与已有研究结果不一致，分析原因，本试验依据张力计指导灌水，水和离子能够通过张力计的陶土头，根系是植物吸收养分和水分的主要器官，但植物对离子的吸收具有选择性，土水势为基质势与溶质势之和，即 $\psi_w=\psi_m+\psi_{os}$，张力计能够测试土壤的基质势。在相同条件下用矿化度较高的微咸水灌溉，由于溶质势的影响，矿化度高的灌溉势必造成土壤土水势较低，土壤吸力增大，因而使作物较难利用的土壤中的水分，在长期盐分胁迫下，作物某些器官衰竭，耗水能力下降，灌水量随之减少；当灌溉水水质矿化度较低时，土壤土水势较高，作物容易吸收土壤水分，在一定范围内基质势变化较频繁，在张力计指导下，进而增加了灌水频率，也导致灌水量增加；当土壤基质势较小时，作物长期受水分胁迫，耗水能力也随之下降，灌水量随之减少。

随灌水矿化度的增加，不同土水势之间的灌水量差值逐渐减小，主要由于随灌水矿化度增加，盐分胁迫使作物耗水一定程度受限所致。

2. 不同矿化度微咸水滴灌土壤盐分变化及分布情况

1.0g/L 灌水水质下，在土壤基质势>–20kPa 时，土壤剖面盐分较小，但–10kPa 下灌水量较大，其灌水效率较低；2.0g/L 灌水水质下，土壤剖面盐分积盐较小，土壤基质势<–30kPa 时，在 50~70cm 处盐分较高；3.0g/L 灌水水质下，在土壤基质势>–20kPa 时，主根区积盐较小，但次根区盐分含量明显较高，土壤基质势<–30kPa 时，整个剖面盐分较高，并有表聚趋势；4.0g/L 灌水水质下，在土壤基质势为–10kPa 时，主根区积盐较小，但次根区盐分含量明显较高，土壤基质势为–20kPa 和–30kPa 时，整个剖面盐分较高，也出现表聚趋势。

总体来看，灌水矿化度≤2.0g/L 时，在土壤基质势为–20kPa 灌水下，没有明显的积盐现象，灌水矿化度≥3.0g/L 时，应适当增加灌水量或频率。

3. 玉米不同矿化度微咸水膜下滴灌的土壤盐分平衡分析

采用膜下滴灌可使膜内土壤脱盐，但当灌水矿化度较高（4.0g/L）或基质势控制水平较低时（–40kPa），脱盐土层仅限于较浅的根系层，无法将盐分淋洗至更深的土层。初步判断，膜内 0~100cm 土壤积盐与否与灌溉引入的盐量关系密切。

膜外接纳了膜内侧移来的盐分，土壤积盐。膜间裸地充当了干排盐的生态用地角色，减轻了由于灌溉水量减少引起的盐分失衡状况，维持了短期内土壤盐分平衡。

4. 不同矿化度微咸水膜下滴灌对典型作物产量的影响

不同水质灌溉情况下作物产量变化较大，总体来看灌水矿化度为 3.0g/L 时，作物产量相对较高，说明低矿化度微咸水灌溉对作物产量没有影响，反而增加了作物产量。再因微咸水配制中含有植物必需的多种营养物质，且试验区土地含盐量较低，土壤较肥沃，但部分作物所需微量元素缺乏，灌入微咸水正好补充了作物所需元素，对作物生长有利，从而增加作物产量。

另外，灌水量较小时，水分和盐分均显著影响作物产量，灌水量较大时，盐分较水分对作物产量影响明显。当灌水量≤248mm 时，作物产量随灌水矿化度的变化为 2.0g/L>3.0g/L>1.0g/L>4.0g/L；当灌水量≥270mm 时，作物产量随灌水矿化度的变化为 3.0g/L>2.0g/L>1.0g/L>4.0g/L；当灌水量≥295mm 时，作物产量随灌水矿化度的变化为 3.0g/L>2.0g/L>4.0g/L>1.0g/L。由上述分析可知，作物产量受水分和盐分的双重影响，当灌水量<250mm 时，矿化度 3.0g/L 以上微咸水灌溉会因盐分胁迫致使作物减产；当灌水量>300mm 时，矿化度 4.0g/L 以下微咸水灌溉不会造成作物减产。分析原因，当灌水量较小时，即使膜下滴灌也不能将盐分排到作物主根系区以外，作物受水分和盐分胁迫造成减产；当灌水量较大时，膜下滴灌高频灌溉，能将多余盐分排到主根系区以外，保证主根系区有较好的水肥条件，进而保证作物产量。

玉米微咸水膜下滴灌灌水量与产量之间符合二次抛物线变化，不同矿化度水质下，作物产量最大时，灌水量差异较大，但未呈现出规律。当在地下水中加入一定量盐分配制为更高矿化度水质时，最大产量对应的土壤基质势有不同程度提高，在此土壤基质势指导灌溉下，不同水质在滴头 30cm 范围内盐分均较低，为较为理想的膜下滴灌水盐运移调控灌溉制度。

2.3.2　结论二：微咸水灌溉条件下土壤水盐运移累积规律

1. 不同作物微咸水膜下滴灌的土壤水分变化

玉米和葵花微咸水膜下滴灌两年春汇各处理膜内、膜外表层 20cm 土层土壤含水率明显小于一年春汇处理对应含水率；一年春汇各处理灌水控制下限越高膜内相同深度或膜外相同深度的土壤含水率越大；相同土层深度内，膜内土壤含水率大于膜外；随着土层深度的增加，土壤含水率逐渐增大，土壤含水率变化幅度逐渐减小；地表以下 0～100cm 内，葵花两年春汇各处理与葵花一年春汇各处理自播种至现蕾期相应土壤含水率变化趋势相反。

番茄微咸水膜下滴灌的地膜具有减少土壤水分蒸发的作用，生育期膜内灌溉水增加了膜内土壤湿度；膜内植株吸水和膜外表层土壤蒸发使得膜内、膜外随着土层深度的增加，土壤含水率降低；灌水频率一致，灌水定额越大，相应土层土壤含水率越大。

2. 不同作物微咸水膜下滴灌的土壤盐分变化

玉米和葵花微咸水膜下滴灌膜内、膜外 0～100cm 土壤盐分均大于黄河水漫灌对照处理；相同春汇制度下灌水下限越高，同时段膜内 0～40cm 土层含盐量越小，膜外 0～40cm 土层含盐量越大，膜内 40～100cm 土层含盐量越大；膜外 0～40cm 土层含盐量大于膜外 40～100cm 土层含盐量；相同时段膜内土层含盐量小于膜外相应土层含盐量。

番茄微咸水膜下滴灌，相同灌水频率和灌水定额，微咸水灌溉膜内、膜外各土层土壤含盐量均大于淡水灌溉处理；相同灌水频率和灌溉水质下，灌溉定额越大，膜内、膜外各土层土壤含盐量越大。

3. 不同作物微咸水膜下滴灌的土壤盐分累积

玉米和葵花微咸水膜下滴灌一年春汇各处理在膜内和膜外 0～100cm 均积盐；两年春汇各处理在膜内表层 20cm 均脱盐，膜内 20～100cm 土层均积盐，且积盐量随着深度的增加而增加，膜外 0～100cm 土层均积盐；随着土层深度的增加，黄河水漫灌对照处理在膜内同一年春汇各处理具有相同的变化趋势，在膜外同一年春汇和两年春汇各处理具有相同的变化趋势，但膜外黄河水漫灌对照处理各土层土壤积盐量均小于一年春汇和两年春汇各处理相应土层土壤积盐量；一年春汇各处理中–30kPa 处理在膜内表层 40cm 土层土壤积盐量最小。

番茄微咸水膜下滴灌，随着灌溉水入渗，从膜内向膜外迁移聚集，相同土层深度膜内积盐量均小于膜外。由于微咸水中含有盐分，相同灌溉定额下微咸水滴灌处理随水向膜外运移的盐分多于淡水灌溉，相同灌水定额下微咸水滴灌膜外积盐量高于淡水滴灌膜外积盐量；相对于灌溉水向试验田带入盐分的影响，灌水对试验田土壤盐分淋洗影响更大。

4. 微咸水膜下滴灌对作物性状影响

1）微咸水膜下滴灌对玉米生长影响

玉米微咸水膜下滴灌从苗期至抽穗期，玉米茎粗均增长，且增长幅度较大，平均增长率为 219.2%，随着生育期的延长，茎粗均有所减小，但减小幅度较小，平均减小率为 6.3%，相同生育期内黄河水漫灌对照处理茎粗最大；从苗期至灌浆期，试验各处理株高均增加，且从苗期至抽穗期玉米株高几乎呈直线增长，抽穗期至灌浆期增长率减缓，从灌浆期至成熟期各处理玉米株高略有减小；玉米叶面积在生育期内均先增大后减小，在抽穗期-灌浆期达到最大值，相同生育期内，黄河水漫灌对照处理玉米叶面积最大，微咸水膜下滴灌相同春汇处理下，随着灌水下限的降低，玉米叶面积均减小。

2）微咸水膜下滴灌对葵花生长影响

在葵花整个生育期内，葵花茎粗均随着生育期延长而增加，在成熟期达到最大；在相同的生育期内一年春汇–20kPa 处理茎粗最大，两年春汇–40 kPa 处理茎粗最小；葵花株高随着生育期的延长而增加，在成熟期达到最大值；在葵花生育期内，一年春汇各处理葵花株高–20kPa 处理最大，–30kPa 处理最小，两年春汇各处理葵花株高–30kPa 处理最大，–20kPa 处理最小；葵花叶面积随着生育期的延长先增加后减少，一年春汇各处理随着灌水下限的降低叶面积达到最大值所需时间延长。

3）微咸水膜下滴灌对番茄生长影响

番茄各试验处理的株高和茎粗均随着时间的延长而增大，水分和盐分都对番茄的株高和茎粗有影响；相同灌水定额下，番茄微咸水滴灌处理株高和茎粗大于淡水滴灌处理，相同水质情况下，灌水定额越大，番茄株高和茎粗越大。

5. 微咸水膜下滴灌对作物产量影响

1）微咸水膜下滴灌对玉米产量的影响

玉米穗长随着灌水控制下限的降低而增大，穗粗随着灌水控制下限的降低而减小；两年春汇各处理的穗重随着灌水下限的降低而减小；两年春汇各处理的秃尖长度均要大于一年春汇各处理的秃尖长度；两年春汇各处理的单穗玉米粒重和百粒重随着灌水下限的降低而减小；一年春汇各处理的出苗率均大于两年春汇各处理的出苗率；微咸水膜下滴灌不同灌水下限处理中，2015 年一年春汇–10kPa 处理对应玉米产量最高，相比黄河水漫灌处理，一年春汇–10kPa 处理增产 1.5%，一年春汇–20kPa、–30kPa、–40kPa 分别减产 0.63%、3.1%、16.3%；2016 年黄河水漫灌处理产量最大为 12214.75kg/hm²，其次为一年春汇–20kPa 处理为 11140.80kg/hm²，两年春汇–40kPa 处理对应玉米产量最少为 9020.75kg/hm²；相比黄河水漫灌对照处理，一年春汇–20kPa、–30kPa、–40kPa 处理分别减产 8.79%、10.16%、15.40%，两年春汇–20kPa、–30kPa、–40kPa 处理分别减产 22.83%、16.37%、26.15%。

2）微咸水膜下滴灌对葵花产量的影响

葵花黄河水漫灌处理盘径、盘重均最大，其次为一年春汇–30kPa 处理，一年春汇各处理葵花盘重均大于两年春汇各处理；一年春汇–30kPa 处理单盘粒重最大，两年春汇–40kPa 处理最小为 159.9g；葵花黄河水漫灌处理百粒重和百粒仁重均最大，一年春汇各处理百粒重和百粒仁重均随着灌水下限的降低而减小，两年春汇各处理百粒重随着灌水下限的降低而增大，百粒仁重随着灌水下限的降低而减小；春汇对葵花出苗率影响明显，两年春汇各处理间的出苗率普遍低于一年春汇各处理；一年春汇–30kPa 处理葵花产量最高，2015 年一年春汇–40kPa 处理葵花产量最低，2016 年两年春汇–40kPa 处理葵花产量最低，2016 年一年春汇各处理葵花产量均大于两年春汇各处理；相比黄河水漫灌处理，2015 年一年春汇

–30kPa 处理葵花产量增加 7.8%，2015 年一年春汇–10kPa、–20kPa、–40kPa 处理葵花产量分别减少 1.8%、0.49%、8.1%；同黄河水漫灌处理相比，2016 年一年春汇–20kPa、–30kPa、–40kPa 处理分别增产 8.5%、20.0%、2.5%，两年春汇–20kPa、–30kPa、–40kPa 处理分别减产 26.5%、19.1%、33.4%。相同微咸水灌水定额下，灌水控制下限过高和过低都不利于葵花产量提高。

　　3）微咸水膜下滴灌对番茄产量的影响

　　2015 年和 2016 年各试验处理的成活率都随着时间的推移而降低，淡水灌溉处理番茄成活率最高，番茄移栽后幼苗阶段不宜灌溉微咸水，宜补充淡水，保证番茄成活率；各试验处理后一次累计测产结果大于前一次累计测产结果，在番茄生育期后期，番茄产量有所增加，收获番茄宜分多次进行，以避免浪费和人为造成减产；微咸水 30mm 灌溉定额处理的产量大于微咸水 20mm 灌溉定额，2015 年增大 47.7%，2016 年增大 13.0%。

6. 微咸水膜下滴灌水盐调控技术

　　玉米微咸水膜下滴灌试验综合考虑节约灌溉用淡水、减少土壤积盐和保持产量，确定两年一春汇–30kPa 处理对应灌溉制度最优，即在玉米非生育期内，每两年引黄河水春汇一次，春汇定额 2250m³/hm²，春汇时间为年度 4 月下旬，玉米生育期内微咸水膜下滴灌灌溉施肥制度见表 2-36 和表 2-37。

表 2-36　玉米微咸水膜下滴灌灌溉制度

灌水时间	灌水次数/次	灌水定额/（m³/hm²）	灌溉定额/（m³/hm²）
苗期	3	225	675
拔节期	4	225	900
抽穗期	3	225	675
灌浆期	2	300	600
成熟期	2	225	450
合计	14		3300

表 2-37　玉米微咸水膜下滴灌施肥制度

施肥时间	尿素			复合肥		
	施肥次数/次	施肥定额/（kg/hm²）	施肥量/（kg/hm²）	施肥次数/次	施肥定额/（kg/hm²）	施肥量/（kg/hm²）
苗期	1	75	75	1	45	45
拔节期	3	75	225	1	45	45
抽穗期	0	75	0	0	45	0
灌浆期	1	75	75	1	45	45
成熟期	1	75	75	0	45	0
合计	6		450	3		135

注：玉米播前施入 1 次底肥，磷酸二铵 375kg/hm²，45%硫酸钾 300kg/hm²。

　　葵花微咸水膜下滴灌试验综合考虑节约灌溉用淡水、减少土壤积盐和保持产量，确定两年一春汇–30kPa 处理对应灌溉制度最优，即在葵花非生育期内，每两年引黄河水春汇一次，春汇定额 2250m³/hm²，春汇时间为年度 4 月下旬，葵花生育期内微咸水膜下滴灌灌溉施肥制度见表 2-38 和表 2-39。

表 2-38　葵花微咸水膜下滴灌灌溉制度

灌水时间	灌水次数/次	灌水定额/（m³/hm²）	灌溉定额/（m³/hm²）
苗期	2	225	450
现蕾期	2	225	450
花期	2	225	450
灌浆期	3	300	900
成熟期	1	225	225
合计	10		2475

表 2-39　葵花微咸水膜下滴灌施肥制度

施肥时间	尿素			复合肥		
	施肥次数/次	施肥定额/（kg/hm²）	施肥量/（kg/hm²）	施肥次数/次	施肥定额/（kg/hm²）	施肥量/（kg/hm²）
苗期	1	75	75	1	45	45
现蕾期	1	75	75	0	45	0
花期	1	75	75	1	45	45
灌浆期	1	75	75	0	45	0
成熟期	0	75	0	0	45	0
合计	4		300	2		90

注：葵花播前施入 1 次底肥，磷酸二铵 375kg/hm²，45%硫酸钾 300kg/hm²。

　　番茄微咸水膜下滴灌试验综合考虑节约灌溉用淡水、减少土壤积盐和保持产量，确定灌水定额 375m³/hm² 对应灌溉制度最优，番茄生育期内微咸水膜下滴灌灌溉施肥制度见表 2-40 和表 2-41。

表 2-40　番茄微咸水膜下滴灌灌溉制度

灌水时间	灌水次数/次	灌水定额/（m³/hm²）	灌溉定额/（m³/hm²）
苗期	3	375	1125
开花坐果期	4	375	1500
果熟期	1	375	375
合计	8		3000

表 2-41 番茄微咸水膜下滴灌施肥制度

施肥时间	尿素			45%硫酸钾		
	施肥次数/次	施肥定额/(kg/hm^2)	施肥量/(kg/hm^2)	施肥次数/次	施肥定额/(kg/hm^2)	施肥量/(kg/hm^2)
苗期	1	60	60	1	45	45
开花坐果期	2	60	120	0	45	0
果熟期	1	60	0	0	45	0
合计	4		180	1		45

注: 番茄移栽前施入 1 次底肥,磷酸二铵 225kg/hm^2,45%硫酸钾 75kg/hm^2。

第 3 章   典型作物膜下滴灌水肥一体化技术

3.1   试验设计与方法

3.1.1   试验材料

作物: 采用当地主要种植的玉米为供试作物, 品种为农民普遍使用的西蒙 6 号, 该品种高产、耐旱、抗倒伏。采用一膜两行种植方式, 膜宽 1.2m, 株距为 25cm, 行距为 60cm, 种植密度为 66000 株/hm^2。

肥料: 当地农民普遍施用的磷酸二铵 (N 18%; P_2O_5 46%) 和尿素 (N 46%), 硫酸钾 (K_2O 50%)。

滴灌材料: 试验所用滴灌施肥设备为小型文丘里施肥器, 滴灌带选用上海华维公司生产的内镶片式滴灌带, 管径 16mm, 0.1MPa 下标称滴头流量为 2.7L/h, 滴头间距为 0.3m。滴灌带沿玉米行向铺设于两行玉米中间, 每条滴灌带控制两行玉米。

3.1.2   试验设计

试验设灌水和施肥 2 个因素, 以灌水为主区, 施肥为副区。其中每个小区 6 膜, 小区面积 180m^2 (长 25m, 宽 7.2m)。试验小区布置如图 3-1 所示。

采用张力计指导灌水, 利用张力计控制滴头下方 20cm 处土壤基质势, 设三个灌水下限: -20kPa (W_1)、-30kPa (W_2)、-40kPa (W_3)。

采用测土配方施肥, 2015 年据当地地面灌施氮推荐施氮水平 (N_5: 345kg/hm^2) 水平上设置: 300kg/hm^2 (N_4)、262.5kg/hm^2 (N_3)、225kg/hm^2 (N_2)、180kg/hm^2 (N_1)、0kg/hm^2 (N_0), 6 个施氮处理。氮肥 (尿素) 的施用通过文丘里施肥器进行, 施氮时期分别为: 播种后、拔节期、抽穗期、灌浆期, 施用量分别占总量的 30%、30%、20%、20%。另外, 所有处理的磷钾一次性基施且各处理磷钾施用量相同, 基施氮、磷和钾肥种类分别为尿磷酸二铵 (N 16%、P_2O_5 44%) 和硫酸钾 (K_2O 50%)。

由于在 2015 年试验结束后试验田并未进行 "秋浇", 且为控制生育期结束后硝态氮的残留, 2016 年的施氮设计相较于 2015 年的进行了优化, 在各处理施氮量不变的前提下, 将施氮方式变为每次灌水随水施氮。每次施氮量的计算方法: 假设玉米从播种到终止灌溉的时间为 120 天, 其间每天进行灌水施肥, 如因灌水下限或降水等原因连续多天未进行灌水, 则下一次灌水时加入的氮肥量应按时间进行累加。

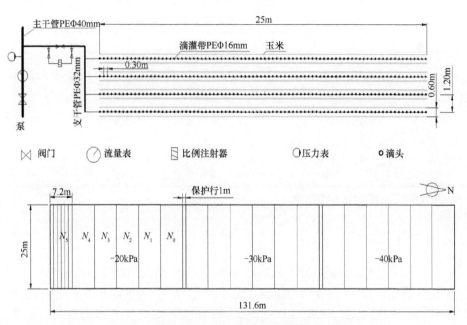

图 3-1　田间小区布置与玉米滴灌系统布置图

磷肥采用基施的形式一次性施入，施肥种类为磷酸二铵（N16%、P_2O_5 44%）。由于土壤钾含量较高，2016 年并未施用钾肥。各处理灌溉制度如图 3-2 所示。

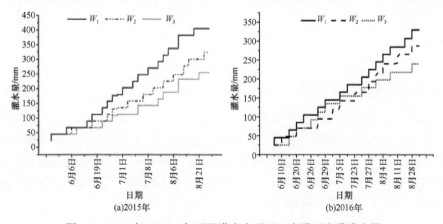

图 3-2　2015 年、2016 年不同灌水水平下玉米膜下滴灌灌水量

3.1.3　测定项目与方法

1. 气象观测

气象数据来源于设立在试验区的农田微气象站，观测内容为降水、气温、湿度、风速、风向、太阳辐射、气压等。气象站主要传感器型号见表 3-1。

表 3-1 气象站传感器型号一览表

传感器	仪器型号
数据采集器	HOBO H21-001 DT-80
空气温湿度传感器	S-THB-M002
风速风向传感器	S-WCA-M003
雨量筒	S-RGB-M002
太阳辐射传感器	S-LIB-M003
光和有效辐射传感器	S-LIA-M003
太阳净辐射传感器	NR2

注：传感器符合 WMO 或 AASC 标准。

2. 土壤水分的测定

作物生育期内：采用 Diviner2000-TDR 水分监测仪和烘干法相结合的方式。以烘干法为主，每 10 天分别在膜内、膜外取土，取样深度为 100cm，垂直取样方法为 0～40cm 每 10cm 一层，40～100cm 每 20cm 一层。土壤水分取 3 次重复。

3. 土壤养分的测定

土壤养分的测定包括：硝态氮、铵态氮、土壤速效养分和有机质。

硝态氮和铵态氮按玉米生育阶段分膜内、膜外进行采样。采样方法为：每小区 3 个重复，取样层次与土壤含水率一样，采样完成后按取样层次等层混合。土壤硝态氮与铵态氮的测试方法分别为紫外分光光度法与靛酚蓝比色法。另外，在播种前测定 0～20cm 耕作层内土壤碱解氮、速效磷、速效钾及有机质含量。

4. 株高与叶面积指数的测定

每个小区沿滴灌带方向按等间距（6.25m）布置 3 个测点，在每个测点选生长状况良好、具有代表性的 3 株玉米植株挂牌标记。在拔节期、抽穗期、灌浆期测定株高和叶面积指数，其中玉米株高的测定方法为：未抽穗之前量地面到叶片自然伸展时的最高处，抽雄后量地面到雄穗顶端的高度，叶面积指数采用 AccuPAR LP-80 型植物冠层分析仪进行测定。

5. 植物生理指标的测定

测定的玉米植株生理指标有：相对叶绿素含量、光合速率。

叶绿素的测量：于玉米生长关键生育期内，采用型号为 CCM-200 手持式叶绿素仪，测定相对叶绿素含量。

光合速率的测定：采用美国生产的光合测定仪测定。于玉米生长的关键生育期内，每个处理随机取 3 株。

6. 干物质质量与全氮量的测定

于玉米各个生育阶段内在每个小区随机选取 4 株玉米，将所取植株样从茎基部与地下部分分离，将地上部分器官放入烘箱在 105℃下杀青 0.5h，75℃烘干至恒质量，之后用电子天平称质量。各小区干物质质量为 4 株玉米干物质质量的平均值，最后乘以种植密度换算成群体干物质质量（kg/hm²）。将烘干后的玉米干样按器官粉碎，过 0.5mm 筛，用 H_2SO_4-H_2O_2 消煮，消煮液用于养分的测定：全氮含量用分光光度计测定。

7. 玉米产量和构成要素

测产取样在每个小区按等间距（10m）布置 4 个观测点，每个测点取 2 行，每行取 3 株，共 6 株，分别测量穗长、秃尖长和穗粒数，风干后脱粒，测定百粒重、穗粒重、含水率，产量折算为质量含水率 14%的标准产量。

8. 地下水观测

通过位于试验区内的地下水井进行观察，采用 HOBO 自计水位计进行监测。

9. 数据分析

数据用 SPSS22.0 统计分析，先取不同处理下各重复的平均值，然后采用 3 个及以上重复值进行方差分析，若差异显著（$P<0.05$），则利用 Duncan 多重比较。玉米生育指标与产量及其构成要素的关系使用 SPSS 22.0 进行皮尔逊相关分析、典型相关分析和灰色关联分析。采用 Matlab 2014a 进行多元回归分析、Richards 方程拟合分析和多元函数的求解。

3.2　滴灌水肥一体化水氮互作对玉米产量、收益及水分利用效率的效应分析

3.2.1　不同水氮水平生育期玉米耗水规律分析

1. 气象因素变化

气象因子是影响玉米植株蒸发蒸腾量的主要因素。在玉米的两个生长季内，各月主要气象因子变化如表 3-2 所示。平均气温在 5～9 月表现为先增高后降低，其中在 7 月达到最大，8 月后逐渐降低。此外，2016 年玉米生育期各月份平均气温低于 2015 年。平均相对湿度在 2015 年的 5～8 月分别比 2016 年同期低 13.49%、5.63%、12.42%、13.25%，这可能是 2016 年各月份的降水较 2015 年多且分布较为分散导致的。太阳辐射 2016 年各月份小于 2015 年。

表 3-2　玉米生长季平均气温、相对湿度、太阳辐射和累积降水量

气象变量	年份	月份				
		5 月	6 月	7 月	8 月	9 月
平均气温/℃	2015	18.07	21.96	25.38	23.58	17.34
	2016	16.57	21.19	24.52	23.22	17.28
平均相对湿度/%	2015	31.13	43.60	50.10	49.42	59.77
	2016	35.33	46.20	56.32	55.97	56.10
累积降水量/mm	2015	0.16	4.60	2.00	1.40	18.60
	2016	10.50	16.50	36.80	52.10	3.20
平均太阳辐射/（MJ/m²）	2015	25.68	24.36	25.48	23.90	17.27
	2016	24.46	24.92	23.84	19.89	19.52

2. 耗水量

根据《灌溉试验规范》（SL13-2004）规定，作物耗水量计算公式为

$$ET = \Delta S + M + P + K - C - D \tag{3-1}$$

式中，ET 为作物需水量，mm；ΔS 为不同阶段土壤储水量变化量，mm；M、P、K、C、D 分别为时段内的灌水量、有效降水量、地下水补给量、地表径流量和深层渗漏量，单位均为 mm。两年地下水水位数据如图 3-3 所示。2016 年由于研究区滴灌面积由 2015 年的 150 亩扩大至 350 亩，直接导致试验田平均地下水位下降约 1.3m。通过计算可得，两年的地下水补给量分别为：74.37mm 和 34.56mm。

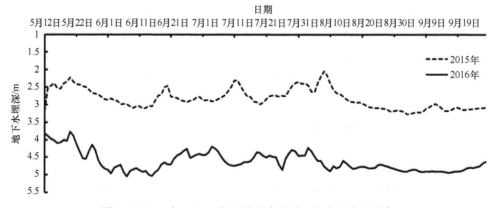

图 3-3　2015 年、2016 年玉米生育期地下水水位变化动态

由于滴灌单次灌水定额较小，仅浸润玉米主根系层土壤，不会产生深层渗漏和地表径流，因此，C 和 D 忽略不计。2015 年、2016 年玉米生育期耗水量计算结果如表 3-3 所示。对玉米耗水量的方差分析结果（表 3-3）表明，灌水是造成不同处

理玉米耗水量（ET）差异的主要原因，且灌水量与玉米耗水量正相关（图 3-4）。由于 2015 年降水量少于 2016 年，且受气象因素的影响 2016 年生育期太阳辐射小于 2015 年，造成 2015 年灌水频繁，灌溉水量大，因此 2016 年 ET 普遍低于 2015 年。2015 年和 2016 年灌水对耗水量有极显著影响（$P<0.01$）。此外，施氮也对 2015 年的玉米耗水量有显著影响（$P<0.05$）。不同灌水水平之间差异显著（$P<0.05$），各灌水处理下，随施氮量的增加，耗水量呈增大趋势，且不同施氮处理之间差异基本显著（$P<0.05$）。

表 3-3　玉米耗水量方差分析

变量	年份	来源		
		灌水	施氮	灌水&施氮
耗水量	2015	71.601**	3.110*	0.378
	2016	11.87**	0.012	0.262

*，**分别代表 0.05 和 0.01 水平的显著性。

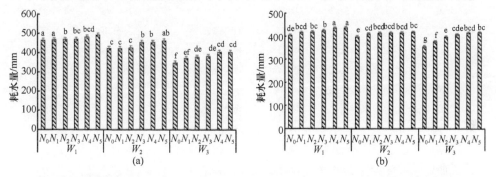

图 3-4　不同滴灌灌水施氮水平对 2015 年（a）和 2016 年（b）年玉米耗水量的影响

不同处理间柱状图顶部字母相同表示差异不显著（$P>0.05$）；不同字母（a，b，c，d）表示差异显著（$P<0.05$）

3.2.2　不同水氮水平对玉米产量及产量构成因素的影响

1. 不同水氮水平对玉米产量的影响分析

2015 年，灌水和施氮对子粒产量的影响有极显著的交互作用（$P<0.01$）。灌水对子粒产量的影响并不显著（$P>0.05$），施氮对子粒产量的影响极显著（表 3-4），不同灌水和施氮处理下，玉米子粒产量的平均变动在 15218.59～20489.06kg/hm² 。在相同灌水处理下，施氮处理的夏玉米产量显著高于不施氮处理（$P<0.05$），其中在张力计控制水平为 W_1、W_2 条件下，随施氮量的增加玉米子粒产量表现出先升高后降低的变化规律，其中子粒产量最大的施氮量处理为 N_4，与其余各施氮量处理相比其差异均达到显著性水平（$P<0.05$）（W_2N_3 除外）。但当基质势控制水平为 W_3

表 3-4　2015 年滴灌不同灌水施氮水平对玉米产量及产量构成因素的影响

灌水	施氮	穗行	行粒	百粒重/g	干物质量/（kg/hm²）	子粒产量/（kg/hm²）	收获指数 HI
W_1	N_0	15.33b	40.67cde	38.59abc	36803.96ab	16972.12de	0.49abcd
	N_1	16.80ab	40.20e	36.33defg	40933.29a	17343.80cde	0.42d
	N_2	16.40ab	41.50bcde	37.30cdef	39539.22ab	17798.70bcd	0.45bcd
	N_3	16.60ab	41.20cde	38.64abc	39666.12ab	18696.41abc	0.47abcd
	N_4	17.33a	41.11cde	39.78ab	38689.41ab	19979.98ab	0.52abc
	N_5	16.00ab	40.78de	39.54ab	38608.62ab	18242.71abc	0.47abcd
W_2	N_0	16.00ab	42.44abcde	36.09efg	35063.88ab	17257.65cde	0.49abcd
	N_1	17.11b	41.22cde	36.77cdef	40747.59a	18322.42abc	0.45cd
	N_2	16.00ab	42.90abcde	37.90bcde	40824.58a	18347.08abc	0.45cd
	N_3	16.86ab	44.86a	38.40abc	39124.68ab	20474.94a	0.52abc
	N_4	17.11a	42.33abcde	40.21a	38646.69ab	20489.06a	0.53abc
	N_5	15.8ab	44.40ab	38.21abc	38529.94ab	18853.17abc	0.49abcd
W_3	N_0	16.00ab	41.22cde	34.97g	28810.32c	15218.59e	0.53abc
	N_1	16.50ab	44.10abc	40.27a	39842.22ab	19305.66abc	0.48abcd
	N_2	16.00ab	44.56ab	40.21a	39790.87ab	18878.71abc	0.47abcd
	N_3	16.22ab	43.44abcd	40.31a	35888.69ab	18730.62abc	0.52ab
	N_4	16.44ab	44.22abc	38.47abc	34463.35b	18509.69abc	0.54a
	N_5	16.00ab	42.00abcde	35.39fg	33874.24bc	15668.42de	0.46abcd
F 值	W	0.56	6.75*	0.66	7.25*	1.49	3.10
	N	2.69*	0.72	6.59**	5.61**	5.40**	4.44*
	W*N	0.50	2.44*	8.40**	0.68	2.70**	0.40

*表示差异显著（$P<0.05$）；**表示差异极显著（$P<0.01$）；a、b、c 等分别表示 $P=5\%$ 水平下显著性差异，下同。

表 3-5　2016 年滴灌不同灌水施氮水平对玉米产量及产量构成因素的影响

灌水	施氮	穗行	行粒	百粒重/g	干物质量/（kg/hm²）	子粒产量/（kg/hm²）	收获指数 HI
W_1	N_0	17.00ab	39.60d	34.91c	27834.40bc	16217.84fg	0.45de
	N_1	17.00ab	43.00abc	36.63ab	33231.00ab	17943.54bcdef	0.56bc
	N_2	17.20ab	42.70abc	35.55bc	318010.00ab	18443.50bcde	0.58b
	N_3	17.30ab	43.90abc	36.38ab	32047.40ab	18472.14bcde	0.58b
	N_4	17.60ab	43.40abc	37.29a	32313.60ab	20528.08a	0.62ab
	N_5	17.40ab	45.30a	36.46ab	36152.60a	19073.30abc	0.69a
W_2	N_0	17.10ab	41.40cd	33.32e	30619.60ab	16581.63efg	0.45e
	N_1	17.20ab	44.60ab	35.40bc	30850.60ab	18443.50bcde	0.53cd
	N_2	17.20ab	42.70abc	36.11ab	32172.80ab	18615.19bcd	0.58b
	N_3	17.40ab	42.00bc	36.46ab	32711.80ab	19030.30abc	0.62ab

续表

灌水	施氮	穗行	行粒	百粒重/g	干物质量/（kg/hm²）	子粒产量/（kg/hm²）	收获指数 HI
W_2	N_4	18.20a	43.20abc	37.07a	34590.60ab	19249.95abc	0.63ab
	N_5	17.80ab	43.40abc	36.91a	36757.60a	19073.30abc	0.58b
W_3	N_0	16.30b	42.30bc	33.22e	22998.80c	15865.12g	0.43e
	N_1	16.30b	42.6bc	34.81cd	27148.00bc	16693.05efg	0.61ab
	N_2	16.60b	43.40abc	33.68de	32366.40ab	16903.97defg	0.52cd
	N_3	16.80b	42.50bc	34.53cd	32788.80ab	17349.02cdefg	0.53cd
	N_4	17.00ab	44.40ab	36.83a	33926.20ab	18435.29bcde	0.54bcd
	N_5	17.10ab	43.80abc	37.01a	34218.80ab	19249.95abc	0.56bc
F 值	W	4.92**	0.27	7.33**	0.94	5.17*	4.10*
	N	0.70	0.45	0.78	1.2*	2.86*	6.44*
	$W*N$	1.10	0.68	0.32	0.15	0.83	0.70

*表示差异显著（$P<0.05$）；**表示差异极显著（$P<0.01$）；a、b、c 等分别表示 $P=5\%$ 水平下显著性差异，下同。

时，玉米子粒产量随施肥量的增加而增加，但其差异并未达到显著性水平（$P>0.05$）（N_0、N_1 除外）。2016 年，灌水和施氮对子粒产量的影响并没有显著的交互作用（$P>0.05$），灌水和施氮对子粒产量都有显著影响（$P<0.05$）（表 3-5），不同灌水和施氮处理下，玉米子粒产量的平均变动在 15865.12～20528.02kg/hm²，在张力计控制水平为 W_1、W_2 条件下，随施氮量的增加玉米子粒产量表现出先升高后降低的变化规律，其中子粒产量最大的施氮量处理为 N_4，与其余各施氮量处理相比其差异均达到显著性水平（$P<0.05$）（W_2N_3、W_2N_5 除外）。但当基质势控制水平为 W_3 时，玉米子粒产量随施肥量的增加而增加，其差异达到显著性水平（$P<0.05$）。

2. 不同水氮水平对玉米产量构成要素的影响分析

2015 年，不同于玉米子粒产量，水氮处理对玉米植株的干物质量的影响没有显著的交互作用（$P>0.05$）。然而，不同施氮量对玉米植株的干物质量的影响达到极显著水平（$P<0.01$）；而不同基质势控制水平对玉米植株干物质量的影响也达到显著性水平（$P<0.05$）。在同一施氮量处理下，干物质质量随基质势控制水平的升高而增大；在同一灌水水平下，随施氮量的增加，其干物质质量也随之增大。2016 年，施氮对干物质质量影响显著（$P<0.05$），灌水与施氮的交互作用及灌水对干物质质量的影响并不显著（$P>0.05$）。

干物质质量主要受施氮量的影响，变现为随施氮量的增加而增大。由表 3-4 和表 3-5 可知，2015 年，灌水和施氮的交互作用及施氮对玉米的百粒重的影响都有着极显著的影响（$P<0.01$），但 2016 年，仅灌水对玉米的百粒重影响极显著（$P<0.01$）。2015 年，在 W_1、W_2 灌水水平下，随施氮量的增加，玉米百粒重呈先增大后减小的

趋势，以 N_4 处理最大。在 W_3 灌水水平下，随施氮量的增加，玉米百粒重也呈增大趋势。2016 年，随基质势控制水平的升高，玉米百粒重也呈递增趋势。

3. 不同水氮水平对玉米收获指数的影响分析

由表 3-4 和表 3-5 可知，2015 年与 2016 年的方差分析结果均显示，施氮量对玉米 HI 有显著影响（$P<0.05$），且灌水和施氮的交互作用对玉米 HI 的影响并不显著（$P>0.05$）。另外，在 2016 年灌水对玉米 HI 影响显著（$P<0.05$）。2015 年在高灌水水平（W_1）下，N_2 处理较其余施氮量处理差异达显著性水平（$P<0.05$）；在中等灌水水平下（W_2），N_2 与 N_3 处理收获指数无显著差异（$P>0.05$），但显著高于其他处理（$P<0.05$）；在低灌水水平下（W_3），N_2 与 N_0 处理收获指数差异不显著（$P>0.05$），显著高于其他处理（$P<0.05$）。2016 年，玉米 HI 与 2015 年相比显著性增大。各灌水处理下，随施氮量的增大，收获指数基本呈增大趋势，且以 W_1N_5 处理最大，差异达显著性水平（$P<0.05$），随基质势控制水平的升高，HI 呈增大趋势。

3.2.3 不同水氮水平对玉米水分利用效率的影响

玉米水分利用效率方差分析结果如表 3-6 所示。两年数据表明，灌水处理与施氮处理对玉米水分利用效率有着极显著的影响（$P<0.01$），水氮的交互作用对 WUE 有着显著影响（$P<0.05$）。各处理条件下，玉米水分利用效率变化总的趋势是随基质势控制水平的升高逐步降低，即 $W_3>W_2>W_1$，且 3 个灌水水平之间差异显著。

表 3-6　玉米水分利用效率（WUE）方差分析

变量	年份	来源		
		灌水	施氮	灌水&施氮
WUE	2015	67.05**	16.04**	3.86*
	2016	33.25**	10.89**	2.26*

*，**分别代表 0.05 和 0.01 水平的显著性。

2015 年各个施氮处理下 WUE 以 N_2 处理较高，且随施氮量的增加呈先增长后降低的变化规律。所有处理中以 W_3N_3 最高，与 W_3N_2 处理差异不显著，但却显著高于高（W_1）、中（W_2）灌水处理下的各施氮处理。2016 年所有处理中以 W_2N_4 处理最高，且较其余处理差异显著（$P<0.05$）。各灌水处理下，随施氮量的增加，WUE 呈先升高后减低的变化规律。各施氮处理下水分利用效率显著大于不施氮处理（图 3-5）。

3.2.4 不同水氮水平对玉米净收益的影响

从表 3-7 和表 3-8 可以看出，两年净收益分别介于 22763.44～33063.54 元/hm^2

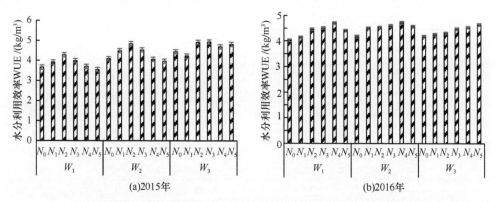

图 3-5　不同滴灌灌水施氮水平对 2015 年和 2016 年玉米水分利用效率（WUE）的影响

表 3-7　2015 年不同滴灌灌水施氮处理玉米每公顷的投入与收益

灌水	施氮	总收入/（元/hm²）	增加收入/（元/hm²）	肥料投入/（元/hm²）	施氮增加投入/（元/hm²）	施用氮肥产投比	其他费用（水电、田间管理、农药)/（元/hm²）	净收益/（元/hm²）
W_1	N_0	31684.56					7140	24544.56
	N_1	35755.71	4071.16	1758.45	783	5.2	7140	28615.71
	N_2	39160.76	7476.2	1921.58	946.13	7.9	7140	32020.76
	N_3	36644.96	4960.41	2117.33	1141.88	4.34	7140	29504.96
	N_4	34885.45	3200.9	2280.45	1305	2.45	7140	27745.45
	N_5	33993.85	2309.29	2476.2	1500.75	1.54	7140	26853.85
W_2	N_0	31684.56					7095	24544.56
	N_1	36952.21	3127.22	1758.45	783	3.99	7095	29857.21
	N_2	40158.54	6333.54	1921.58	946.13	6.69	7095	33063.54
	N_3	40130.88	6305.89	2117.33	1141.88	5.52	7095	33035.88
	N_4	35960.28	2135.28	2280.45	1305	1.64	7095	28865.28
	N_5	35911.94	2086.95	2476.2	1500.75	1.39	7095	28816.94
W_3	N_0	29828.44					7065	22763.44
	N_1	30710.10	881.67	1758.45	783	1.13	7065	23645.1
	N_2	36278.99	6450.56	1921.58	946.13	6.82	7065	29213.99
	N_3	36712.02	6883.58	2117.33	1141.88	6.03	7065	29647.02
	N_4	37002.27	7173.84	2280.45	1305	5.5	7065	29937.27
	N_5	37839.09	8010.66	2476.2	1500.75	5.34	7065	30774.09

玉米价格 1.96 元/kg，肥料价格按 N 4.35 元/kg、P_2O_5 4.82 元/kg、K_2O 4.33 元/kg 计算。

表 3-8　2016 年不同滴灌灌水施氮处理玉米每公顷的投入与收益

灌水	施氮	总收入/ （元/hm²）	增加收入/ （元/hm²）	肥料投入/ （元/hm²）	施氮增加投入/ （元/hm²）	施用氮肥 产投比	其他费用（水电、田间 管理、农药）/（元/hm²）	净收益/ （元/hm²）
W_1	N_0	31786.97		882.4068			6830	24074.56
	N_1	35169.34	3382.372	1260.857	783	8.937435	6830	27078.48
	N_2	36149.26	4362.294	1391.357	946.13	8.571164	6830	27927.9
	N_3	36205.39	4418.428	1521.857	1141.88	6.909732	6830	27853.54
	N_4	40235.04	8448.071	1652.357	1305	10.97223	6830	29277.68
	N_5	37383.67	5596.702	1782.857	1500.75	6.21545	6830	28770.81
W_2	N_0	32499.99		882.4068			6500	25117.59
	N_1	36149.26	3649.265	1260.857	783	9.642661	6500	28388.4
	N_2	36485.77	3985.777	1391.357	946.13	7.831373	6500	28594.42
	N_3	37299.39	4799.393	1521.857	1141.88	7.505502	6500	31277.53
	N_4	37729.9	5229.907	1652.357	1305	6.792528	6500	29577.55
	N_5	37383.67	4883.673	1782.857	1500.75	5.423592	6500	29100.81
W_3	N_0	31095.64		882.4068			6400	23813.23
	N_1	32718.38	1622.743	1260.857	783	4.287866	6400	25057.52
	N_2	33131.78	2036.146	1391.357	946.13	4.00068	6400	25340.42
	N_3	34004.08	2908.444	1521.857	1141.88	4.548353	6400	26082.22
	N_4	36133.17	5037.533	1652.357	1305	6.542676	6400	28080.81
	N_5	37729.9	6634.267	1782.857	1500.75	7.367724	6400	29547.05

注：玉米价格 1.96 元/kg，肥料价格按 N 4.35 元/kg、P_2O_5 4.82 元/kg、K_2O 4.33 元/kg 计算。

与 23813.23～31752.68 元/hm² 之间，最高纯收益处理与最低纯收益处理相比，增幅为 45.25%和 33.34%。各灌水水平下，随施氮量的增大，由于肥料投入费用的增大，净收益呈先增后减的变化趋势。说明，水氮管理不合理不但会影响净收益，同时也增大了肥料投入。从表 3-7、表 3-8 中还可以看出，在低灌水水平下增施氮肥可显著提高产投比，其增幅显著高于 W_1、W_2 处理。2016 年施用氮肥的产投比显著高于 2015 年，说明 2016 年每次灌水随水施氮的方式可有效提高氮肥的利用效率，从而提高氮肥的产投比。

另外，由于 2016 年降水量较多，且较为分散，因此灌水量少于 2015 年，但由于每次灌水随水施氮，增加了部分人工管理费用，但总体来看，2016 年在田间管理费用的投入上要少于 2015 年。

总体来看，两年试验数据分别以 W_2N_2 处理与 W_2N_3 处理下净收益最高，分别为 33063.54 元/hm² 与 31752.68 元/hm²。2016 年 W_2N_3 处理因人工管理强度过大，且施氮量大于 N_2 处理，因此可将 325mm+225kg/hm² 即 2015 年的 W_2N_2 组合看作经济效益最佳的水氮组合处理。

3.2.5　滴灌水肥一体化水氮互作效应

由表 3-9 可知，水氮投入作为自变量，子粒产量、WUE 和净收益的二元二次回归方程决定系数均在 0.8 以上，均达显著性水平。设定灌水量的上下限分别为两年的 W_1 和 W_3 处理的灌水量，施氮量的上下限分别为两年的 N_1 和 N_5 处理的施氮量，用 Matlab 分别求解表 3-9 中的最大值，可以分别计算得出 2015 年和 2016 年获得最大子粒产量、WUE 及净收益所需的水氮投入量。综上所述，结合二元二次回归分析与归一化分析结果，在 2015 年和 2016 年灌水量分别为 328.33mm 和 286.00mm，施氮量分别为 222.00kg/hm² 和 175.50kg/hm² 可以使产量、WUE 和净收益的综合效益最大化（表 3-10）。经计算在 2015 年，获得最大子粒产量所需的灌水量和施氮量分别为 334.44mm 和 242.69kg/hm²；获得最大 WUE 所需灌水量和施肥量分别为 240.00mm 和 255.00kg/hm²，但净收益为 27994.02 元/hm²，与其余两组组合相比少了 2100 元左右。在 2016 年，获得最大子粒产量所需的灌水量和施氮量分别为 323.25mm 和 230.85kg/hm²；获得最大 WUE 所学灌水量和施肥量分别为 288.23mm 和 231.00kg/hm²，但净收益为 26922.17 元/hm²，与其余两组组合相比少了 3200 元左右。

表 3-9　水氮投入与子粒产量、WUE 和净收益的回归方程

年份	输出变量	回归方程	R^2	F
	子粒产量	$Y=-9081.86+139.88W+43.01N-0.183W_2-0.039N_2-0.072W\times N$	0.84	4.28[**]
2015	水分利用效率	$Y=4.332+0.002W+0.008N-7.96\times10-6W_2-1.26\times10-5N_2-9.04\times10-6WN$	0.85	7.367[**]
	净收益	$Y=-19746.18+235.98W+94.25N-0.32W_2-0.11N_2-0.12WN$	0.88	5.29[**]
	子粒产量	$Y=-41026.24+378.12W+57.25N-0.61W_2-0.014N_2-0.15W\times N$	0.896	20.61[**]
2016	水分利用效率	$Y=-13.17+0.13W+0.02N-4.33\times10-6N_2-4.98\times10-6WN$	0.886	8.81[**]
	净收益	$Y=-27840.64+346.15W+25.53N-0.58W_2-0.02N_2+0.02W\times N$	0.84	10.57[**]

**表示 0.01 水平的显著性。

从综上所述，结合二元二次回归分析与归一化分析结果，2015 年和 2016 年灌水量分别为 328.33mm 和 286.00mm，施氮量分别为 222.00kg/hm² 和 175.50kg/hm² 可以使产量、WUE 和净收益的综合效益最大化。

表 3-10 还可以看出，子粒产量、WUE 和净收益无法同时达到最大值，在实际应用中必将有所取舍，因此需要进一步研究得出以产量、WUE 和净收益综合效益最大为目标的水氮投入组合。由于子粒产量和水分利用效率难以同时达到最大值，且两者具有不同的量纲，不能直接比较，因此将产量、WUE 及净收益进行归一化处理，即各处理产量、WUE 及净收益分别除以产量最大值和 WUE 最大值，可得到水氮投入与相对产量、相对水分利用效率和相对净收益的关系。

表 3-10　最大子粒产量、最大水分利用效率和最大净收益及其所需的灌水施氮量

年份	目标	灌水量/mm	施氮量/(kg/hm²)	子粒产量/(kg/hm²)	水分利用效率/(kg/m³)	净收益/(元/hm²)
2015	最大子粒产量	334.44	242.69	19528.20	4.58	30037.81
	最大水分利用效率	240	255	17973.72	5.02	27994.02
	最大净收益	321.25	253.18	19502.02	4.64	30089.01
2016	最大子粒产量	323.25	230.85	18738.55	4.89	29768.03
	最大水分利用效率	288.23	231.66	16778.10	5.08	26922.17
	最大净收益	312.10	241.88	19272.04	4.78	30211.95
2015	C_1	328.33	222.00	18282.22	4.28	28566.65
	C_2	398.26	345.00	17992.71	4.56	30913.71
	C_3	364.66	276.75	18335.05	4.30	28720.66
2016	C_1	286.00	175.50	18126.50	4.61	28660.49
	C_2	308.42	259.97	18318.05	4.40	30671.45
	C_3	307.21	187.89	18165.87	4.62	28744.83

本书所用似然函数的组合方式的公式分别如下：

$$C_1 = \frac{\sum_{i=1}^{k} Y_i}{K} \tag{3-2}$$

$$C_2 = \prod_{i=1}^{k} Y_i \tag{3-3}$$

$$C_3 = \left[\prod_{i=1}^{k} \frac{1}{K} Y_i \right]^{1/2} \tag{3-4}$$

从综上所述，结合二元二次回归分析与归一化分析结果，在 2015 年和 2016 年灌水量分别为 328.33mm 和 286.00mm，施氮量分别为 222.00kg/hm² 和 175.50kg/hm² 可以使产量、WUE 和净收益的综合效益最大化。

表 3-10 可以看出，C_2 组合方式在两年的水氮投入波动较大，且水氮消耗较高；而 C_1 和 C_3 组合方式所得的子粒产量、WUE 和净收益在 2%以内，且所需灌水量差别不大。但 C_1 组合方式两年所需的施氮量均小于 C_3 组合，因此可看作是最经济的水氮管理方案。

综上所述，结合二元二次回归分析与归一化分析结果，在 2015 年和 2016 年灌水量分别为 328.33mm 和 286.00mm，施氮量分别为 222.00kg/hm² 和 175.50kg/hm² 可以使产量、WUE 和净收益的综合效益最大化。

3.3　滴灌水肥一体化玉米生长的水氮互作效应

3.3.1　膜下滴灌水氮互作对玉米生长指标的影响

1. 不同水氮水平对玉米株高的影响

2015 年、2016 年不同灌水和施氮处理对玉米主要生育阶段株高的影响见 3-11。

表 3-11　不同滴灌灌水施氮处理对玉米株高的影响　（单位：cm）

灌水	施氮	2015 年			2016 年		
		拔节期	抽穗期	灌浆期	拔节期	抽穗期	灌浆期
W_1	N_0	230.67e	308.67ef	355.40bcde	231.00ef	316.00ghi	318.33ef
	N_1	239.67de	318.33cde	370.20b	233.00ef	332.67cdefg	324.00def
	N_2	237.33d	325.33abcd	397.60a	239.67bcdef	346.00abcde	353.00ab
	N_3	251.00c	332.00abc	393.20a	241.67bcdef	351.33ab	355.33ab
	N_4	258.67b	333.00ab	391.80a	249.33abc	352.67ab	355.33ab
	N_5	266.33a	334.33a	386.20ab	250.70ab	356.67a	366.00a
F 值		18.29	2.76	16.92	6.13	19.93	16.52
W_2	N_0	145.67gh	302.33fg	351.00bcde	211.00g	308.00ij	294.00g
	N_1	159.00gh	310.00ef	357.40bcde	235.67def	335.33bcdef	338.67bcde
	N_2	135.67gh	310.00ef	361.40bcd	237.93bcdef	324.67fghi	327.00cdef
	N_3	145.67g	312.00def	365.60bc	237.00cdef	350.00abc	345.00abcd
	N_4	151.67f	312.67def	368.00bc	244.00abcde	350.00abc	352.00ab
	N_5	161.67f	319.00bcde	357.40bcde	254.9a	358.67a	358.33ab
F 值		19.51	4.23	0.57	10.42	29.18	10.83
W_3	N_0	110.67k	228.67j	292.00f	212.67g	312.67hi	307.33fg
	N_1	119.33j	274.00i	343.80de	215.00g	328.67efgh	316.33f
	N_2	121.33j	284.67hi	350.60bcde	227.67f	331.00defg	325.67cdef
	N_3	140.00i	289.67gh	360.00bcd	228.67f	335.33def	342.67bcd
	N_4	141.67hi	302.00fg	348.20cde	237.00cdef	342.00abcdef	346.00abcd
	N_5	147.67hi	312.67def	340.00e	247.33abcd	346.67abcd	347.67abc
F 值		69.03	59.48	11.54	13.02	29.90	3.38
F 值	W	4169.07**	140.92**	49.31**	27.32**	14.38**	7.10**
	N	66.81**	30.48**	12.76**	24.41**	26.30**	21.03**
	$W*N$	9.83**	8.70**	5.47**	4.48**	2.89**	2.74**

*表示差异显著（$P<0.05$），**表示差异极显著（$P<0.01$）；a、b、c 等分别表示 $P=5\%$ 水平下显著性差异，下同。

对比不同施氮量的 F 值可以看出，施氮量对拔节期、抽穗期株高的影响表现为随基质势控制水平的降低而增大，对灌浆期株高的影响表现为随基质势控制水平的降低而减小；对 2015 年不同生育阶段的 F 值进行比较可以看出，施氮量在拔节期对株高的影响要大于后期，2016 年由于改变施肥方式，施氮量主要在玉米中后期的株高影响较大。两年数据的方差分析结果均显示，灌水、施氮，以及水氮交互作用对株高影响极显著（$P<0.01$）。

在玉米整个生育期内，三个灌水处理下的玉米株高表现出随基质势控制水平的升高而增大的趋势。各个灌水水平下，生育期各个施氮处理下株高的变化规律表现为：在拔节期与抽穗期随施氮量的增加，各个施氮处理株高相应增加；随施氮量的增加其株高差异达显著性水平（$P<0.05$）；在灌浆期，受氮胁迫的影响，随施氮量的增大，其株高表现出先增大后减小的趋势。

2. 不同水氮水平玉米叶面积指数的变化特征

2015 年、2016 年不同灌水和施氮处理对玉米主要生育阶段叶面积指数（LAI）的影响见表 3-12。

表 3-12　不同滴灌灌水施氮处理对玉米 LAI 的影响

灌水	施氮	2015 年			2016 年		
		拔节期	抽穗期	灌浆期	拔节期	抽穗期	灌浆期
W_1	N_0	4.00abcd	5.16c	4.69c	4.57cdefg	5.47def	5.10de
	N_1	4.33abc	5.81abc	6.04ab	4.77bcd	5.78cd	5.14cde
	N_2	4.75ab	6.40ab	6.12ab	4.90bc	5.82cd	5.54abc
	N_3	4.79ab	6.54a	6.44a	4.91bc	6.17bc	5.57ab
	N_4	5.07a	6.60a	6.37ab	4.97b	6.65a	5.67ab
	N_5	5.12a	6.61a	6.21ab	4.98b	6.72a	5.83a
F 值		1.48	9.13	3.73	1.23	15.33	16.92
W_2	N_0	3.51bcde	4.09d	5.09bc	4.31g	4.04i	4.12g
	N_1	3.96abcd	5.26c	5.96ab	4.73bcdef	5.56de	5.04de
	N_2	3.99abcd	5.98abc	6.10ab	4.80bcd	5.56de	5.11de
	N_3	4.01abcd	6.11abc	5.97ab	4.89bc	5.71d	5.16cde
	N_4	4.48ab	5.69bc	5.39abc	5.06b	5.82cd	5.27bcd
	N_5	4.66ab	5.46bc	6.27ab	5.40a	6.40ab	5.87a
F 值		4.21	5.66	1.77	29.17	23.10	34.82
W_3	N_0	2.62e	3.39d	3.53d	3.28i	2.53j	3.03h
	N_1	2.91de	5.12c	5.18abc	3.87h	4.44h	4.50f
	N_2	3.16cde	5.18c	5.46abc	4.39fg	4.58h	4.76ef
	N_3	3.53bcde	5.28c	5.70abc	4.41efg	5.05g	4.77ef
	N_4	3.96abcd	5.50bc	5.69abc	4.24g	5.08fg	4.92de
	N_5	4.13abcd	5.36c	5.24abc	4.47defg	5.20efg	5.14cde

续表

灌水	施氮	2015 年			2016 年		
		拔节期	抽穗期	灌浆期	拔节期	抽穗期	灌浆期
F 值		3.38	21.38	20.65	3.25	30.75	38.89
F 值	W	28.91**	46.43**	15.70**	81.75**	232.99**	80.85**
	N	6.71**	26.20**	13.24**	21.63**	93.78**	47.38**
	W*N	0.74	1.78	1.57	2.59*	7.33**	5.04**

对比不同施氮量的 F 值可以看出，随着基质势控制水平的降低，施氮对 LAI 的影响增大；对不同生育阶段的 F 值进行比较可以看出，2015 年施氮量对抽穗期 LAI 的影响最大，2016 年由于改变施肥方式，随生育期的推进，施氮主要在玉米中后期的株高影响较大。两年数据的方差分析结果均显示，2015 年灌水、施氮对各生育阶段玉米植株的 LAI 影响极显著（$P<0.01$），而水氮交互作用对各阶段玉米植株 LAI 的影响不显著（$P>0.05$）。2016 年，灌水、施氮对各生育阶段的玉米植株的 LAI 的影响极显著（$P<0.01$），而水氮交互作用仅对抽穗期、灌浆期玉米植株的 LAI 影响极显著（$P<0.01$），对拔节期玉米植株 LAI 影响显著（$P<0.05$）。

在玉米整个生育期内，三个灌水处理下的玉米植株 LAI 表现出随基质势控制水平的升高而增大的趋势。各个灌水水平下，生育期各个施氮处理下株高的变化规律表现为：在各生育阶段随施氮量的增加各个施氮处理株高相应增加，随施氮量的增加其株高差异达显著性水平（$P<0.05$）。

3.3.2　膜下滴灌水氮互作对玉米生理指标的影响

1. 不同水氮水平玉米叶片叶绿素含量生育期变化规律分析

如图 3-6 所示，在 2015 年对玉米出苗-拔节、拔节-抽穗、抽穗-开花吐丝、灌浆-成熟期（以下简称前、中、后期）四个生育阶段测定了各处理玉米的叶绿素指标，以相对叶绿素含量表示。图 3-6 表明，随着生育期的推进，叶绿素含量先增大后减小。受施肥量的影响，不同灌水水平下 N_0 处理的叶绿素含量在整个生育期内相对较低。对于不同灌水水平，各个施氮处理在生育期内的变化规律不尽相同。

在张力计控制水平为-20kPa 下，抽穗期之前，各个施氮水平叶绿素含量随施氮量减少而减小。进入抽穗期后，随施氮量减少各个施氮水平叶绿素含量呈现先增大后减小的变化规律。由此可见，在张力计控制水平为-20kPa 的条件下，增施氮肥在生育前期可以提高玉米叶片的叶绿素含量，而在生育后期在合理的氮肥施用量下其叶片中叶绿素含量较高，从而为后期干物质向子粒的转移提供保障。

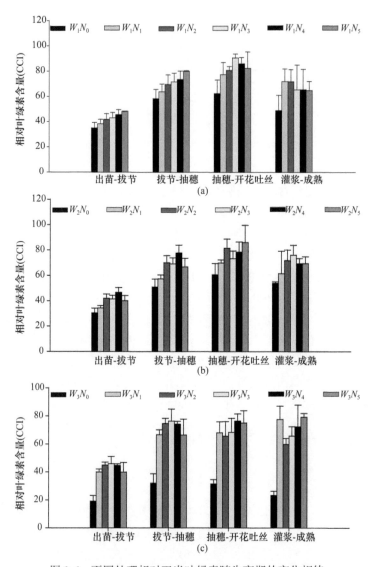

图 3-6　不同处理相对玉米叶绿素随生育期的变化规律

在张力计控制水平为–40kPa 下，生长初期 N_1 处理受氮素胁迫的影响，叶片中叶绿素含量相对较低；在生育后期，N_1 处理其叶片中叶绿素含量达到最大，从而保障了该阶段光合作用的进行。这说明当张力计控制水平较低时，合理增施氮肥有助于增加叶片中的叶绿素含量，进而提高产量。

2. 不同水氮水平玉米光合速率生育期变化规律分析

玉米进行物质生产的基本生理过程就是光合作用，而叶片是玉米主要的光合器官，其较高的光合碳同化能力是作物获得高产的前提。如图 3-7 所示，结合玉米

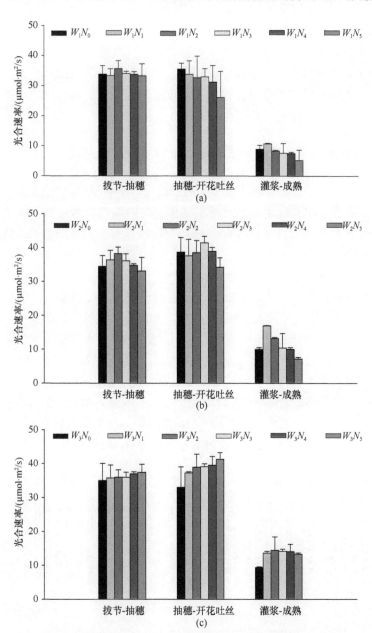

图 3-7　不同处理相对玉米叶片光合速率随生育期的变化规律

生长即干物质在玉米各个器官的累积规律进行分析，生长前期主要是玉米叶片、秸秆的形成的主要时期，该阶段光合速率越高则叶面积指数越大。从图 3-7 中可以发现，在张力计控制水平较高时（-20kPa、-30kPa），当施氮量较多时，受氮素胁迫的影响，高氮水平下的叶片光合速率较低，所以叶面积指数并未达到最大。进入灌浆期后，受氮肥胁迫、种植结构及叶面积的影响，高氮处理下的玉米叶片光合速率低于其余处理，从而在一定程度上影响到子粒产量的形成。

从图 3-7 中可以看出，各个生育阶段，高氮处理下的玉米叶片光合速率都高于其余各组处理。说明当基质势控制水平较低时，合理的增施氮肥可提高玉米叶片的光合速率，从而提高子粒产量。

3.3.3 不同水氮水平对收获期玉米地上干物质质量的影响

作物产量形成的过程实质上是干物质积累与分配的过程，作物产量的高低取决于干物质的积累及其向子粒运转分配的比例。对收获期玉米植株干物质在各器官的积累进行比较研究发现（图 3-8），成熟期各器官的干物质积累的比例不同，其中干物质在穗干中的分配最大。且干物质在各器官中的分配为：穗干>茎干>叶干。不同的灌水和施氮条件下，各器官干物质质量也有所不同。对比两年数据，可以发现，受气象条件的影响，穗重在 2015 年占植株干物质的比例要明显小于 2016 年。2015 年试验数据显示，在同一灌水条件下，干物质积累随着施氮量的增加呈先增大后减小趋势，灌水水平在 W_1 条件下，施氮量为 N_4 时干物质质量为最大，不施氮处理随基质势控制水平的升高与施氮处理相比差异逐渐减小。而 2016 年的干物质积累规律则表现为随施氮量的增加而增大的趋势，但穗重随施氮量的增大呈先增大后减小的变化规律。通过对比两年试验数据可以发现，增施氮肥可以促进叶片和茎秆的生长，延缓叶片的衰老，增长叶面积持续期，增加干物质质量。而叶面积过大会产生"遮阴"现象，不利于养分向玉米穗的转运，对后期玉米的穗重产生影响。

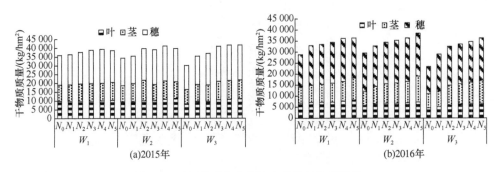

图 3-8 不同处理收获期地上部分干物质质量

3.3.4 玉米产量及其构成要素与生育指标之间相关关系

1. 玉米产量及其构成要素与生育指标皮尔逊相关性系数

皮尔逊相关系数可以用来评估玉米产量构成要素与生育指标间线性相关关

系。由表 3-13 可知，玉米植株 LAI、干物质质量、相对叶绿素含量与子粒产量有极显著的正相关关系（$P<0.01$），与叶片光合速率有显著的正相关关系（$P<0.05$）。百粒重与叶片相对叶绿素含量有显著的正相关关系（$P<0.05$），与叶片光合速率之间有显著的负相关关系（$P<0.05$）。另外，干物质质量与玉米株高、LAI 以及叶片相对叶绿素含量之间存在着极显著的正相关关系（$P<0.01$）。玉米叶片相对叶绿素含量与生长指标（株高、LAI）之间存在着极显著的正相关关系（$P<0.01$）。

表 3-13　玉米性状间皮尔逊相关系数

	y_1	y_2	y_3	y_4	x_1	x_2	x_3	x_4	x_5
y_1	1	0.236^*	0.013^*	-0.172	0.610^{**}	0.437	0.625^{**}	0.615^{**}	0.207^*
y_2	0.236^*	1	0.156	0.157	-0.209	-0.093	-0.248	-0.184	-0.045
y_3	0.013^*	0.156	1	0.356	-0.262	-0.185	-0.296	-0.092	0.367
y_4	-0.172	0.157	0.356	1	-0.124	-0.055	-0.412	0.206^*	-0.089^*
x_1	0.610^{**}	-0.209	-0.262	-0.124	1	0.908^{**}	0.905^{**}	0.778^{**}	-0.296
x_2	0.437	-0.093	-0.185	-0.055	0.908^{**}	1	0.831^{**}	0.607^{**}	-0.406
x_3	0.625^{**}	-0.248	-0.296	-0.412	0.905^{**}	0.831^{**}	1	0.708^{**}	-0.236
x_4	0.615^{**}	-0.184	-0.092	0.206^*	0.778^{**}	0.607^{**}	0.708^{**}	1	0.183
x_5	0.207^*	-0.045	0.367	-0.089^*	-0.296	-0.406	-0.236	0.183	1

注：y_1 为玉米子粒产量，y_2 为穗行数，y_3 为行粒数，y_4 为百粒重；x_1 为 LAI，x_2 为株高，x_3 为干物质质量，x_4 为相对叶绿素含量，x_5 为玉米叶片光合速率。

2. 玉米产量及其构成要素与生育指标典型相关分析

作物产量是作物同化物分配积累在果实中的总和，作物生长指标与生理指标对同化物的积累和分配都有重要影响，而生长性状与生理指标之间也彼此关联，故采用典型相关分析法探求玉米子粒产量及其构成因素与生育指标间的关系。由表 3-14 可知，子粒产量及其构成因素与生育指标两组之间可由 3 组典型变量描述，其中，第 I 组第 II 组典型变量的相关系数较高，其相关系数分别为 0.939 和 0.796，分别达到极显著（$P<0.01$）和显著（$P<0.05$）水平。

表 3-14　玉米产量及其构成要素与生育指标典型相关分析

典型变量	典型相关系数	显著性 sig.
I	0.939	0
II	0.796	0.001
III	0.478	0.722

对原始指标进行标准化后，通过 SPSS 对产量及其构成要素与生长指标进行典型相关分析，使用 u_1、v_1 和 u_2、v_2 分别表示第 I 和 II 典型变量的产量及构成因素和生育指标的典型变量，分别为

$$u_1 = -0.873y_1 + 0.517y_2 - 0.028y_3 - 0.243y_4$$
$$v_1 = 0.966x_1 - 0.870x_2 + 0.969x_3 - 0.260x_4 + 0.438x_5$$
$$u_2 = -0.458y_1 + 0.241y_2 + 0.340y_3 - 1.072y_4$$
$$v_2 = -3.158x_1 + 0.325x_2 + 2.036x_3 + 0.675x_4 - 0.281x_5$$

从表 3-15 可看出，在典型变量 I 中，玉米子粒产量和穗行数的负载系数均在 0.85 以上，说明典型变量 I 主要描述子粒产量和穗行数，还可看出行粒数、百粒重与子粒产量、穗行数正相关。同样，v_1 主要负载了株高，说明增加株高有利于玉米子粒产量和穗行数的增大，而 LAI 和干物质质量与子粒产量和穗行数存在负相关关系，表现为 LAI 和干物质质量过大会导致玉米子粒产量和穗行数降低。

表 3-15 典型变量之间的相关系数

产量指标	典型变量 I		典型变量 II	
	u_1	1	u_2	1
子粒产量	0.873	−0.001	0.458	0
穗行	−0.517	0.982	−0.241	−0.459
行粒	0.028	0.003	−0.340	−0.034
百粒重	0.243	0.141	1.072	0.619

生育指标	典型变量 I		典型变量 II	
	v_1	1	v_2	1
LAI	−0.966	−1.335	3.158	4.364
株高	0.870	0.037	−0.325	−0.014
干物质质量	−0.969	0	−2.036	−0.001
叶绿素含量	0.260	0.02	−0.675	−0.052
光合速率	−0.438	−0.138	0.281	0.089

在典型变量 II 中，u_2 中百粒重的负载系数在 0.9 以上，而 v_2 中 LAI 的负载系数较大，百粒重与株高、干物质质量和叶绿素含量存在负相关关系。

3. 玉米产量及其构成要素与生育指标灰色关联度分析

为进一步说明玉米子粒产量与生育指标的相关关系，对两年不同滴灌水氮水平下的生育指标与产量进行灰色关联分析。由表 3-16 可看出，株高与玉米子粒产量的相关性最高，其次是干物质质量、叶片相对叶绿素含量、LAI，而灌浆期叶片光合速率与子粒产量的灰色关联度最小。

表 3-16　玉米生育指标与产量的灰色关联度与排序

	LAI	株高	干物质	叶绿素	光合速率
子粒产量	0.706	0.819	0.790	0.712	0.450
排序	4	1	2	3	5

3.3.5　膜下滴灌水氮互作下玉米生长指标的动态特征及其与产量的关系

本书研究中自变量为积温，因变量为玉米生长指标（株高、LAI、干物质）进行 Richards 方程拟合分析。方程的基本形式为

$$Y = A / \left(1 + e^{B-CX}\right)^{1/D} \tag{3-5}$$

式中，A、B、C、D 均为参数，其中 A 为生长指标的上限。对式（3-5）求导得到其生长速率方程（growth rate，GR）为

$$GR = \frac{dy}{dx} = \frac{AC e^{B-CX}}{D \left(e^{B-CX} + 1\right)^{(D+1)/D}} = \frac{YC \left[1 - (Y/A)^D\right]}{D} \tag{3-6}$$

根据生长指标生长速率方程，可以推导出生长过程的一些特征量，对式（3-6）求导并令其等于零，可以求得达到最大生长速率时的积温，记作：

$$X_{inf} = (B - \ln D)/C \tag{3-7}$$

同时求得最大生长速率为

$$GR_{max} = AC(D+1) - (1 + 1/D) \tag{3-8}$$

对式（3-6）干物质在区间 0 到 A 上积分再平均即可得到平均生长速率：

$$GR_{avg} = AC/(2D+4) \tag{3-9}$$

一般认为，当生长指标达到其生长上限的 95%，即 $0.95A$ 时认为生长停止，解方程得到生长停止时的积温：

$$X_{max} = \left[B - \ln(0.95 - D - 1)\right]/C \tag{3-10}$$

对式（3-6）求二阶导令其等于零，可以求得生长指标进入快速生长期的积温为

$$X_1 = \ln \frac{\left(3e^B - e^B \sqrt{D^2 + 6D + 5} + De^B\right)}{2D} / C \tag{3-11}$$

1. 水氮互作对玉米株高动态过程的影响

玉米株高的方差分析及多重比较结果见表 3-17 和图 3-9。结果表明灌水、施氮以及年份对玉米最大株高的影响极显著（$P<0.01$）。另外，灌水对 X_{max} 和 GR_{max} 有显著（$P<0.05$）影响，表明灌水主要是通过影响株高的生长时间与最大生长速

表 3-17 不同灌水、施氮水平和年份下玉米株高的动态特征和方差分析

因素	水平	曲线参数				特征参数				
		a	b	c	d	X_{inf}	GR_{max}	GR_{avg}	X_{max}	X_1
灌水	W_1	365.892a	3.571	0.007	1.0793	543.307	2.447a	0.399	993b	341
	W_2	359.005ab	3.612	0.006	1.1700	566.225	2.226b	0.367	1036a	351
	W_3	341.231b	4.283	0.618	1.4498	548.181	1.845c	30.438	961c	348
施氮	N_0	330.275d	3.779	0.006	1.3244	608.218	1.892c	0.315	854c	374b
	N_1	347.004c	3.771	0.007	1.0981	538.234	2.312bc	0.388	969bc	344c
	N_2	356.319bc	3.871	0.007	1.1380	543.157	2.311bc	0.395	969bc	348c
	N_3	360.694b	3.666	1.229	1.1773	465.393	2.307b	0.576	1111a	314cd
	N_4	366.772ab	4.522	0.006	1.6894	648.265	1.665d	0.321	1116a	410a
	N_5	371.192a	3.324	0.007	0.9710	512.161	2.549a	0.413	994b	289d
年份	2015	369.741	3.391	0.006	0.9421	561.962	2.484	0.396	1041	351
	2016	341.011	4.253	0.414	1.5239	543.180	2.147	0.407	952	342
多元方差分析 MANOVA	灌水	**	*	Ns	Ns	Ns	*	Ns	*	Ns
	施氮	**	Ns	Ns	Ns	Ns	*	Ns	*	*
	年份	**	**	Ns	**	*	*	Ns	*	*
	水氮	Ns	Ns	Ns	Ns	Ns	Ns	Ns	Ns	Ns

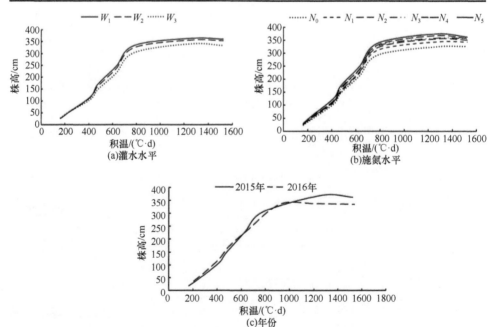

图 3-9 不同灌水水平、施氮水平、年份下株高的生长变化曲线

率来影响玉米株高生长。施氮对 GR_{max} 和 X_1 有显著（$P<0.05$）影响，表明施氮主要是通过控制株高的最大生长速率和快速生长期的时间来影响玉米株高生长。年份对 X_{max}、GR_{max}、X_1 有显著影响，表明年份能够影响株高生长过程的所有积温变量从而影响株高。水氮的交互作用对玉米株高的整个生长过程均没有显著影响。由以上结果可以看出，影响株高生长过程的因素依次为：年份>施氮>灌水>水氮交互。

株高随着基质势控制水平的升高而增大，其中 W_1 处理显著（$P<0.05$）大于 W_2 和 W_3 处理（表 3-17、图 3-9）。达到最大株高时的积温也表现为 $W_1>W_2>W_3$，这表明高频率的灌水能显著延长株高的生长时间，进而显著提高其最大株高。最大株高随着施氮量的增加而显著增大，其中 N_0 处理与 N_1、N_2、N_3、N_4、N_5 均有显著差异（表 3-17）。对达到最大株高时的积温进行比较分析，发现随施氮量的增加，其积温呈先增大后减小的变化规律，以 N_4 处理最大，其差异较其余处理达显著性水平（$P<0.05$）（N_3 除外），这表明，在适量的施氮条件下，氮肥能延长株高生长活跃期，而施氮量过多可能会影响株高的生长活跃期。

年份除对株高生长的平均速率没有显著影响外，对其他各个特征量均有显著影响（表 3-17、图 3-9（c））。2015 年气象条件下株高进入快速生长期的时间、达到最大速率的时间均比 2016 年晚，且生长活跃期要明显长于 2016 年，从而导致 2016 年的株高明显低于 2015 年。

最大株高与株高生长过程的动态特征量的逐步回归方程为

$$H_{max}=35.565+0.2778×X_{inf}+39.529×GR_{max}+0.243×GR_{avg}+0.156×X_{max}-0.22×X_1 \quad (R^2=0.938)$$

$$(3-12)$$

X_{inf}、GR_{max}、GR_{avg}、X_{max}、X_1 的标准回归系数分别为 1.088、0.888、0.182、0.938、-0.557。这表明对最大株高变异的贡献大小分别为：$X_{inf}>X_{max}>GR_{max}>X_1>GR_{avg}$。表明达到最大速率的时间越早，生长活跃期越长，最大生长速率与平均速率越大，则株高越大。而进入快速生长期的时间越长，最大株高越小。

2. 水氮互作对玉米 LAI 动态过程的影响

玉米 LAI 的方差分析及多重比较结果见表 3-18。结果表明灌水、施氮以及年份对玉米最大 LAI 的影响极显著（$P<0.01$），水氮交互作用对其影响显著（$P<0.05$）。另外，灌水对 GR_{avg}、X_{max} 和 GR_{max} 有极显著（$P<0.01$）影响，表明灌水主要是通过影响 LAI 的生长时间与生长速率来影响玉米 LAI 生长。施氮对 GR_{avg} 和 X_{max} 有显著（$P<0.05$）影响，表明施氮主要是通过控制 LAI 的生长时间和平均生长速率来影响玉米 LAI 生长。年份对 X_{inf}、GR_{max}、X_1 有显著影响，表明年份通过影响 LAI 进入快速生长期的时间以及最大生长速率来影响玉米植株 LAI 的生长。水氮的交互作用对玉米 LAI 生长过程的动态特征量均没有显著影响。由以上结果可以看出，影响 LAI 生长过程的因素依次为：年份>灌水>施氮>水氮交互。

表 3-18　不同灌水水平、施氮水平和年份下玉米 LAI 的动态特征和方差分析

因素	水平	曲线参数				特征参数				
		a	b	c	d	X_{inf}	GR_{max}	GR_{avg}	X_{max}	X_1
灌水	W_1	5.807a	2.864	0.010	0.6934	384.2108	0.089a	0.011a	693.602c	264
	W_2	5.667ab	2.372	0.009	0.7326	399.2505	0.068b	0.009b	779.453a	252
	W_3	4.996b	4.662	0.010	1.6375	426.4005	0.040c	0.007b	741.181b	277
施氮	N_0	4.424e	3.545	0.010	1.0415	403.2396	0.055	0.008c	660.702c	267
	N_1	5.288d	3.812	0.010	1.1855	446.6127	0.059	0.008c	727.322bc	305
	N_2	5.533c	4.287	0.012	1.3773	380.5350	0.064	0.010a	767.967a	259
	N_3	5.746bc	2.582	0.009	0.7623	386.5181	0.073	0.009b	775.727a	245
	N_4	5.891b	3.025	0.009	0.8625	402.0565	0.070	0.009b	749.681b	259
	N_5	6.091a	2.547	0.008	0.8978	400.7617	0.074	0.009b	747.074b	251
年份	2015	369.741	3.391	0.006	0.9421	561.962	0.084	0.00496	1041	351
	2016	341.011	4.253	0.414	1.5239	543.180	0.077	0.00407	952	342
多元方差分析 MANOVA	灌水	**	*	**	**	Ns	**	**	**	Ns
	施氮	**	Ns	**	Ns	Ns	Ns	*	*	Ns
	年份	**	**	**	**	**	**	Ns	Ns	**
	水氮	*	Ns	*	Ns	Ns	Ns	Ns	Ns	Ns

　　最大 LAI 随着基质势控制水平的升高而增大，各处理之间差异显著（$P<0.05$）（表 3-18、图 3-10）。LAI 的最大生长速率及平均速率均表现为 $W_1>W_2>W_3$，这表明高频率的灌水能显著延长株高的生长时间，进而显著提高其最大株高；而生长活跃期以 W_2 处理最大，这说明适宜的灌水水平能够有效延长玉米 LAI 的生长活跃期，灌水水平过高或过低都会缩短其生长活跃的天数。

　　最大 LAI 随着施氮量的增加而明显增大，其中 N_0 处理与 N_1、N_2、N_3、N_4、N_5 均有显著差异[表 3-18、图 3-10（b）]。对各施氮处理下 LAI 的平均生长速率进行比较分析，随施氮量的增大，LAI 平均生长速率呈先增大后减小的变化规律，其中以 N_2 处理最大，且差异显著（$P<0.05$）。生长活跃期方面，以 N_3 处理最大，但其差异较 N_2 处理并不显著（$P>0.05$），这表明，在适量的施氮条件下，氮肥能延长 LAI 生长活跃期提高其平均生长速率，而施氮量过多可能会影响 LAI 的生长活跃期天数，降低 LAI 的平均生长速率。

　　年份除对 LAI 生长的平均速率、生长活跃期没有显著影响外，对其他各个特征量均有显著影响（表 3-18）。2015 年气象条件下株高进入快速生长期的时间、达到最大速率的时间均比 2016 年晚，且最大生长速率大于 2016 年，从而导致 2016 年的 LAI 明显低于 2015 年[图 3-10（c）]。

　　最大 LAI 与 LAI 生长过程的动态特征量的逐步回归方程为

$$LAI_{max} = -1.715 + 26.508 \times GR_{max} + 0.007 \times X_{max} \quad (R^2=0.853) \quad (3-13)$$

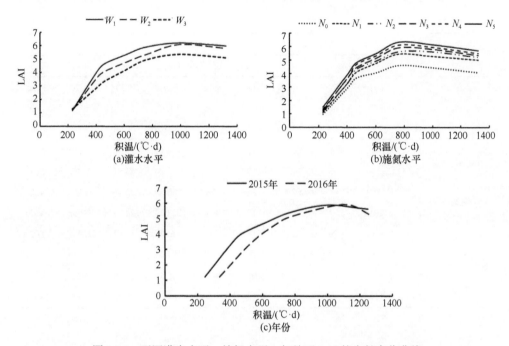

图 3-10　不同灌水水平、施氮水平、年份下 LAI 的生长变化曲线

GR$_{max}$、X_{max} 的标准回归系数分别为：0.764、0.562。表明玉米 LAI 的最大生长速率越大，生长活跃期越长，LAI 越大。

3. 水氮互作对玉米干物质累积动态过程的影响

用 Richards 曲线方程拟合决定系数均在 0.96 以上，表明此方程可以准确地描述玉米干物质累积过程。由表 3-19 可以看出，施氮与年份对最大干物质质量分别有显著（$P<0.05$）和极显著（$P<0.01$）的影响，而灌水与水氮交互作用对最大干物质质量的影响并不显著（$P>0.05$）。MANOVA 分析表明，灌水显著影响特征参数 X_{inf}、GR$_{max}$、GR$_{avg}$、X_1，表明灌水通过影响进入快速生长期、干物质积累速率和控制达到最大生长速率的时间来影响干物质积累；施氮对 X_{max} 的影响显著，说明施氮主要通过影响玉米生长活跃期的天数来影响干物质的积累；除 X_{inf}、X_{max} 外，年份对其余特征量影响均显著，说明年份主要通过影响积温来影响玉米干物质的积累。

水氮交互作用对干物质累积的特征参数的影响均不显著（$P>0.05$）。最大干物质质量随着施氮量的增加而增大，以 N_5 处理最大，其差异较其余处理显著（$P<0.05$）（表 3-19、图 3-11）。对各施氮处理下干物质累积的活跃期进行比较分析，与最大干物质累积量变化规律相似，这表明，高氮处理可延长干物质累积的活跃期天数，从而影响最大干物质的积累量。

表 3-19　不同灌水水平、施氮水平和年份下玉米干物质累积特征和方差分析

因素	水平	曲线参数				特征参数				
		a	b	c	d	X_{inf}	GR_{max}	GR_{avg}	X_{max}	X_1
灌水	W_1	37867	−0.92	0.00225	0.17	861b	191.18b	19.13c	2220	395c
	W_2	48972	−1.60	0.00218	0.07	879b	261.73a	25.31a	2275	414b
	W_3	42859	−0.24	0.00208	0.16	1063a	185.62c	19.47b	2691	507a
施氮	N_0	35143c	−0.01	0.00253	0.17	834	194.19	20.38	2060c	410
	N_1	43358b	−0.58	0.00250	0.20	853	223.80	23.57	2130c	414
	N_2	43418b	−1.04	0.00200	0.10	923	226.82	22.45	2407bc	420
	N_3	45178ab	−0.94	0.00217	0.17	894	222.44	22.53	2495b	412
	N_4	45449ab	−1.26	0.00200	0.13	1056	210.76	19.94	2704a	502
	N_5	46848a	−1.69	0.00183	0.03	1044	199.08	18.95	2777a	475
年份	2015	49353	−1.23	0.00223	0.09	940	261.56	25.68	2325	478
	2016	37111	−0.61	0.00211	0.19	928	164.13	16.93	2466	399
多元方差分析 MANOVA	灌水	Ns	Ns	Ns	Ns	*	**	**	Ns	*
	施氮	*	Ns	Ns	Ns	Ns	Ns	Ns	*	Ns
	年份	**	Ns	Ns	Ns	Ns	**	**	Ns	*
	水氮	Ns	Ns	Ns	Ns	Ns	Ns	Ns	Ns	Ns

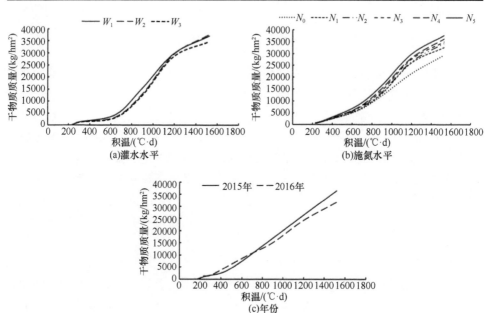

图 3-11　不同灌水水平、施氮水平、年份下干物质累积曲线

年份对玉米干物质累积的最大生长速率、平均生长速率、进入快速生长期的积温有显著影响（表 3-19）。2015 年气象条件下干物质进入快速生长期的时间比 2016 年晚，且最大生长速率与平均生长速率大于 2016 年，从而导致 2016 年的干物质质量明显低于 2015 年[图 3-11（c）]。

4. 株高、LAI、干物质与产量及其构成要素的关系

采用逐步回归法分析穗行、行粒、百粒重、子粒产量与株高、LAI、干物质动态过程特征量的关系，结果见表 3-20。穗行与株高、LAI 和干物质的动态过程特征变量的逐步回归分析结果表明，仅 Hxmax 对穗行数与百粒重有显著影响，标准回归系数为 0.863、0.909。B_{max} 与 Bx_{max} 对行粒数有显著影响，标准回归系数分别为 0.639 和 0.442，表明最大干物质质量对行粒数的影响大于干物质生长活跃期对行粒数的影响。子粒产量受 Hx_{max} 与 LAI_{max} 的影响，标准回归系数分别为：0.651 和 0.381，说明株高生长对子粒产量的影响大于 LAI 的生长。

表 3-20　产量及其构成要素与株高、LAI、干物质动态过程的回归关系

因变量	逐步回归方程	R^2	标准回归系数			
			Hx_{max}	LAI_{max}	B_{max}	Bx_{max}
穗行	$y_1=13.564+0.003Hx_{max}$	0.745	0.863			
行粒	$y_2=35.717+(9.92E\text{-}05)B_{max}+0.001Bx_{max}$	0.916			0.639	0.442
百粒重	$y_3=27.557+0.009Hx_{max}$	0.827	0.909			
子粒产量	$y_4=7440.567+7.173Hx_{max}+652.738LAI_{max}$	0.949	0.651	0.381		

3.4　滴灌玉米 CERES-Maize 模型率定验证及应用

3.4.1　模型参数与模型评估

1. 土壤参数

CERES-Maize 模型运行需要输入的土壤数据包括土壤名称、农田坡度、土壤颜色、反射率、蒸发上限、排水率、径流曲线号码、土壤剖面土层的数目和厚度、土壤质地、田间持水量、容重、饱和含水率、养分含量、pH、有机碳含量、播前土壤含水率、播前硝态氮含量和铵态氮含量等。如表 3-21 所示。

2. 气象数据

CERES-Maize 模型是以日天气数据为模型的气象输入数据。该模型需要的最少气象数据为：日太阳辐射、日最高气温、日最低气温和降水量。生育期内的平均气温、太阳辐射量与降水量逐日变化如图 3-12 所示。

表 3-21 供试土壤理化性质

土壤深度/cm	黏粒含量/%	粉粒含量/%	砂粒含量/%	土壤容重/(kg/m³)	凋萎含水率/(cm³/cm³)	田间持水率/(cm³/cm³)	饱和含水率/(cm³/cm³)	全氮/(g/kg)
0~10	7.08	49.58	43.35	1.32	0.22	0.28	0.37	0.33
10~20	7.48	51.41	41.12	1.39	0.24	0.27	0.38	0.31
20~30	7.61	50.34	42.05	1.52	0.22	0.23	0.33	0.22
30~40	7.84	44.01	48.15	1.43	0.21	0.23	0.33	0.15
40~60	7.62	45.70	46.69	1.30	0.25	0.32	0.37	0.13
60~80	2.33	77.39	20.29	1.37	0.26	0.30	0.38	0.1
80~100	1.75	79.83	18.43	1.41	0.01	0.29	0.34	0.2

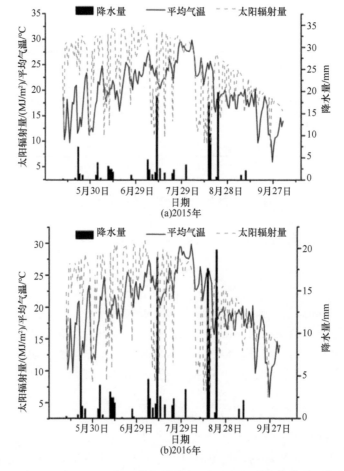

图 3-12 2015 年、2016 年玉米生育期内平均气温、太阳辐射量、降水量

3. 模型评估

利用 2015 年和 2016 年 W_3N_3 处理的试验资料进行参数率定，以 2015 年和 2016 年其他水氮处理的试验资料进行模型验证。模拟值和实测值的吻合程度采用相对误差（RE，%）、标准均方根误差（nRMSE，%）和一致性指数（d）定量评价：

$$RE = \frac{S_i - O_i}{O_i} \times 100\% \qquad (3\text{-}14)$$

$$nRMSE = \frac{\sqrt{\dfrac{1}{n}\sum_{i=1}^{n}(S_i - O_i)^2}}{O_m} \times 100\% \qquad (3\text{-}15)$$

$$d = 1 - \frac{\sum_{i=1}^{n}(S_i - O_i)^2}{\sum_{i=1}^{n}\left(\left|S_i - O_m\right| + \left|O_i - O_m\right|\right)^2} \qquad (3\text{-}16)$$

式中，S_i 为模拟值；O_i 为实测值；O_m 为实测值的均值；n 为观测值个数。一般认为，nRMSE<10%为优；10%≤nRMSE<20%为良；20%≤nRMSE<30%为中等；nRMSE≥30%，为差。RE 越接近 0，d 值越接近 1，说明模拟值和实测值一致性越好。

3.4.2　模型率定与验证

1. 模型的遗传特性参数的确定

遗传特性参数的确定即作物品种参数的校准，是 CERES-Maize 模型本地化应用的首要工作，CERES-Maize 模型可调的玉米品种参数有 6 个（表 3-22）。根据前几章分析，利用 W_2N_3 的水氮组合数据，分别以玉米物候期、产量、平均叶面积指数（LAI_{avg}）和平均干物质质量作为目标变量，基于 DSSAT4.6 模型 GLUE 调参模块对作物品种参数进行调试，以开花期、成熟期、产量、LAI_{avg} 和平均干物质质量的相对误差（RE）最小为最佳参数标准，最终确定的作物品种参数如表 3-23 所示。

表 3-22　玉米遗传特性参数

参数	描述	取值范围	取值
P_1	完成非感光幼苗期大于 8℃热量的时间/（℃·d）	100~400	269.2
P_2	光周期敏感系数，指光敏感期大于临界日长 1h 的光周期导致发育延迟的程度/天	0~4	1.226
P_5	灌浆期特征参数，指吐丝至生理成熟大于 8℃的热量时间/（℃·d）	600~1000	999.1
G_2	单株最大穗粒数/粒	500~1000	900.0
G_3	潜在灌浆速率参数/[mg/（粒·d）]	5~12	16.70
PHINT	出叶间隔特性参数/（℃·d）	40~55	50.00

表 3-23　玉米遗传特性参数率定结果

项目	年份	模拟值	实测值	误差	RE/%
开花期（DAP）	2015	80	81	−1	−1.25
	2016	86	84	2	2.33
成熟期（DAP）	2015	150	149	1	1.25
	2016	156	152	4	2.56
子粒产量	2015	19741	20474	−733	−3.71
	2016	20198	19145	1053	5.21
LAI_{avg}	2015	4.54	4.46	0.08	1.78
	2016	4.24	4.53	−0.29	−6.85
平均干物质质量 / （kg/hm²）	2015	15493	14017	1476	9.53
	2016	11200	14195	−2995	−26.74

表 3-23 给出了玉米物候期、产量、LAI_{avg} 和平均干物质质量模拟值与实测值的玉米遗传特性参数的率定结果。结果显示，2015 年 W_2N_3 处理开花期和成熟期模拟值分别为播后 80 天和 150 天，与实际观测值误差均为 1 天；2016 年 W_2N_3 处理开花期和成熟期模拟值分别为播后 86 天和 156 天，实际观测值分别为播后 84 天和 152 天，两年物候期模拟值与实际观测值基本吻合。玉米产量、LAI_{avg} 和平均收获期干物质质量模拟值和实测值的 RE 变化范围为–26.74%～9.53%，模拟效果较好。

2. 模型验证

不同灌水处理下，玉米生育期 LAI 变化规律的模拟值与实测值如图 3-13 所示。在不同灌水处理下，2015 年 LAI 模拟值表现为玉米生长前期偏小，其中在低灌水水平下，模型对于 LAI 的模拟效果较差。另外，从表 3-24 可以看出，2016 年 LAI 模拟值与实测值的偏差要小于 2015 年，2015 年玉米 LAI 的 *n*RMSE 变化范围为 17.73%～30.49%，表现介于中等水平，而 2016 年玉米 LAI 的 *n*RMSE 变化范围为 12.12%～26.15%，模拟效果接近良；两年的一致性指数变化范围分别为 0.83～

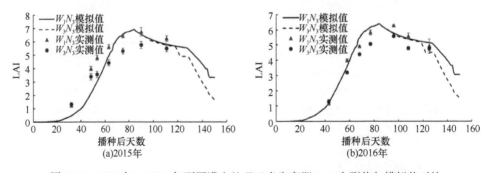

图 3-13　2015 年、2016 年不同灌水处理玉米生育期 LAI 实测值与模拟值对比

表 3-24　不同处理玉米生育期内 LAI 模拟效果评估

年份	统计量	处理								
		W_1N_1	W_1N_3	W_1N_5	W_2N_1	W_2N_3	W_2N_5	W_3N_1	W_3N_3	W_3N_5
2015	nRMSE/%	29.12	21.15	30.49	26.01	28.17	25.37	17.73	20.68	20.84
	d	0.87	0.93	0.83	0.89	0.88	0.90	0.95	0.94	0.88
2016	nRMSE/%	14.15	18.58	22.78	16.06	12.13	26.15	12.12	12.60	16.82
	d	0.95	0.92	0.88	0.94	0.97	0.84	0.97	0.96	0.93

0.95，0.83～0.97，以 2016 年的 d 值更为接近 1。两年的模型的统计量分析结果表明，田间管理以及环境因素均会对模型 LAI 的模拟效果产生影响。此外，统计量受灌水水平的影响大于施氮水平的影响。

不同灌水处理下，玉米生育期干物质累积量变化规律的模拟值与实测值如图 3-14 所示。在不同灌水处理处理下，干物质质量的模拟均出现偏小的现象。从表 3-25 可以看出，两年的 nRMSE 值变化范围分别为 9%～50%、17%～43%，表现为差，因此模型对半干旱地区膜下滴灌玉米生物量的模拟效果较差。考虑到膜下滴灌条件下复杂的土壤水分运移规律，造成耗水量模拟值偏小，从而造成干物质质量模拟值偏小。

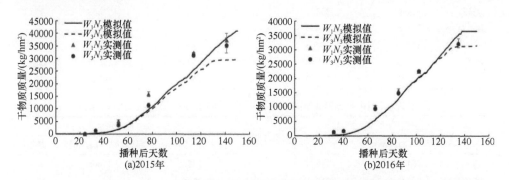

图 3-14　2015 年、2016 年不同灌水处理玉米生育期干物质累积量实测值与模拟值对比

表 3-25　不同处理玉米生育期内干物质累积量模拟效果评估

年份	统计量	处理								
		W_1N_1	W_1N_3	W_1N_5	W_2N_1	W_2N_3	W_2N_5	W_3N_1	W_3N_3	W_3N_5
2015	nRMSE/%	32.80	24.00	44.39	30.51	8.81	43.61	34.66	30.50	49.89
	d	0.97	0.98	0.93	0.98	1.00	0.94	0.97	0.97	0.92
2016	nRMSE/%	27.95	24.85	42.06	27.99	23.04	42.81	22.48	16.53	33.36
	d	0.97	0.98	0.92	0.97	0.98	0.92	0.99	0.99	0.95

表 3-26 与表 3-27 分别给出了 2015 年、2016 年玉米产量和收获期干物质质量值对比情况，以及两者间的相对误差。不同水氮处理下，玉米子粒产量实测值变化

区间为 22999～40993kg/hm², 子粒产量模拟值的变化区间为 26282～40800kg/hm²，二者的相对误差的变化范围为-23.19%～10.47%，且 RE 并未表现出随因灌水施氮的不同而不同的变化规律。

表3-26 2015年玉米产量和收获期干物质质量模拟值与实测值的比较

处理	产量			收获期生物量		
	模拟值/（kg/hm²）	实测值/（kg/hm²）	RE/%	模拟值/（kg/hm²）	实测值/（kg/hm²）	RE/%
W_1N_0	33250	36803	-9.66	15825	16972	-6.76
W_1N_1	39198	38608	1.53	19063	18242	4.50
W_1N_2	39202	38689	1.32	20220	19979	1.21
W_1N_3	39600	39666	-0.17	21220	18696	13.50
W_1N_4	40800	39539	3.19	21220	17798	19.23
W_1N_5	39202	40933	-4.23	19920	17343	14.86
W_2N_0	32526	35063	-7.24	14946	17257	-13.39
W_2N_1	38947	38529	1.09	20202	18853	7.16
W_2N_2	38966	38646	0.83	20212	20489	-1.35
W_2N_3	38950	39124	-0.45	20198	20474	-1.35
W_2N_4	38942	40824	-4.61	20191	18347	10.05
W_2N_5	38933	40747	-4.45	20191	18322	10.20
W_3N_0	28870	28810	0.21	11593	15218	-23.82
W_3N_1	31446	33874	-7.17	13478	15668	-13.98
W_3N_2	31398	34463	-8.89	13507	18509	-27.02
W_3N_3	31405	35888	-12.49	13502	18730	-27.91
W_3N_4	32400	39790	-18.57	13498	18878	-28.50
W_3N_5	33409	39842	-16.15	15890	19305	-17.69

表3-27 2016年玉米产量和收获期干物质质量模拟值与实测值的比较

处理	产量			收获期生物量		
	模拟值/（kg/hm²）	实测值/（kg/hm²）	RE/%	模拟值/（kg/hm²）	实测值/（kg/hm²）	RE/%
W_1N_0	28473	27834	2.29	15825	17008	-6.96
W_1N_1	34781	31801	9.37	22063	17853	23.58
W_1N_2	34942	32047	9.03	22220	17944	23.83
W_1N_3	34942	32314	8.13	22220	18125	22.59
W_1N_4	34942	33231	5.15	22220	20528	8.24
W_1N_5	34942	36153	-3.35	22220	16410	35.41
W_2N_0	27586	30620	-9.91	14946	18268	-18.18
W_2N_1	32920	30851	6.71	20202	18326	10.24
W_2N_2	32930	32173	2.35	20212	18770	7.68
W_2N_3	32916	32712	0.62	20198	19145	5.50
W_2N_4	32908	34591	-4.86	20191	19860	1.67
W_2N_5	32909	36758	-10.47	20191	19225	5.02

续表

处理	产量			收获期生物量		
	模拟值/（kg/hm^2）	实测值/（kg/hm^2）	RE/%	模拟值/（kg/hm^2）	实测值/（kg/hm^2）	RE/%
W_3N_0	24058	22999	4.61	11593	15865	−26.93
W_3N_1	26297	27148	−3.13	13478	16693	−19.26
W_3N_2	26304	32366	−18.73	13507	16904	−20.10
W_3N_3	26295	32789	−19.80	13502	18289	−26.17
W_3N_4	26291	33926	−22.51	13498	18435	−26.78
W_3N_5	26282	34219	−23.19	13502	19250	−29.86

从表 3-28 可以看出，率定后的模型对于子粒产量的模拟效果表现为优，对收获期干物质质量的模拟效果表现为良，且一致性系数均与 1 接近。因此结合上面的分析结果表明，率定后的 CERES-Maize 模型可以对试验区膜下条件下玉米的生长与产量进行模拟，可用于研究找出河套灌区膜下滴灌条件下玉米的水氮优化管理措施。

表 3-28　产量和收获期干物质质量的模拟效果评价

统计量	2015 年		2016 年	
	产量	生物量	产量	生物量
nRMSE/%	7.96	15.89	11.97	19.68
d	0.98	0.93	0.97	0.79

3.4.3　模型应用

1. 玉米灌水施肥方案的确定

临河试验区多年降水量均值为 132.5mm，重现期为 1 年，参考杜斌的研究结论并据此选择 2012 年、2013 年及 2014 年作为本次研究的丰水年、平水年和枯水年的典型年，以张力计控制为指导对玉米膜下滴灌灌水下限进行控制，控制水平为−20kPa（W_1）、−30kPa（W_2）、−40kPa（W_3），单次灌水定额为 22.5mm，不同水文年型与不同基质势控制水平下玉米膜下滴灌灌水次数，以及灌溉定额参考杜斌等的研究结论。此外，每个基质势控制水平下分别设置 5 个施氮水平，施氮量分别为 0kg/hm^2、80kg/hm^2、160kg/hm^2、240kg/hm^2、320kg/hm^2。施氮时，各施氮处理下 30%作为基肥一次性施入土壤，其余氮肥按拔节期、抽穗期、灌浆期以 30%、20%、20%的比例分析通过滴灌系统施入土壤。

2. 不同水文年型与不同处理对玉米产量及氮肥利用率的影响

不同水文年型下玉米的产量与氮肥利用率如图 3-15 所示。从图 3-15 中可以看出，在丰水年，产量以 W_2 水平最高，且各处理以 W_2N_3 处理氮肥利用效率最高，可将基质势控制水平–30kPa，施氮量 260kg/hm² 作为玉米膜下滴灌水氮优化组合。在平水年及枯水年，随基质势控制水平的升高，玉米产量显著增大，在 W_1 灌水水平下，施氮量与子粒产量呈显著的正相关关系，但各处理中，以 N_3 处理氮肥利用效率最高，因此将基质势控制水平–20kPa，施氮量 260kg/hm² 作为平水年及枯水年下的玉米膜下滴灌水氮优化组合。

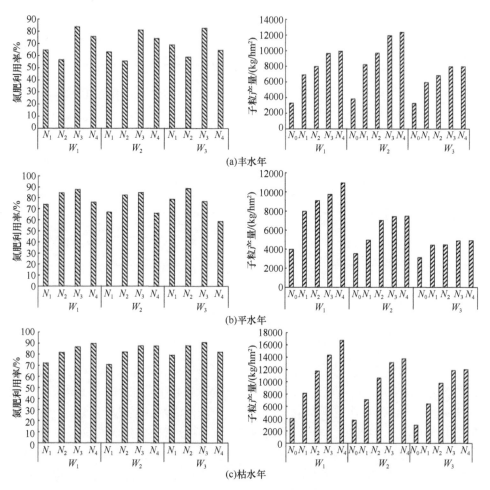

图 3-15　不同水文年型下玉米的氮肥利用率与产量

3.5　小　结

（1）在滴灌水氮互作效应的影响下，水氮对玉米子粒产量影响有着极显著的交互作用。在中高灌水水平下（W_1、W_2），玉米子粒产量随施氮量的增加呈先增大后减小变化规律，而在低灌水水平下，子粒产量随施氮量的增大而增大。说明在土壤"干旱"条件下,适宜增大施氮量可提高子粒产量。通过对两年试验数据的分析,发现适宜的水氮处理(2015 年 W_2N_4, 2016 年 W_1N_4)可显著增加穗行数,提高百粒重($P<0.05$),从而获得较高的子粒产量。但考虑到玉米品种本身的遗传特性,通过提高玉米子粒的百粒重来获得高产已十分有限,因此,在当前河套灌区的玉米生产中,尽量提高穗行数是提高玉米产量有效途径。由于玉米子粒产量、WUE 和净收益无法同时达到最大值,因此在实际应用中必将有所取舍。本书通过对两年数据进行二元二次回归分析与归一化处理得出以产量、WUE 和净收益综合效益最大为目标的水氮投入组合,灌水量为 286.00~328.33mm,施氮量为 175.50~222.00kg/hm²。

(2)皮尔逊相关分析表明,玉米植株 LAI、干物质质量、相对叶绿素含量与子粒产量有极显著的正相关关系($P<0.01$),与叶片光合速率有显著的正相关关系($P<0.05$)。典型相关分析结果显示,增大玉米株高有利于玉米子粒产量增大,而玉米植株 LAI 和干物质质量过大则会导致减产。通过灰色关联度分析发现,玉米株高和地上部分干物质质量与产量关系比较密切,这可能是由于所用光合速率数据是成熟期玉米叶片光合速率数据,从而导致这种结果。

(3)Richards 生长方程拟合结果表明:灌水主要是通过提高 LAI 的生长速率来增大叶面积指数,通过延长株高的生长活跃期来增大株高,通过影响干物质的积累速率来影响干物质的积累量。施氮主要通过调节 LAI 生长的积温变量和生长速率来增大叶面积指数,通过调节株高生长的积温变量来增大株高,通过影响玉米生长活跃期的天数来影响干物质的积累。另外,增大株高生长的活跃期,可以增大百粒重,增加玉米穗行数从而提高子粒产量;增大最大干物质质量与干物质生长的活跃期可提高行粒数,从而提高最终的子粒产量。对最终产量的影响因素为最大 LAI 和株高生长活跃期,其中最大 LAI 对产量的影响小于株高生长活跃期对产量的影响。

(4)水氮互作对玉米植株吸氮量的模糊综合评价显示,各处理以 W_3N_4 处理评价指数最大(0.2044)。而植株吸氮量过高不利于玉米子粒产量的形成,因此对玉米子粒产量进行模糊综合评价,各灌水水平下,产量构成因素模糊评判值分别以 W_1N_3、W_2N_3、W_3N_2 处理最大,其中以 W_2N_3 处理子粒产量最大,且氮肥利用效率最高,其产量较 W_1N_3、W_3N_2 处理分别提高 2.55% 和 28.61%,NRE 分别提高 22.86% 和 22.86%。因此综合各处理下的氮肥利用率及产量效应,可将 W_2N_3 处理作为河套灌区玉米膜下滴灌水氮优化组合。

(5)不同水文年型下膜下滴灌玉米的水氮管理措施有所不同,本书利用 CERES-Maize 模型,以产量与氮肥利用率为评价指标,提出在丰水年采用张力计控制水平灌水下限–30kPa+施氮量 260kg/hm² 的玉米膜下滴灌水氮优化组合;在平水年与枯水年,采用张力计控制灌水下限–20kPa+施氮量 260kg/hm² 的玉米膜下滴灌水氮优化管理组合。

第4章 井渠结合不同灌溉模式下农田GSPAC 系统响应试验研究

4.1 试验设计与方法

4.1.1 试验设计

不同灌溉模式分别指黄河水地面灌溉（简记为黄灌）、井水地面灌溉（简记为井灌）、井水滴灌（简记为滴灌）处理号分别记为 H、J、D，其灌溉制度见表 4-1。玉米品种为西蒙 6 号，种植方式为一膜两行：宽行 70cm，窄行 50cm，膜宽 70cm，膜下滴灌所用滴灌带为华维内镶贴片式滴灌带，管径 16mm，流量 2.70L/h，滴头间距 30cm。

表 4-1 不同灌溉模式灌溉制度表

灌溉制度	H	J	D
灌溉水质/（g/L）	0.4～0.8	1.00	1.00
灌水下限	同当地	同当地	30kPa
灌水次数/次	3	5	15
灌水定额/mm	120～170	44～120	22.5
灌溉定额/mm	525	475	330

0～100cm 各处理埋设智墒土壤水热自动监测系统如图 4-1 所示。水分、温度探头分别在膜内 5cm（无水分探头）、15cm、25cm、35cm、45cm、65cm、85cm处，每 1h 记录一次数据。水分测量采用时域反射即 FDR 原理。0～200cm 各处理埋设 Hydra 土壤水热盐监测探头，埋设位置分别在膜边缘 30cm、60cm、90cm、120cm、150cm 位置处，记录数据时间间隔 0.5h。同时，在各试验小区分别布置地下水观测井一眼，水位埋深用 HOBO 水位自动记录仪每 0.5h 记录一次。Hydra土壤水热盐监测及水位监测如图 4-2 所示。H、J 分别于灌水前后在膜内、膜外位置取土测试土壤含水率、Ec。D 由于频繁灌水，选取部分灌水前后在膜内外取土测试水盐。另外，生育期内观测玉米株高、茎粗、叶面积指数、干物质等生长指标和产量及品质等。

图 4-1　0～100cm 智墒土壤水热监测系统

图 4-2　土壤水热盐及地下水位监测系统

4.1.2　测定项目与方法

此部分主要用来说明人工观测、测试化验的方法，自动监测的项目见试验设计部分。

1. 土壤水分的测定

播前，H、J、D 于小区内随机取土测试土壤水分，重复三次。之后，H、J 分别于灌前灌后及收获后在膜内膜外取土测试土壤水分，D 每隔 2～3 次灌水取土一次，分别于灌水灌前灌后及收获后膜内膜外分别取土。垂直取样分层方法为 0~40cm 每 10cm 一层，40~100cm 每 20cm 一层。土壤水分取 3 次重复。

2. 土壤盐分的测定

取土时间、方法同水分测试取土，盐分测试方法采用土水比为 1∶5 的土壤溶液。

3. 作物生理形态指标的测定

玉米株高用盒尺进行测量，茎粗采用电子游标卡尺测量，叶面积指数采用 AcquPAR LP-80 植物冠层分析仪量测并人工量测进行校核，在每个生育期分别取玉米地上部分干物质经杀青烘干后称重。

4. 玉米产量、品质的测定

分别沿试验小区上段、中段、下段随机选择 3 个位置作为取样点，在中间 3 膜（试验小区总共 6 膜）上连续每行取 5 株玉米共 30 株作为一个重复人工脱粒风干测产。产量取 3 次重复。2014 年不同灌溉制度下品质是收获后 3 个重复经充分混合为一个样后委托内蒙古博测质检科技有限责任公司进行监测，粗脂肪依据 GB/T 6433—2006、粗蛋白依据 GB/T6432—1994、粗淀粉依据 NY/T 6432—1994 检测。

4.2 不同灌溉模式下地下水-土壤水变化及转化关系研究

4.2.1 不同灌溉模式下生育期地下水-土壤水变化及转化规律

生育期内不同地下水埋深用实测值与仪器监测计算结果相互校核，结果如图 4-3 所示（H 由于前期仪器问题数据不连续）。不同灌溉模式下地下水埋深总体呈下降趋势，整个生育期内地下水处于消耗状态，这主要是由于地下水埋深浅，潜水蒸发消耗的缘故。5 月中旬至 6 月上旬，作物苗期地表裸露，蒸发强烈，加之区域井灌抽水，区域渠灌尚未来水，地下水持续消耗，埋深持续下降。6 月 15 日左右，区域渠灌第一次来水，距渠灌区较近的井灌区地下水得到大量补充，而滴灌区由于距渠灌区较远地下水回补量相对较少。之后，地下水埋深在区域渠灌补水、井灌抽水和潜水蒸发作用下呈波浪状升降，直至 8 月 9 日地下水埋深在最后一次渠灌来水作用下升高，之后又呈持续下降状态。总体来看，H、J、D 地下水埋深均受区域来水影响较大，而实际的灌溉试验对自身的地下水埋深影响较小，说明在上述灌溉制度下每次灌溉水的深层渗漏较小，小范围的灌溉不至于引起地下水的波动，而区域渠水地面灌溉存在着过量灌溉的行为，灌溉水大量补给了地下水。

整个生育期内，H、J、D 地下水平均埋深分别为 2.60m、2.34m、2.81m，生育期末地下水位较生育期初分别下降 1.39m、1.01m、0.61m，取土壤的给水度为 0.046（Yang et al., 2012），用式（4-1）计算生育期内地下水对土壤水的补给量，分别为 64.0mm、46.5mm、27.9mm。H 灌水次数少，灌水定额大，灌水间隔时间长，作物对地下水的利用量大，而 J 特别是 D 频繁灌溉则削弱了作物对地下水的利用。

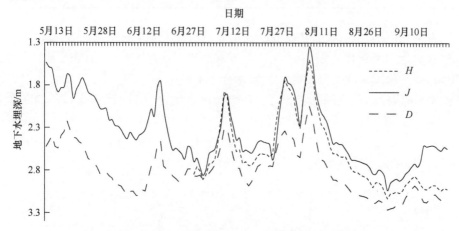

图 4-3　不同灌溉模式下地下水埋深变化过程

滴灌区地下水位整个生育期内并未随灌溉而波动，说明滴灌小定额灌水不会补给地下水，但水位会随整个区域灌水而波动，这是区域其他灌溉补给地下水的结果，所以滴灌区地下水的波动可完全代表区域灌溉对地下水的影响过程。

以 7 月 9 日为例分析 H、J 单次灌水对地下水的补给及消散过程。基本思路是：将 D 地下水位升高的值看作是整个区域来水对 H、J 的影响，H、J 灌溉前后总的地下水位差减去 D 地下水位升高的值即可认为是 H、J 单次灌水对地下水的补给作用。灌溉水对地下水的补给量 I_r 及补给系数 β 利用式（4-1）、式（4-2）计算：

$$I_r = \mu \times \Delta h \tag{4-1}$$

$$\beta = I_r / I_g \tag{4-2}$$

式中，μ 为土壤给水度，取 0.046；Δh 为灌溉前后地下水位的变化值，mm；I_g 为单次灌水量，其中 H 为 165mm，J 为 120mm。

区域灌溉对地下水的补给量为 27.14mm，H、J 单次灌水对地下水的补给量分别为 20.70mm、17.02mm，对地下水的补给系数分别为 0.13、0.10（表 4-2），符合河套灌区生育期灌溉水对地下水的补给规律。灌水地下水位达到最高值后，在蒸散发及区域水均衡过程作用下潜水不断被消耗，H、J、D 消耗速率分别为 4.00mm/d、3.58mm/d 和 3.42mm/d。生育期内土壤水及地下水相互转化，维持作物正常蒸腾蒸发。

表 4-2　不同灌溉模式对地下水的补给计算表

处理	埋深/m			结果		
	最大值	最小值	埋深差 h	Δh/m	I_r/mm	β
D	2.90	2.31	0.59	0.59	27.14	
H	2.91	1.87	1.04	0.45	20.70	0.13
J	2.86	1.9	0.96	0.37	17.02	0.10

图 4-4 中 H、J、D、H-J-D 分别表示土壤水分剖面动态变化及 H、J、D 30cm 剖面处水分动态变化。由图可知，H 每次灌水对土壤水分的影响范围至少达到 120cm，0～120cm 范围内土壤含水率会随着灌水剧烈波动，这主要是 H 每次灌水量较大的原因。J 每次灌水较 H 小，0～90cm 土壤含水率波动较大。而 D 每次灌水 22.5mm，对土壤含水率的影响范围在 0～60cm 范围内。作物需水旺季 30cm 剖面处 H、J、D 的土壤水分含量与田间持水量比值的范围分别为：67.6%～97.2%、76.6%～96.4%、71.6%～91.3%。

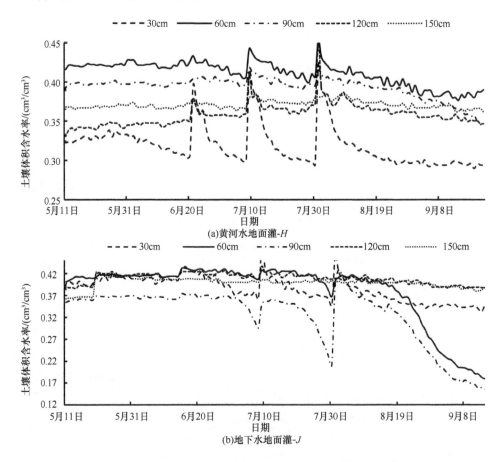

(a)黄河水地面灌-H

(b)地下水地面灌-J

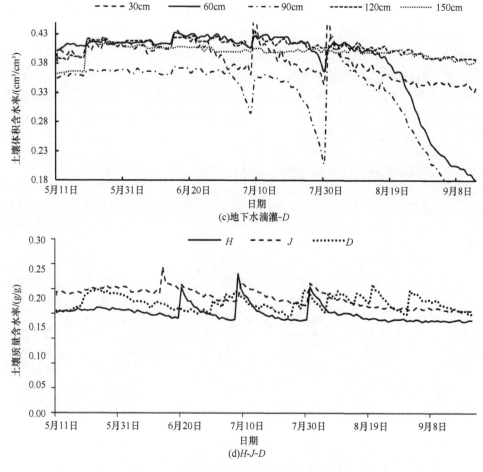

图 4-4　不同灌溉模式下土壤含水率变化过程

不同灌溉模式下灌后土壤含水率的变化趋势不一致，可能是由于灌后土壤含水率、温度、盐分等共同作用影响了作物根系活性的缘故。H 灌后 30cm 处土壤含水率先快速下降后平缓下降，60cm、90cm 处土壤含水率平缓降低，120cm 处灌溉后土壤含水率急剧下降后趋于平稳，150cm 土壤含水率基本变化较小。J 灌水后 30cm 处土壤含水率下降缓慢，60cm、90cm 处土壤含水率在灌水后一段时间后才开始下降，120cm、150cm 处土壤含水率基本不变。D 灌水后 30cm 处土壤含水率下降趋势同井灌，其他的由于受灌水量的影响水分基本不变。

整个生育期内，H 第一次灌水前，120cm 土壤含水率持续升高，而 60cm、90cm、150cm 含水率基本不变，30cm 含水率先升高后下降，说明在黄灌第一次灌水前地下水一直补给土壤水，30cm 处土壤水分降低是由于玉米生长耗水量增加，地下水的补给量小于玉米耗水量所致。之后黄灌土壤含水率随着灌水、作物耗水波动，最后一次灌水结束后在作物蒸腾作用下土壤含水率各个土层持续下降。J在 8 月上旬灌第四次水前，由于灌水及时整体含水率变化平缓，在此之后，30cm 位置处土壤含水率下降较平缓，60cm、90cm 土壤含水率持续剧烈下降，主要是作物持续耗水，30cm 降水补充了土壤水，而 60cm、90cm 未得到降水补充所致。120cm、150cm 位置处土壤水分有小幅度降低。D30cm 土壤含水率在灌水和作物耗水作用下频繁波动，整个生育期除 90cm 位置在 8 月中旬持续下降外，其余的土壤含水率基本保持不变。

4.2.2 不同灌溉模式下田间灌溉水有效性评析

H、J以 7 月 9 日灌水为例、D 以 7 月 8 日为例分析灌水前后（H、J）膜内膜外土壤含水率变化，如图 4-5 所示。

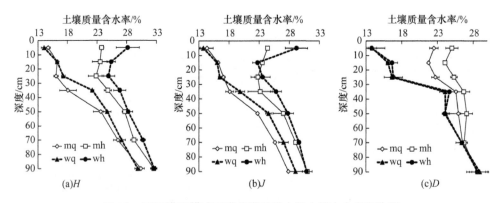

图 4-5　不同灌溉模式下灌前灌后膜内外土壤含水率变化图
mq、wq、mh、wh 分别表示灌前膜内、灌前膜外、灌后膜内、灌后膜外土壤含水率

H 灌前整个剖面含水率随土层深度增加越来越大，0～30cm 膜内膜外土壤质量含水率范围为 14.01%～17.29%，同一土层间差异不显著；30～40cm 土壤质量含水率膜内为 18.09%，膜外为 22.21%，t 检验 t 值为–2.81，差异性显著，可能是此时膜内玉米 30～40cm 根系发达吸水旺盛；其余 60～100cm 土层随土层深度的增加含水率膜内膜外越来越接近，但均未达到显著性差异。灌水两天后取样，膜内各土层土壤含水率均小于膜外，且随着土层深度增加差别越来越小，这是所覆地膜阻碍土壤入渗和玉米根系吸水共同作用的结果。膜内膜外 0～30cm 土壤含水率随土层深度有略微减小的趋势，0～10cm、10～20cm、20～30cm 处土壤含水率分别为 23.75%、23.51%、22.84%，较膜外相同土层土壤含水率分别减小 15.73%、7.29%和 8.23%，差异性均达到显著水平。30cm 以下土层膜内膜外土壤含水率均随土层深度增加而增大，30～40cm 膜内土层含水率为 24.79%，较膜外小 7.59%，差异显著。40cm 以下膜内每 20cm 土层含水率分别为 27.68%、

29.27%和 32.56%，分别较膜外相同土层小 2.13%、4.85%、0.17%，均未达到显著性差异。

J 灌前整个剖面含水率变化规律同 H，也是随土层深度增加越来越大，0～30cm 膜内膜外土壤质量含水率膜内均大于膜外，但相差不大，同一土层间差异不显著。30cm 以下土层土壤质量含水率膜外较膜内大 4.34%～9.50%，随土层深度增加差距越来越小。灌水后，膜内各土层除 10～20cm 土层外土壤含水率均小于膜外，且变化规律同 H。膜外 0～10cm 土壤含水率为 29.20%，较膜内大 19.76%，差异性达到极显著水平。膜外 10～20cm、20～30cm 土层土壤含水率为 22.70%、23.53%，分别较膜内小 3.42%、–3.33%，差异性均不显著。30cm 以下土层膜内膜外各土层土壤含水率随土层深度增加呈差异逐渐减小的趋势，主要是此时玉米根系较浅，土层越深玉米根越少，根系吸水能力越弱，膜内外土壤含水率差异越小。

D 是滴灌，属局部灌溉，膜内外灌前灌后土壤剖面含水率与 H、J 明显不同。膜外土壤含水率灌前灌后基本无变化，土壤含水率随着土层深度的增加而增大，表现出膜下滴灌膜外“见干不见湿”的特点。膜内土壤含水率在灌后一天取土，0～10cm、10～20cm、20～30cm、30～40cm、40～60cm、60～80cm、80～100cm 土壤含水率分别为 25.03%、24.06%、25.32%、26.68%、27.09%、26.73%、28.65%，较灌前同一土层分别增加 11.24%、10.61%、11.45%、4.19%、4.45%、0.75%、0，可见控制膜下滴灌灌水下限–30kPa，每次灌水 22.5mm，湿润层深度不会超过 60cm，不会有深层渗漏发生。而 H、J 地面灌溉条件下，0～100cm 土体内膜内、膜外土壤含水率灌后较灌前均明显增大，且 90～100cm 灌水前后土壤含水率差异达到显著性水平，土壤含水率并未有闭合的趋势，说明 H、J 灌水后产生了大量深层渗漏。

田间灌溉水利用效率 η 是表示作物对进入田间灌溉水的利用程度，是评估田间灌水质量的重要指标，是有效灌水量 W（mm）与毛灌水定额 M（mm）的比值，传统的有效灌水量即净灌溉定额，其计算主要是根据灌溉前后土壤含水量变化来确定的。这是一种静态的土层切割计算方法，没有从农田水文循环角度动态考虑灌溉水、土壤水及地下水的相互转化，有一定的局限性，应该用动态的观点从时间尺度上考虑深层渗漏和根系层储水量对作物的有效性。

田间灌溉水利用效率 η 传统的计算方法如式（4-3）、式（4-4）所示：

$$W = \sum_{i=1}^{n} \gamma_i H_i \left(\theta_{i1} - \theta_{i2} \right) \tag{4-3}$$

$$\eta = \frac{W}{M} \times 100\% \tag{4-4}$$

式中，γ_i 为第 i 层土壤容重，g/cm³；H_i 为第 i 层土壤的厚度，mm；i、n 分别为土

壤层次号数、总数目；θ_{i1}、θ_{i2} 分别为灌前、灌后第 i 层土壤的重量含水率，%；η 为田间灌溉水利用效率，%。

实际上，地面灌溉条件下灌前灌后取土间隔一般均是 3～4 天，即灌水前一天取土作为灌前土壤含水率，灌水后 2 天取土作为灌后含水率。在此期间特别是作物需水旺季作物蒸腾消耗大量水分，而这部分水分经常被忽略从而使田间灌溉水利用系数偏低。滴灌条件下，一般是灌前一天取土，灌后一天取土，虽间隔短作物蒸腾少，但灌水量通常也小，作物蒸腾量对田间灌溉水的利用效率影响不容忽视。考虑作物蒸腾量的净灌水定额及田间灌溉水利用效率修正公式如式（4-5）、式（4-6）所示：

$$W_a = \sum_{i=1}^{n} \gamma_i H_i \left(\theta_{i1} - \theta_{i2} \right) + ET_{12} \tag{4-5}$$

$$\eta_a = \frac{W_a}{M} \times 100\% \tag{4-6}$$

式中，W_a 为考虑取土间隔间作物蒸发蒸腾量的净灌水定额，mm；ET_{12} 为灌前灌后取土时段内作物蒸发蒸腾量，由智墒仪器实时测量，mm；η_a 为考虑取土间隔间作物蒸发蒸腾量后的田间灌溉水利用效率，%。

传统的田间灌溉水评价方法仅局限于灌溉水一次存储的有效性，而忽略了作物对灌溉水回归使用的有效性，计算得到的田间灌溉水利用率自然偏低，不能代表田间作物对灌溉水的使用量，特别是不能对地下水位较浅灌区的田间灌溉水有效性做出全面合理评价（魏占民，2003）。河套灌区地面灌溉田间灌溉水单次灌水量大，灌水间隔长，灌溉水大量补给下层土壤及地下水，在两次灌水之间作物又会大量重复利用下层土壤水和地下水，单次灌水产生的"无效水"被有效的利用。考虑"无效水"重复利用及取土间隔间作物蒸发蒸腾量的田间灌溉水利用效率修正公式如式（4-7）～式（4-9）：

$$W_r = W + ET_{12} + ET_{23} - W_{23} - P_e \tag{4-7}$$

$$W_{23} = \sum_{i=1}^{n} \gamma_i H_i (\theta_{i2} - \theta_{i3}) \tag{4-8}$$

$$\eta_r = \frac{W_r}{M} \times 100\% \tag{4-9}$$

式中，W_r 为考虑上次灌水"无效水"重复利用的净灌水定额，mm；ET_{23} 为灌后取土与下次灌前取土时间间隔间作物蒸发蒸腾量，mm；P_e 为灌后与下次灌前之间有效降水量，mm；W_{23} 为灌后与下次灌前土体储水量差值，mm；θ_{i3} 为下次灌前第 i 层土壤的重量含水率，%；η_r 为河套灌区次灌水田间灌溉水的利用效率，%。

综合式（4-3）、式（4-5）、式（4-7）、式（4-8），假设两次灌水间作物蒸发蒸腾量可以被准确测量，作物利用的计划湿润层以外的水除降水外优先利用上次

灌水产生的"无效水",则修正后的单次田间灌溉水利用效率计算公式如式
(4-10)、式 (4-11):

$$W_r = W_{13} + ET_{13} - P_e \quad (W_r > W) \tag{4-10}$$

$$\eta_r = \begin{cases} \dfrac{W_r}{M} \times 100\% & (W_r > W) \\ \dfrac{W}{M} \times 100\% & (W_r \leqslant W) \end{cases} \tag{4-11}$$

式中,W_r 为考虑上次灌水"无效水"重复利用的净灌水定额,mm;W_{13} 为两次灌前土体计划湿润层储水量变化值(后一次与前次之差),mm;ET_{13} 为两次灌前时间间隔间作物总蒸发蒸腾量,mm;η_r 为考虑上次灌水"无效水"被优先重复利用的田间灌溉水利用效率(%),若 $\eta_r > 100\%$ 则认为作物利用了灌水前原有地下水,记为 η_r 100%。

根据以上讨论,田间灌溉水利用效率计算见表 4-3。H、J、D 传统的田间灌溉水利用效率分别为 43.19%、58.44%、69.82%,考虑取土间隔内作物蒸腾量后的田间灌溉水利用效率为 59.03%、70.64%、94.93%,较传统方法提高 36.68%、20.88%、35.96%;而同时考虑作物蒸腾和"无效水"的重复利用后,H、J、D 田间灌溉水利用效率分别达到 82.95%、88.13%、100.00%,较传统的田间灌溉水利用效率提高 92.07%、50.79%、45.45%;H、J 两次灌水间隔间地下水补给量小于当次灌水深层渗漏"无效水",D 利用了根层以下土壤储水或部分原有地下水。

表 4-3　不同灌溉模式田间灌溉水利用效率计算表

	M/mm	W/mm	W_{23}/mm	ET_{12}/mm	ET_{23}/mm	W_a/mm	W_r/mm	η/%	η_a/%	η_r/%
H	165.00	71.26	75.36	26.14	114.83	97.40	136.87	43.19	59.03	82.95
J	120.00	70.13	69.36	14.64	90.34	84.77	105.75	58.44	70.64	88.13
D	22.50	15.71	14.98	5.65	16.47	21.36	22.85	69.82	94.93	100.00

本书用动态的思路静态的方法评析了田间灌溉水的有效性,假如随着技术的不断发展作物的蒸发蒸腾量能被准确测量,这种评估田间灌溉水的有效性的方法将有一定的应用价值,可从作物整个生育期尺度及多年角度综合评估灌区内田间灌溉水的有效性及灌溉水的利用效率。陈亚新(1993)考虑了地面水、土壤水和地下水的相互转化,将其作为连续系统对田间灌溉水有效评价方法进行了改进,并通过田间试验方法对河套灌区田间灌溉水利用率进行了研究和评价,将按传统方法得到的田间灌溉水利用率从 43%提高到 71%。魏占民(2003)考虑了田间灌溉水有效性的时间尺度问题,从整个生育期角度考虑,用 SWAP 模型动态模拟评价了田间灌溉水的有效性,使得单次大定额灌水的有效性从 64.8%提高到 89.3%。可见,考虑了田间灌溉水的重复利用后田间灌溉水的利用效率大幅提升,作物根层以下的土壤储水及地下水是临时储存田间灌溉水的"地下水库",是作物的"有效水源"。

4.3 不同灌溉模式对土壤盐分的影响

4.3.1 不同灌溉模式下生育期土壤盐分变化

H、J、D 土壤膜内膜外 0～100cm 盐分改变量如图 4-6 所示。无论是黄灌还是井灌，生育期末盐分都有明显的累积现象，且黄河水灌溉的积盐量远远大于另外两种灌溉方式下的积盐量，主要由于黄河水地面灌在作物生育期的蒸发蒸腾量较大，引起盐分向上运移，造成 0～100cm 土层积盐量较大。滴灌处理下，蒸发量小，所以积盐量最小。另外膜外积盐量大于膜内积盐量，主要由于覆膜使土壤蒸发量减小，土壤返盐量小。要使膜下滴灌土壤不积盐，在河套灌区必须进行秋浇洗盐。假设井灌一年一洗盐，滴灌盐分累积至井灌生育期始末盐分差值水平洗盐，根据 0～100cm 播前收后土壤盐分的改变量进行初步判断，则基本得两年一次秋浇洗盐，但由于灌溉水质的差异，生育期灌溉制度的差异及降水等各因素的影响，具体合理的滴灌洗盐制度还需进一步细致研究。

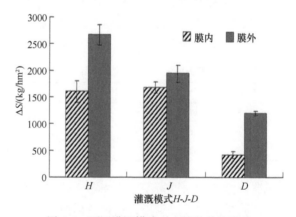

图 4-6　不同灌溉模式对土壤盐分的影响

4.3.2 灌水对不同灌溉模式土壤盐分的影响

H、J 以 7 月 9 日灌水为例、D 以 7 月 8 日为例分析灌水前后（H、J）膜内膜外土壤盐分变化及淋盐效率，如图 4-7 所示，其中 mq、wq、mh、wh 分别表示灌前膜内、灌前膜外、灌后膜内、灌后膜外土壤盐分含量。

H 灌前 0～10cm、10～20cm、20～30cm、30～40cm、40～60cm、60～80cm、80～100cm 深度土层膜内盐分 Ec 值分别为 0.233dS/m、0.231dS/m、0.209dS/m、0.207dS/m、0.226dS/m、0.186dS/m、0.171dS/m，灌后较灌前 0～10cm、10～20cm 土层土壤盐分分别升高了 0.57%、8.29%，其他土层分别下降 4.85%、13.97%、

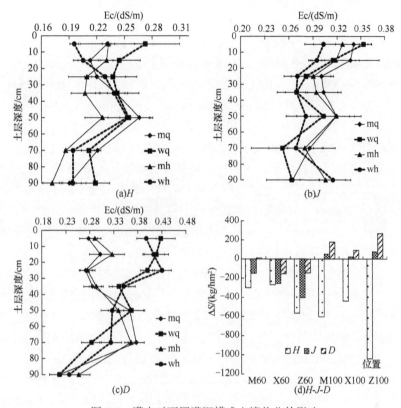

图 4-7　灌水对不同灌溉模式土壤盐分的影响

mq、wq、mh、wh 分别表示灌前膜内、灌前膜外、灌后膜内、灌后膜外土壤盐分含量

15.04%、15.71%、9.82%。灌前灌后土壤盐分经独立样本 t 检验，除 60~80cm 土层盐分 t 值为-9.339、显著性水平为 0.001 外，其余均未达到显著性水平，这可能是土壤盐分空间变异较大的结果。H 灌前膜外各土层土壤盐分分别为 0.273dS/m、0.244dS/m、0.237dS/m、0.242dS/m、0.254dS/m、0.211dS/m、0.218dS/m，灌水后分别下降 28.24%、15.96%、3.51%、1.37%、0.66%、8.20%、11.30%，下降幅度较大，0~60cm 下降幅度随土层深度增加而减小，60~100cm 下降幅度增大，这是由于 0~70cm 土壤偏黏性，70~100 土壤偏砂，土壤质地不同导致的结果。膜内 0~20cm 土壤盐分灌后较灌前升高，其可能的解释有：一是由于地膜的阻隔作用导致这一层土壤湿润过程是水平扩散而非垂直入渗，即膜外土壤水分运移至膜内，同时膜外盐分也随之运动导致土层盐分升高，膜外相同土层盐分下降幅度较膜内大可以证实这一点；二是黄河水灌溉后土壤温度不至于剧烈下降，作物正常的蒸腾未受到大的干扰，作物根系吸水后土壤含水率降低，盐分留于土壤，灌后土壤水分膜内较膜外明显低的变化规律证实了这一点。综上所述，灌后膜内 0~20cm 土壤盐分高于灌前可能是土壤水入渗过程及作物蒸腾蒸发共同作用的结果。

J 灌前 0～10cm、10～20cm、20～30cm、30～40cm、40～60cm、60～80cm、80～100cm 土层膜内盐分 Ec 值分别为 0.341dS/m、0.337dS/m、0.300dS/m、0.303dS/m、0.319dS/m、0.286dS/m、0.264dS/m，灌后较灌前土壤盐分 0～80cm 各土层盐分分别下降 0.10%～5.54%，80～100cm 土层盐分升高了 15.51%。J 灌前膜外各土层土壤盐分分别为 0.353dS/m、0.315dS/m、0.281dS/m、0.270dS/m、0.303dS/m、0.252dS/m、0.263dS/m，灌水后 0～60cm 分别下降 14.25%、6.36%、3.79%、0.12%、7.16%，60～80cm、80～100cm 土层盐分升高了 6.75%、19.37%。经独立样本 t 检验，灌前灌后土壤盐分均未达到显著性水平，说明在土壤盐分含量较低的情况下，J 生育期灌水对土壤盐分的影响是较弱的，而灌水后下层土壤盐分升高主要是由于 J 灌水量较少，盐分淋滤至 0～100cm 土体底层后不能继续下移的结果。

D 土壤盐分 0～40cm 土层灌前膜内均值为 0.284dS/m，膜外为 0.397dS/m，每 10cm 土层土壤盐分膜内明显低于膜外，0～10cm、10～20cm、20～30cm、30～40cm 各土层土壤盐分膜外较膜内分别高 54.21%、38.67%、47.42%、19.28%，差异性经 t 检验均达到显著性水平。灌水后 0～40cm 膜内土壤盐分各土层分别升高 4.81%、8.23%、1.47%、2.80%，膜外分别升高 −7.01%、−1.31%、7.5% 和 2.94%，但均未达到显著性水平。40～100cm 土壤盐分膜内膜外差异不大，膜内土壤盐分 40～60cm、60～80cm、80～100cm 分别为 0.363dS/m、0.376dS/m、0.216dS/m，膜外为 0.366dS/m、0.283dS/m、0.216dS/m，灌水后膜内盐分较灌前分别升高 −6.43%、−2.92%、18.49%，膜外升高 −10.92%、14.13%、9.24%，土体底层盐分升高一方面可能是蒸散发作用下含盐地下水利用的结果，另一方面可能是土壤盐分空间变异的结果。

不同灌溉模式下 0～60cm、0～100cm 灌水前后土体盐分差值 ΔS（kg/hm²）如图 4-7（d）所示。灌水后 H 膜内 0～60cm（M60）、0～100cm（M100）、膜外 0～60cm（X60）、0～100cm（X100）土体盐分较灌前分别下降 300.22kg/hm²、604.24kg/hm²、266.69kg/hm²、437.70kg/hm²，总盐分 0～60cm（Z60）、0～100cm（Z100）分别下降 566.91kg/hm²、1041.94kg/hm²。J 灌水后 M60、X60、Z60、M100、X100、Z100 土体盐分较灌前分别下降 149.16kg/hm²、253.80kg/hm²、402.96kg/hm²、−50.35kg/hm²、−23.07kg/hm²、−73.43kg/hm²。D 灌后 M60、X60、Z60、M100、X100、Z100 土体盐分分别下降 −9.98kg/hm²、153.71 kg/hm²、143.73kg/hm²、−175.26kg/hm²、−90.59kg/hm²、−265.88kg/hm²。H 灌水后各土体盐分均下降，J 则是 0～60cm 盐分下降，0～100cm 盐分增加，滴灌 0～60cm 膜内盐分增加，膜外降低，0～100cm 均增加。H、J、D 灌水后盐分增减不一主要是由灌溉水量和灌水方式所决定的，特别是 H、J 盐分变化的差异是由通过作物根层多余水分的淋滤作用决定的。

盐碱土冲洗改良中冲洗定额的计算式（4-12）～式（4-14）（龚振平等，2009）：

$$M = m_1 + m_2 + E - P_m \qquad (4\text{-}12)$$

$$m_1 = \beta_1 - \beta_2 \qquad (4\text{-}13)$$

$$m_2 = 1000h\gamma(S_1 - S_2)/k \qquad (4\text{-}14)$$

式中，M 为冲洗定额，mm；m_1 为计划冲洗层的土壤含水量与田间持水量的差额，mm；m_2 为按计划的冲洗脱盐标准冲洗盐分所需的水量，mm；E 为冲洗期内的蒸发水量，mm；P_m 为冲洗期内可利用的降水量，mm；β_1 为田间持水量时计划冲洗层内水量，mm；β_2 为计划冲洗层的土壤实际水量，mm；h 为计划冲洗层深度，m，一般取 1 m；γ 为计划冲洗层的土壤容重，kg/m^3；S_1 为计划冲洗层的实际含盐量占干土重的百分数，%；S_2 为计划冲洗层的允许含盐量占干土重的百分数，%；k 为排盐系数，即单位体积冲洗水能排走的盐量，kg/m^3。

参照式（4-12）~式（4-14），结合灌水前后盐分平衡状况及灌溉水利用效率推导，通过计划湿润层以外的灌溉水淋盐系数（效率），如式（4-15）~式（4-17）：

$$S_d = S_q + S_y - S_h \qquad (4\text{-}15)$$

$$W_d = M(1 - \eta_a) \qquad (4\text{-}16)$$

$$SE_d = S_d/10W \qquad (4\text{-}17)$$

式中，S_d 为灌水后淋滤至计划湿润层外的盐分，kg/hm^2；S_q 为灌前土壤总盐分，kg/hm^2；S_y 为灌溉水引入土壤的盐分，kg/hm^2；S_h 为灌后土壤总盐分，kg/m^2；W_d 为灌水后淋滤至计划湿润层外的淋滤水量，mm；M 为灌水量，mm；η_a 为考虑灌水前后作物蒸腾的灌溉水利用效率，%；SE_d 为淋盐系数，为淋滤至计划湿润层外的单位淋滤水能排走的盐量，kg/m^3。

由于滴灌田间灌溉水的利用效率高，对盐分淋滤作用几乎没有，故不做计算。H、J 淋盐系数的计算过程与结果见表 4-4，H、J 淋盐系数分别为 $3.01kg/m^3$、$3.22kg/m^3$，较传统水利改良盐碱地的排盐系数小很多，这主要是该土壤属正常的非盐渍化土壤，淋滤效率低的缘故（庞鸿斌，2005）。

表 4-4　不同灌溉模式淋盐系数计算表

	S_y/（kg/hm^2）	S_h/（kg/hm^2）	S_d/（kg/hm^2）	M/mm	η_a/%	W_d/mm	SE_d/（kg/m^3）
H	990	10209.03	2031.94	165	59.03	67.60	3.01
J	1208.4	14489.98	1134.97	120	70.64	35.23	3.22

4.4　不同灌溉模式对土壤温度的影响

4.4.1　不同灌溉模式生育期土壤温度变化及对气温的响应

如图 4-8 所示，H（黄河水畦灌）5cm、15cm、25cm、35cm、45cm 土壤温

度在气温、灌水、降水等作用下剧烈波动，且越靠近表层土壤温度波动变化越剧烈。分别于5月26日、6月17日、6月17日、6月17日、6月16日达到最大值26.09℃、24.06℃、23.47℃、22.73℃、21.59℃，65cm、85cm于7月10日、8月3日分别达到最大值20.48℃、19.69℃，同一时间各土层间的温度差异先增大后减小。

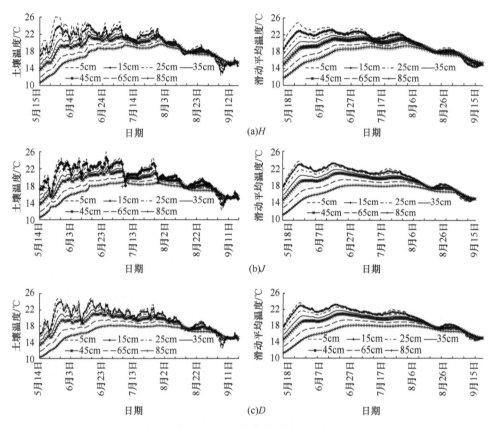

图4-8 不同灌溉模式生育期土壤温度变化

如表4-5所示，H条件下，5cm、15cm、25cm处土壤温度变异系数依次为0.15、0.14、0.12，随深度增加而减小；35cm、45cm、65cm变异系数均是0.11，三者变化规律比较一致；85cm变异系数为0.12。土壤温度十日滑动平均结果表明，5月中旬至8月中旬上层土壤温度大于下层土壤温度，热量从浅层向深层传递，之后土壤温度下层高于上层，热量从地下至地表散失。如表4-6所示，土壤温度与气温呈极显著相关，0～45cm土层相关性均达到0.7以上，65cm、85cm稍小，分别为0.66、0.56。各土层土壤温度相关性见表4-7，各层土壤温度均呈极显著相关，且土层越近相关性水平越高。J土壤温度总体变化同H，故不做详细分析。D条件下，土壤温度在气温、灌水、降水等作用下也波动变化，但不如 H、J 变化剧烈，特别是 D 灌水后土壤温度能较快恢复。D 各土层温度也与气温呈极显著相关，其受气温影响的程度同 H、J。

表 4-5　不同灌溉模式土壤温度统计特征表

土层深度/cm	灌溉模式	平均值/℃	最小值/℃	最大值/℃	偏度	峰度	变异系数
	H	20.74	12.31	26.09	−0.58	−0.28	0.15
5	J	20.40	12.24	25.95	−0.56	−0.33	0.14
	D	20.02	12.33	24.92	−0.52	−0.44	0.12
	H	20.18	13.17	24.06	−0.72	−0.41	0.14
15	J	20.08	13.49	24.45	−0.55	−0.55	0.13
	D	19.86	13.32	24.25	−0.55	−0.55	0.11
	H	19.84	13.87	23.47	−0.73	−0.56	0.12
25	J	19.59	13.94	23.46	−0.57	−0.64	0.12
	D	19.49	13.91	23.10	−0.61	−0.64	0.10
	H	19.45	14.49	22.73	−0.72	−0.66	0.11
35	J	19.17	14.49	22.61	−0.60	−0.70	0.11
	D	19.00	14.40	22.10	−0.66	−0.68	0.09
	H	18.88	13.78	21.59	−0.76	−0.57	0.11
45	J	18.71	14.01	21.62	−0.69	−0.58	0.10
	D	18.49	13.68	21.16	−0.76	−0.50	0.09
	H	17.97	11.96	20.48	−1.01	0.36	0.11
65	J	17.74	12.15	20.09	−1.04	0.43	0.10
	D	17.52	11.95	19.61	−1.16	0.85	0.09
	H	17.22	10.72	19.69	−1.26	1.08	0.12
85	J	16.89	10.82	19.22	−1.35	1.39	0.11
	D	16.51	10.49	18.19	−1.53	1.93	0.10

表 4-6　不同灌溉模式各土层温度对气温的响应

项目	5cm	15cm	25cm	35cm	45cm	65cm	85cm
H	0.71**	0.73**	0.74**	0.75**	0.74**	0.66**	0.56**
J	0.73**	0.69**	0.68**	0.69**	0.69**	0.64**	0.57**
D	0.73**	0.69**	0.70**	0.71**	0.71**	0.65**	0.54**

**表示 $P<0.01$，两者达到极显著相关水平，下同。

表 4-7 不同灌溉模式下各土层土壤温度相关性及对气温的响应

土层深度/cm	灌溉模式	5cm	15cm	25cm	35cm	45cm	65cm	85cm	AT
	H	1							
5	J	1							
	D	1							
	H	0.97**	1						
15	J	0.98**	1						
	D	0.98**	1						
	H	0.91**	0.98**	1					
25	J	0.94**	0.98**	1					
	D	0.94**	0.98**	1					
	H	0.82**	0.92**	0.98**	1				
35	J	0.87**	0.94**	0.98**	1				
	D	0.88**	0.94**	0.98**	1				
	H	0.68**	0.82**	0.91**	0.97**	1			
45	J	0.76**	0.84**	0.92**	0.98**	1			
	D	0.77**	0.84**	0.92**	0.98**	1			
	H	0.37**	0.54**	0.68**	0.81**	0.92**	1		
65	J	0.51**	0.59**	0.71**	0.82**	0.92**	1		
	D	0.49**	0.56**	0.68**	0.80**	0.91**	1		
	H	0.13**	0.31**	0.46**	0.63**	0.78**	0.96**	1	
85	J	0.30**	0.39**	0.51**	0.65**	0.79**	0.96**	1	
	D	0.23**	0.29**	0.42**	0.57**	0.73**	0.95**	1	

如图 4-9 所示,土壤剖面温度月季变化明显,0~20cm 土壤温度 6 月>7 月>5 月>8 月>9 月。5 月大气温度处于上升阶段,底层土壤刚刚融化,温度较低,土壤表层温度远远大于底层温度,土壤在温度梯度作用下上层土壤热量不断向下层传递。6 月玉米处于苗期,叶面积指数小,太阳对地面辐射强烈,白天地面升温快,各层间土壤温度进一步缩小。7 月玉米几乎完全覆盖地面,太阳对地面的直接辐射作用减弱,土壤温度随深度变化差距进一步缩小。8 月大气温度下降,太阳直射作用进一步减弱,土壤各层温度趋于一致。9 月大气气温进一步下降,土壤表层温度随之下降致使土壤表层温度低于深层温度。

以 6 月 5 日为例分析土壤温度日变化如图 4-10 所示。不同灌溉模式土壤温度呈"锥形"状态,土壤温度日变幅均随土壤深度的增加而逐渐减小,这主要是土壤温度变化是土壤随着太阳辐射和大气温度的变化而吸收或释放能量的过程,随着土壤深度的增加,土壤温度的波动受太阳辐射的影响逐渐减小,变化比较稳定。而玉米苗期,气温处于上升期,土壤热量由表层传递至深层,表层温度高于深层。

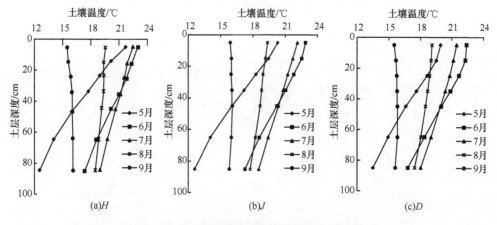

图 4-9 不同灌溉模式土壤剖面温度月变化图

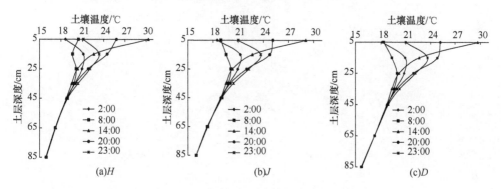

图 4-10 不同灌溉模式土壤剖面温度日变化图

不同灌溉模式对 0~40cm 土壤温度的影响如图 4-11 所示。由图可知,由于播种后滴灌滴出苗水 30mm,5 月中旬滴灌(D)土壤温度最低。5 月 21~23 日由于出苗的需要,J 分别灌了少量水,井灌(J)土壤温度下降剧烈。5 月中旬至 6 月初,0~40cm 土壤温度滑动平均结果为 H>D>J;6 月至 7 月初在灌水等的影响下不同灌溉模式下土壤温度起伏变化;7 月初至 8 月中下旬玉米需水旺季,滴灌频繁灌水,耕层土壤温度 D 明显低于其他,呈现 H>J>D 的结果。之后,土壤温度大致表现为 J>H>D,可能是土壤温度处于散热阶段,玉米长势较好的 J 更有利于温度的保持,而滴灌温度较低是受灌水影响的结果。全生育期 0~40cm 土壤 H、J、D 的积温分别为 2647.08℃、2615.14℃、2586.18℃,差异不大。

4.4.2 灌水对不同灌溉模式土壤温度的影响

以 7 月玉米需水旺季为例分析灌水对土壤温度的影响,灌水前后土壤温度的变化过程如图 4-12 所示。H、J 于 7 月 9 日分别灌水 160mm、120mm,D 分别于

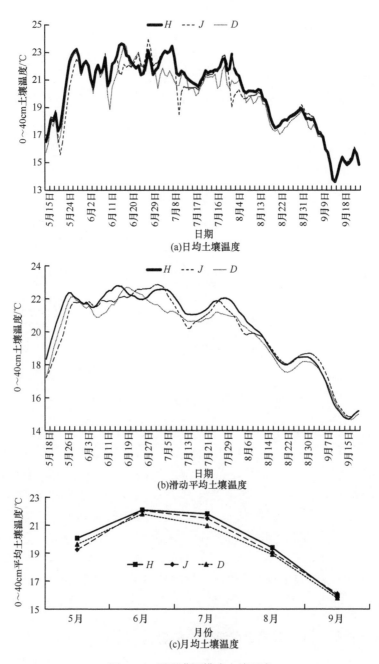

图 4-11　不同灌溉模式土壤温度

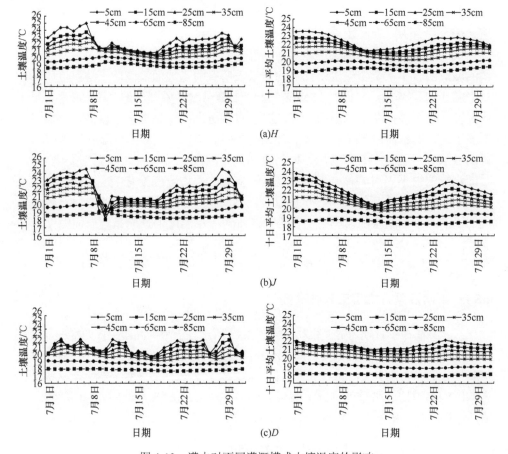

图 4-12　灌水对不同灌溉模式土壤温度的影响

7月4日、8日、14日、26日各灌水22.5mm。以7月8日（气温23.0℃）和7月10日（气温23.0℃）土壤温度为例分析灌水前后 H、J 土壤温度的变化，以7月13日（气温23.2℃）和7月15日（气温22.8℃）土壤温度为例分析灌水前后土壤温度的变化。灌水后，5cm、15cm、25cm、35cm、45cm、65cm、85cm 土层温度 H 较灌前下降5.78%、7.05%、6.21%、4.52%、2.28%、−1.21%、−2.78%，剖面平均土壤温度下降3.12%；J 较灌前分别下降17.62%、21.60%、19.59%、14.57%、8.75%、0.73%、−2.24%，剖面平均土壤温度下降11.52%。表层5cm土壤温度下降幅度小于15cm，是灌水后土壤温度受气温影响升高的结果。15cm以下，土层越深，温度下降越少，一方面是由于土壤的储水作用使得越往下层土壤水分通量越小，受灌溉水的影响越小；另一方面是下层土壤温度低于上层，土壤温度高于灌溉水的温度，水分在入渗的过程中不断带走上层土壤的热量，入渗水的温度升高，下层土壤温度较灌前升高。D 较灌前分别下降4.25%、3.39%、3.63%、2.80%、

1.65%、0.16%、−0.13%，剖面平均土壤温度下降2.25%。灌水后土壤温度下降幅度 $J>H>D$，下层85cm土壤温度有不同程度的升高。

黄河水经过长距离的渠道输水，温度基本同环境温度一样，灌溉后对农田土壤温度影响较小，土壤温度滑动平均结果表明黄河水地面灌溉对土壤温度的影响是"温和的"，5cm、15cm、25cm、35cm土壤温度呈敞开口的"U"形，下层土壤温度变化平缓；井水水温低，管道输水直接进入田间进行大水漫灌，土壤温度剧烈下降，灌水前后5cm、15cm、25cm、35cm、45cm土壤平均温度呈"V"形，说明灌水对土壤温度的影响是"猛烈的"；下层65cm、85cm土壤温度变化平缓，受灌水影响很小。滴灌各层土壤温度平缓变化，平均温度没有出现波动，一方面是滴灌周期短，10日滑动平均土壤温度基本均包含灌水后土壤温度；另一方面也说明滴灌对土壤温度的影响很小，滴灌灌水对土壤温度的影响是"微弱的"。

4.5 不同灌溉模式对玉米生长及产量的影响

4.5.1 不同灌溉方式下玉米株高变化规律

玉米株高在生育期内的变化动态如图4-13所示，玉米株高随生育期推进呈"S"形曲线变化。苗期由于植株较小，对水分及养分的需求量相对也比较小，各处理的株高长势状况差异不大，随着玉米生长，对水分及养分的需求越来越大，从拔节期开始，各处理株高差异逐渐明显，表现为：$D>J>H$。各处理在吐丝期（R_1）达到最大，随后缓慢降低。从整个生育期来看，三种灌溉模式下的玉米株高均为 D 处理最大。

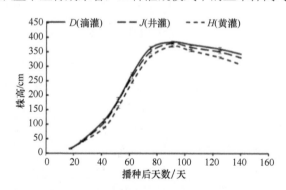

图4-13 不同灌溉模式下生育期玉米变化规律

4.5.2 不同灌溉方式下玉米叶面积指数变化规律

图4-14给出了三种灌溉模式下玉米LAI在生育期的动态变化。如图所示，玉米叶面积指数随生育期推进呈"单峰型"曲线，拔节期（V6-V12）叶面积指

数上升迅速且幅度较大，在吐丝期（R_1）达到最大值。D、J、H 三个处理下的
LAI 分别为：7.14、6.37、6.05，D 处理下 LAI 较 J、H 处理分别高 12.09%、18.01%；
吐丝期（R_1）后 LAI 下降速率先慢后快，表现为：H>J>D，D 处理叶面积指数
后期下降速率最慢，保持叶片绿色时间最久，促进了后期子粒灌浆，从而提高
子粒产量。

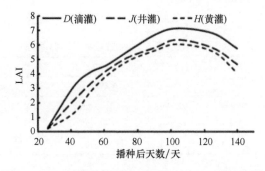

图 4-14　不同灌溉模式下生育期玉米 LAI 变化规律

4.5.3　不同灌溉方式下产量构成因素分析

玉米的产量及构成因子如表 4-8 所示。各处理产量表现为 D>J>H。在相同灌
溉水源条件下，由于滴灌灌水定额较少，灌水频率较高，整个生育期内在作物主
根系层水分供应充足，与地下水畦灌处理相比较，滴灌条件下的玉米产量提高
11.68%。在相同灌溉方式，不同水源条件下，黄灌灌水依据黄河水来水时间而定，
与井灌相比，灌水定额过大，不能维持根区土壤储水量水平，因此与井灌处理相
比，黄灌下的玉米产量减少 3.43%。产量减少主要源于灌水时间的差异。对产量
构成因子进行方差分析，结果表明，在相同灌溉水源（黄河水或地下水）条件下，
不同灌水方式对玉米的穗行数、行粒数影响并不显著，对百粒重及干物质量的影
响显著；相同灌水方式，不同灌溉水水源对玉米的各产量构成因素影响均显著。
在灌溉水水源相同的条件下，不同灌水方式对子粒干物质积累的影响大于对子粒
数量形成的影响；在灌溉方式相同条件下，灌溉水水源对其产量及产量构成因子
影响显著，其差异主要源于黄河水灌溉与地下水灌溉的时间差异。

表 4-8　产量及产量构成因素分析

处理	穗行	行粒	百粒	地上部分干物质量/g	产量/（kg/hm²）
D	17.50±0.93a	42.50±2.31b	40.20±2.46a	555.84a	20606.80a
J	15.50±1.41b	46.57±1.41a	38.71±1.47a	548.18a	18450.75ab
H	16.00±1.41b	43.67±1.72b	36.24±1.49b	456.88b	17817.10b

注：a、b 表示 P=5%水平下显著性差异，下同。

4.5.4 不同灌溉方式下氮素吸收以及氮肥利用率

如表 4-9 所示，受施氮量的影响，滴灌条件下成熟期玉米植株吸氮量小于地面灌处理。但就氮肥利用率（NRE）、氮肥偏生产力以及农学利用率（NAE）方面，与地面灌处理相比，滴灌处理下差异均达到显著性水平（$P<0.05$），说明采用滴灌的"少量多次"的灌水方法可有效提高氮肥利用率，从而提高作物产量。

表 4-9　不同灌水模式对氮肥利用率的影响分析

处理	植株吸氮量/（g/kg）	NRE/%	氮肥偏生产力（NPFP）		NAE/（kg/kg）	
			子粒产量	生物学产量	子粒产量	生物学产量
D	9.47b	53.90a	78.50a	117.23a	16.25a	16.47a
J	9.61b	38.22ab	56.38b	99.27b	11.50b	14.69ab
H	10.15a	30.42b	51.64b	87.40c	7.53c	10.44b

从表 4-10 中可以看出，与 H、J 相比，在滴灌 D 条件下，其子粒产量及子粒含氮量较地面灌处理达到显著性水平（$P<0.05$），且成熟期秸秆含氮量小于井灌处理，表明滴灌条件下玉米植株营养器官的氮素累积量所占总累积量的比例较少，能够促进氮素从营养器官向子粒转移。

氮收获指数反映成熟期氮素在子粒和营养器官中的分配状况，三种灌溉方式下的氮收获指数 NHI 大小表现为：$D>J>H$。结合表 4-9 与表 4-10 进行分析，说明采用滴灌灌溉方式提高了对肥料氮的回收效率和增加肥料氮所能生产的作物子粒产量，促进了玉米对氮肥的吸收利用及向子粒的分配，能协调玉米子粒产量和氮肥利用率的关系，获得高产高效。

表 4-10　不同灌水模式对氮素在玉米植株内分配的影响

处理	干物质			氮素		
	秸秆/（kg/hm²）	子粒/（kg/hm²）	收获指数 HI	秸秆/（kg/hm²）	子粒/（kg/hm²）	氮收获指数 NHI
D	18039.89a	20606.80a	0.55a	109.35b	266.63a	0.72a
J	16718.75ab	18450.75ab	0.53a	128.26a	244.10ab	0.71ab
H	12336.71b	17817.10b	0.59a	84.65c	205.12b	0.66b

4.5.5 不同灌溉方式下农田温室气体排放

图 4-15 表示不同处理土壤 CH_4 排放通量，正值即土壤 CH_4 净排放表现为向大气释放 CH_4，负值即 CH_4 净排放表现为土壤吸收大气中的 CH_4。由图可知 6 月、7 月气温较高，土壤温度随之也高，各处理 CH_4 排放呈增加趋势，且变化剧烈。地下水畦灌>黄河水畦灌>地下水滴灌，且黄河水畦灌、地下水滴灌排放量均为负

值，这说明该处理土壤吸收 CH_4。8 月气温虽然较 6 月、7 月气温高，但是玉米的生长遮盖了部分到达地面的光照，导致土壤温度较 6 月、7 月较低，CH_4 排放通量较小，且变化缓慢。

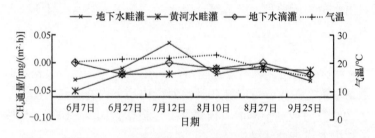

图 4-15　不同灌水模式 CH_4 排放通量变化曲线

图 4-16 表示不同处理土壤 N_2O 排放通量。由图可知 6 月、7 月气温较高，土壤温度随之也高，各处理 N_2O 排放呈增加趋势，且变化剧烈。地下水畦灌>黄河水畦灌>地下水滴灌。8 月气温虽然较 6 月、7 月气温高，但是玉米的生长遮盖了部分到达地面的光照，导致土壤温度较 6 月、7 月份较低，N_2O 排放通量较小，且变化缓慢。

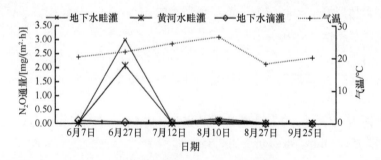

图 4-16　不同灌水模式 N_2O 排放通量变化曲线

图 4-17 表示不同处理土壤 CO_2 排放通量。由图可知各处理 CO_2 排放通量均较大，从整体变化趋势分析，黄河水畦灌和地下水畦灌变化较剧烈。

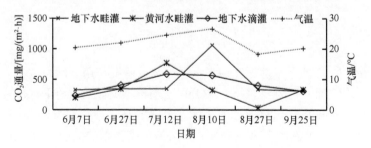

图 4-17　不同灌水模式下 CO_2 排放通量变化曲线

4.6 不同灌溉模式对作物耗水量及 IWP、WP 的影响

根据农田水量平衡原理，无灌溉无降水考虑地下水补给条件下某一时段内的水量平衡为

$$\mathrm{ET_c} = \Delta S + \mathrm{CR} \qquad (4\text{-}18)$$

式中，$\mathrm{ET_c}$ 为计算时段内作物蒸发蒸腾量，mm；ΔS 为计算时段初和时段末根层土体内土壤储水量之差，mm；CR 为计算时段内地下水补给量，mm。

以 1 天为计算时段，不同灌溉模式下 $\mathrm{ET_c}$ 根据智墒 $0\sim100\mathrm{cm}$ 土壤体积含水率监测结果利用下式进行计算：

$$\Delta S = \sum_{i=1}^{6} \Delta \mathrm{VC}_i \times H_i \times \lambda \qquad (4\text{-}19)$$

式中，ΔS 为不同灌溉模式下玉米田 $0\sim100\mathrm{cm}$ 土体日储水量变化值；H、J 灌水当天及灌后两天 R_e 用灌前一天及灌后第 3 天两个数据平均值代替，D 灌水当天 R_e 用灌前灌后各一天数据平均值代替，大的降水也做同样的处理，mm/d；$\Delta \mathrm{VC}_i$ 为第 i 层土壤当天 24 点与前一天 24 点含水率差值的绝对值，$\mathrm{cm^3/cm^3}$；H_i 为第 i 层土壤控制土体厚度，mm；λ 为土壤湿润比，H、J 均取 1，D 经校核计算取 0.5。

整个生育期内作物耗水量 $\mathrm{ET_a}$ 为

$$\mathrm{ET_a} = \sum \Delta S + \mathrm{CR} \qquad (4\text{-}20)$$

式中，CR 为整个生育期地下水对作物的补给量，H、J、D 分别为 64.0mm、46.5mm、27.9mm。

生育期 H、J、D 土体储水量之和分别为 448.6mm、416.5mm、364.95mm，耗水量分别为 512.6mm、463mm、392.85mm。灌溉水分生产率（IWP）H、J、D 分别为 $2.84\mathrm{kg/m^3}$、$3.18\mathrm{kg/m^3}$、$4.96\mathrm{kg/m^3}$，H、J 的 IWP 较 D 分别低 42.80%，35.93%；水分生产率（WP）H、J、D 分别为 $2.90\mathrm{kg/m^3}$、$3.26\mathrm{kg/m^3}$、$4.16\mathrm{kg/m^3}$，D 的 WP 较 H、J 分别高 30.26%，21.75%。滴灌减小了土壤棵间蒸发，使得作物蒸腾的水量大大增加，是产量和水分生产率同时提高的最主要原因。

4.7 小 结

（1）H、J、D 地下水埋深在灌溉水补给及蒸散发作用下动态波动，整个生育期地下水平均埋深分别为 2.60m、2.34m、2.81m，生育期末地下水位较生育期初下降 1.39m、1.01m、0.61m，地下水对土壤水分总的补给量分别为 64.0mm、46.5mm、27.9mm。H、J、D 单次灌水对地下水的补给量分别为 20.70mm、17.02mm、0 mm，对地下水的补给系数分别为 0.13、0.10 和 0。

（2）地面灌溉条件下灌前灌后取土间隔一般均是 3~4 天，在此期间特别是作物需水旺季作物蒸腾消耗大量水分，而这部分水分经常被忽略从而使田间灌溉水利用系数偏低。H、J、D 传统的田间灌溉水利用效率分别为 43.19%、58.44%、69.82%，考虑取土间隔内作物蒸腾量后的田间灌溉水利用效率为 59.03%、70.64%、94.93%，较传统方法提高 36.68%、20.88%、35.96%。河套灌区地面灌溉田间灌溉水单次灌水量大，灌水间隔长，灌溉水大量补给下层土壤及地下水，在两次灌水之间作物又会大量重复利用下层土壤水和地下水，单次灌水产生的"无效水"被有效地利用。同时考虑作物蒸腾和"无效水"的重复利用后，H、J、D 田间灌溉水利用效率分别达到 82.95%、88.13%、100.00%，较传统的田间灌溉水利用效率提高 92.07%、50.79%、45.45%；H、J 两次灌水间隔间地下水补给量小于当次灌水深层渗漏"无效水"，D 利用了根层以下土壤储水或部分原有地下水。

（3）H 整个生育期 30cm、60cm、90cm、120cm、150cm 土壤盐分分别增加 3.77%、38.81%、16%、34.78%、16.67%，J 分别增加−18.95%、−57.14%、−80%、30.77%、57.78%，呈表层脱盐，底层积盐的状态。而 D 在盐分膜侧运移积累与地下水的作用下土壤盐分分别增加 38.46%、21.52%、−71.74%、37.33%、29.69%。由灌溉水量和灌水方式所决定的 H、J、D 灌水后膜内膜外土壤盐分较灌前增减不一，H 灌后除膜内 0~20cm 盐分略微升高外，其余土层均下降，J 上层土壤盐分降低，下层 60~100cm 盐分增加，D 灌水后 0~40cm 土层盐分会增加。结合灌水前后盐分平衡状况及灌溉水利用效率推导通过计划湿润层以外的灌溉水淋盐系数（效率），H、J 分别为 3.01kg/m³、3.22kg/m³。

（4）H、J、D 土壤 5cm、15cm、25cm、35cm、45cm 处土壤温度在气温、灌水、降水等作用下剧烈波动，且越靠近表层土壤温度波动变化越剧烈，65cm、85cm 处温度变化平缓，各土层温度与气温均呈极显著相关，且越靠近表层相关系数越大。全生育期 0~40cm 土壤 H、J、D 的积温分别为 2647.08℃、2615.14℃、2586.18℃，差异不大。灌水后土壤温度下降幅度 J>H>D，H 灌水对土壤温度的影响是"温和的"，5cm、15cm、25cm、35cm 灌水前后土壤温度十日滑动平均呈敞开口的"U"形，下层土壤温度变化平缓。J 灌水后土壤温度剧烈下降，灌水前后 5cm、15cm、25cm、35cm、45cm 土壤平均温度呈"V"形，下层 65cm、85cm 土壤温度变化平缓，受灌水影响很小。D 灌水对土壤温度的影响是"微弱的"，各层土壤温度平缓变化。

（5）株高、茎粗等单个作物指标 D 较 H、J 并无个体优势，而表征群体特征的 LAI、干物质量均是 D 最大。子粒产量 H、J、D 分别为 14886.47kg/hm²、15087.65kg/hm²、16359.65kg/hm²，H、J 较 D 低 9.00%、7.78%，差异性分别达到显著性水平，而 H、J 差异不显著。

（6）生育期 H、J、D 耗水量分别为 512.6mm、463mm、392.85mm，灌溉水分生产率（IWP）H、J、D 分别为 2.84kg/m^3、3.18kg/m^3、4.96kg/m^3，H、J 的 IWP 较 D 分别低 42.80%、35.93%；水分生产率（WP）H、J、D 分别为 2.90kg/m^3、3.26kg/m^3、4.16kg/m^3，D 的 WP 较 H、J 分别高 30.26%、21.75%。滴灌减小了无效的土壤棵间蒸发，使得作物蒸腾的水量大大增加，是产量和水分生产率同时提高的最主要原因。

第5章 引黄洗盐技术

5.1 春汇制度对土壤环境效应影响研究

春汇制度对土壤环境效应的研究主要在内蒙古乌拉特前旗试验站开展，试验主要研究不同春汇定额（$0m^3/hm^2$、$1125m^3/hm^2$、$2250m^3/hm^2$）和不同春汇方式（一年一春汇、两年一春汇）对土壤环境水分、盐分、养分、pH、土壤温度和作物出苗的影响。

5.1.1 试验设计与方法

供试土地为内蒙古长胜节水盐碱化与生态试验站的试验田，试验田周边灌排条件良好，总体为长方形（144m×38m）。土壤阳离子主要是 Na^+ 和 Ca^{2+}，阴离子主要是 SO_4^{2-} 和 Cl^-。取 0～100cm 土层土壤，按试验田的土壤剖面结构分 0～20cm、20～60cm、60～100cm 三层分析，采用美国农业部土壤颗粒分级方法对试验田进行土壤分级，供试土壤基本性质见表 5-1。

表 5-1 土壤基本物理属性表

土层深度/cm	干容重/(g/cm³)	名称	孔隙度/%	凋萎系数/%	田间持水率/%	黏粒/%	粉粒/%	砂粒/%	土壤含盐量/(g/kg)
0～20	1.599	壤土	60.34	12.32	26.40	4.58	32.10	63.32	1.92
20～60	1.473	壤质砂土	55.59	11.04	25.76	1.46	11.34	87.20	2.03
60～100	1.427	砂质壤土	53.85	9.00	20.94	2.28	26.30	71.42	2.51

引黄灌溉水源为经多级渠道引入田间的黄河水，春汇灌溉期间平均矿化度为0.49g/L。试验所用滴灌带为上海华维节水灌溉股份有限公司生产的内镶贴片式滴灌带，滴头间距为 300mm，滴头流量 1.38L/h，滴灌带管径为 16mm，价格 0.18 元/m；试验采用地膜的材料为聚氯乙烯，宽度为 70cm。

试验作物为玉米和葵花，属于目前河套灌区的主要经济作物。玉米品种为科河24，种植密度为 67500～75000 株/hm²，行距 60cm，株距 20cm，有耐旱的特性，产量稳定，高抗大小斑病，抗倒力强，生育期 128 天左右；葵花品种为浩丰 6601 杂交食用葵花，发芽率≥90%，播种深度≤4cm，播种期间土壤表层 10cm 稳定温度≥10℃，行距 50cm，株距 50cm，具有耐盐耐旱的特性，生育期 105 天左右。

1. 试验设计

春汇灌溉属于作物非生育期引黄河水补充灌溉，主要是为了淋盐储墒，微咸水灌溉属于作物生育期灌溉，主要是为了满足作物生长所需水分条件。春汇灌溉可以淋洗农田微咸水膜下滴灌后累积的盐分，增加播前土壤水分含量，减少作物生育初期微咸水灌溉定额。春汇采用渠引黄河水，在试验田堤开口引水春汇，设置 90 三角堰，并记录水位差和灌水时间，控制灌水定额。在作物生育期，利用取水系统，从灌溉井抽取地下水，通过田间管道系统泵送至试验田毛管。

每年春汇前先对试验田进行翻地、耙地、铺设滴灌带、覆膜等农艺措施处理。2014 年对所有试验田均进行春汇处理，引黄灌溉水量 $2250m^3/hm^2$；2015 年对试验设置的一年春汇处理引黄河水灌溉，引黄水量 $2250m^3/hm^2$，对两年春汇处理不引黄灌溉；2016 年设置 3 个处理，分别为引黄水量为 0（NH 处理）、引黄水量为 $1125m^3/hm^2$（BH 处理）和引黄水量为 $2250m^3/hm^2$（QH 处理）。对 2015 年设置的两年春汇处理引黄河水灌溉，引黄水量为 $2250m^3/hm^2$。春汇灌溉前（2015 年 4 月 22 日、2016 年 4 月 29 日）在各块试验田分别随机设置 9 个取样位置，每个取样位置用土钻取 0～10cm、10～20cm、20～30cm、30～40cm、40～60cm、60～80cm、80～100cm 共 7 层土样；玉米播前（2014 年 4 月 7 日、2016 年 4 月 13 日）分别在各块试验田取土样，取样位置及深度同播前；于 2015 年 5 月 8 日和 2016 年 5 月 14 日在相应处理种植相同品种的玉米（科河 24 号玉米），于 2015 年 5 月 25 日和 2016 年 5 月 28 日在相应处理种植相同品种的葵花（浩丰 6601 杂交食用葵花），统计各试验田内作物的出苗率，记录相应的出苗时间。

2. 试验方法

2015 年、2016 年 4 月初在微咸水灌溉试验地块、黄河水漫灌地块和试验站井灌地块按 4 钻 7 层法取土样测含水率、全盐量、八大离子、pH、颗分，取环刀测土壤水分特征曲线、田间持水量、容重、速效 N、速效 P、速效 K；取土样时以滴头为中心，在垂直滴灌带距滴头 0cm、17.5cm、35cm 和 60cm 处分别取 0～10cm、10～20cm、20～30cm、30～40cm、40～60cm、60～80cm 和 80～100cm 土层土壤；春汇试验灌前和播前所取土样测全盐量、pH、速效氮、速效磷和速效钾含量。

作物播前在全量春汇地块、半量春汇地块、不春汇地块、玉米黄河水地面灌地块、葵花黄河水地面灌地块按 4 钻 7 层法取土样测含水率、养分、全盐量、八大离子、$Ec_{1:5}$，取环刀测土壤水分特征曲线、容重和颗分。

土壤水分测定方法：在各试验处理膜内和膜外分别埋设 TDR 管，埋设深度120cm，间隔 7 天监测不同试验处理各土层含水率；每天 08：00、14：00、18：00观测各处理埋设的张力计读数，并记录；土钻取土后装入铝盒，采用中兴 101 型电热鼓风干燥箱在 105℃烘 8h，借助电子天平（精确至 0.01g）由称重法计算土壤含水率；间隔 1 个月利用称重法测得含水率校正 TDR 监测的含水率值。

土壤盐分、碱性、养分测定方法：从试验田取回的土样经自然风干后碾压过 2mm 孔径标准筛，将过筛后的土样与去离子水按 1∶5 搅拌混合，静置一段时间澄清后，用雷磁 DDSJ-308A 电导仪测定上清液电导率，用上海雷磁 PHS-25 台式数显 pH 计测定上清液 pH。用 EDTA 滴定法测定 Ca^{2+}、Mg^{2+}（mg/kg）；火焰光度计法测定 Na^{+}（mg/kg）；1 mol/L KCl 浸提，紫外分光光度计测定硝态氮（mg/kg）；1 mol/L KCl 浸提，靛酚蓝比色法测定铵态氮（mg/kg）；0.5 mol/L $NaHCO_3$ 浸提，钼锑抗比色法测定速效磷（mg/kg）；NH_4OAc 浸提，火焰光度计测定速效钾（mg/kg）。

5.1.2 不同春汇定额对土壤环境效应影响

1. 不同春汇定额对土壤盐分影响

整理分析 2016 年 QH 处理（2250m³/hm²）、BH 处理（1125m³/hm²）和 NH 处理（0m³/hm²）在春汇试验灌前（4 月 29 日）和播前（5 月 13 日）各层土壤盐分分布如图 5-1～图 5-3 所示。

从图 5-1～图 5-3 可以看出，春汇试验灌前虽然各处理土壤盐分状况不完全相同，但在竖直剖面上总体分布一致，总体呈现出随着土层深度的增加，土壤含盐量逐渐减少趋势，表层 20cm 土壤含盐量最高，明显大于相同处理其他土层，这主要是在试验前一年作物收获后，试验田同当地其他未做处理农田一样经历了 5 个月的冻结和蒸发，土壤溶液中水分蒸发后，盐分离子滞留在表层土壤中。另外，土壤中盐分离子随着土壤水向表层运动，逐渐向表层聚集也会导致这一现象。

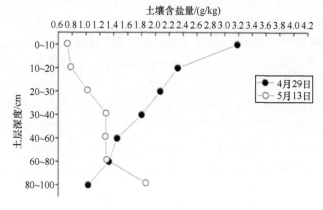

图 5-1 QH 处理春汇期间土壤盐分分布图

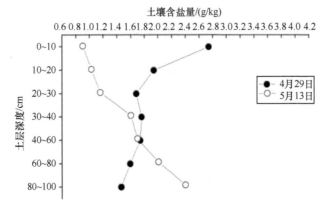

图 5-2　BH 处理春汇期间土壤盐分分布图

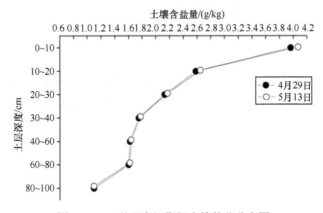

图 5-3　NH 处理春汇期间土壤盐分分布图

QH 处理 0~80cm 和 BH 处理 0~60cm 均脱盐，NH 处理表层 10cm 土层含盐量增加，其他各层土壤含盐量几乎没有变化，这主要是受到汇水处理后的历时 15 天里，NH 处理的试验田受表土蒸发的影响，因此，表层 10cm 含盐量略有升高。从图中可以看出 QH 处理 80~100cm 和 BH 处理 60~100cm 均积盐，这主要原因是汇水后，表层土壤中易溶性盐分融入水中，随着灌溉水补给地下水竖直向下运动，下层土壤中含盐量相对汇水前增加；QH 处理和 BH 处理灌水后，相同深度土层内，QH 处理比 BH 处理土壤含盐量低，这说明汇水灌溉定额越高，盐分被淋洗得越深，越彻底。

通过式（5-1）、式（5-2）计算各处理在 4 月 29 日和 5 月 13 日期间的脱盐率和洗盐率，绘制成图 5-4、图 5-5。

脱盐率：

$$P_{ch} = \frac{W_c - W_b}{W_c} \times 100\% \tag{5-1}$$

脱盐率<0 表示积盐，即积盐率等于负的脱盐率取绝对值。

洗盐率：

$$\eta_x = \frac{W_c - W_b}{m} \times 100\% \qquad (5\text{-}2)$$

式中，W_c 为春汇灌溉前土壤含盐量，g/hm^2；W_b 为播种前土壤含盐量，g/hm^2；m 为秋浇定额，m^3/hm^2。

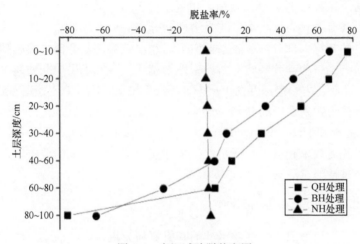

图 5-4　春汇试验脱盐率图

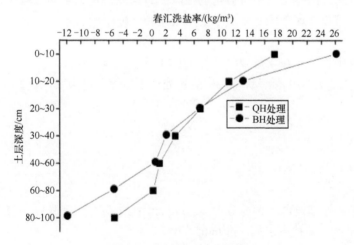

图 5-5　春汇试验洗盐率图

从图 5-4 可以看出 0～80cm 内，QH 处理的脱盐率大于 BH 处理；在 80～100cm，QH 处理积盐率小于 BH 处理，这是由于 QH 处理灌水定额大，对试验田土壤盐分淋洗充分，上层土壤中盐分随水下渗向下层运动，一部分滞留下来，滞留在 80～100cm 土层的盐分随水向更深层运移所致。BH 处理各土层均积盐，且各土层积盐率相差不大，这主要是试验期间受表土蒸发的影响；从图 5-5 可以看出无论 QH 处理还是 BH 处理，表层的洗盐效率均大于底层，这主要是由于灌溉水是由表层向深层下渗的。试验灌溉所用黄河水本身含盐量低，矿化度仅为 0.49g/L，灌溉水进入试验田后，表层土壤中易溶性盐类诸如钾盐、钠盐和多数氯化物几乎全部融入水中，随水向下运动。部分难溶性盐随着温度的逐渐升高，历时一段时间（5 月 13 日之前）之后，也逐渐溶于水，随水向下运动。到达下层的灌溉水已经含有大量表层土壤中的易溶性盐分和部分难溶性盐，浓度升高，下层土壤中易溶性盐绝大部分溶解随水分向下运动，难溶性盐分部分溶解随水向下运动，部分灌溉水中的盐分在此滞留。距地表越深，融入水中的盐分越少，滞留的盐分越多，直至到达一定深度的土层（QH 处理 80cm 以下，BH 处理 60cm 以下），滞留的盐分多于融入水中的盐分，出现积盐。从图 5-5 可以看出，除表层 20cm 土层外，QH 处理和 BH 处理 0～60cm 土层洗盐效率相差不大，这说明，并非灌溉定额越大，洗盐效率越高。在满足农田播种前土壤水盐环境的要求下，春汇期间没必要灌入过量的黄河水。

2. 不同春汇定额对土壤养分影响

碱解氮又称速效氮，包括易水解的有机氮和无机氮，反映了土壤近期内氮素供应情况；速效磷是土壤中可被植物吸收的磷组分，包括全部水溶性磷、部分吸附态磷及有机磷；速效钾是土壤中的水溶性钾，随土壤含水率及盐分浓度变化而变化。

通过测定各处理在 4 月 29 日和 5 月 13 日取土样的养分，整理分析 QH 处理、BH 处理和 NH 处理在春汇前和播种前各处理土壤养分淋失率，计算见式（5-3）、式（5-4）：

$$P_s = \frac{N_c - N_b}{N_c} \times 100\% \tag{5-3}$$

$$\eta_s = \frac{N_c - N_b}{m} \times 100\% \tag{5-4}$$

式中，N_c 为春汇灌溉前土壤养分含量，mg/hm^2；N_b 为春汇灌溉后播前土壤养分含量，mg/hm^2；m 为秋浇定额，m^3/hm^2。

整理各处理碱解氮、速效磷和速效钾淋失率如图 5-6～图 5-8 所示。从图 5-6 和图 5-8 可以看出 QH 处理和 BH 处理在 0～50cm 土壤中碱解氮和速效钾淋失率 $P_s > 0$，在 50～60cm 土壤中碱解氮和速效钾淋失率 $P_s < 0$，这说明碱解氮和速效钾受灌溉水淋洗作用在 0～50cm 土层中减少，在 50～60cm 土层中增加。同盐分淋洗类似，由于春汇灌溉水本身所含碱解氮和速效钾含量很低，灌溉水进入试验

田，土壤中易水解的有机氮、无机氮和水溶性钾溶入水中，随水下渗向下层运动，并逐渐在下层滞留聚集，下层土壤中溶入灌溉水中的氮素和水溶性钾小于在该土

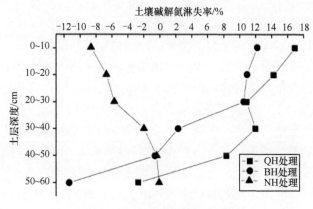

图 5-6　春汇试验碱解氮淋失率图

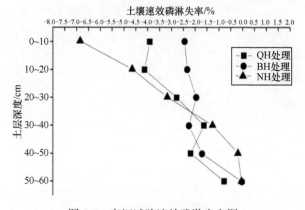

图 5-7　春汇试验速效磷淋失率图

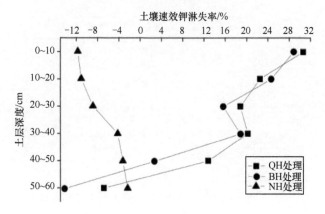

图 5-8　春汇试验速效钾淋失率图

层滞留的氮素和水溶性钾量，导致下层土壤中碱解氮和速效钾含量相比汇水试验前反而增加。

从图 5-7 可以看出各处理土壤中速效磷淋失率 $P_s<0$，这说明相比春汇灌溉前各处理土壤中速效磷含量均增加，随着土层深度的增加，速效磷的淋失率逐渐增大，这说明随着土层深度的增加，速效磷的增长率逐渐减小。这主要是由于试验前一年种植过玉米的农田土壤中水溶性磷多数被玉米植株吸收，土壤中残留的吸附态磷和有机磷，相对速效钾和碱解氮难于被淋失；其次在试验期间，土壤温度已经回升至10℃以上，土壤中有机磷分解，水溶性磷和吸附态磷含量增加，进入灌溉水并随水分下渗向下运动的磷素小于土层中增加的磷素，因此，各处理土壤中磷素总体上呈增加趋势；另外随着表层向深层解冻，土壤温度随土层深度增加而降低，有机质分解量减少，土层中磷素增长率随之减小。

整理各处理碱解氮、速效磷和速效钾淋失率如图 5-9～图 5-11 所示，从图中

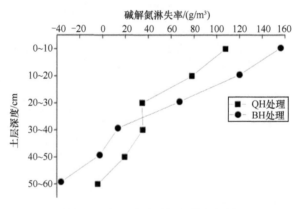

图 5-9　春汇试验碱解氮淋失率图

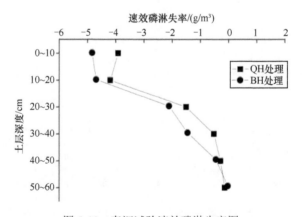

图 5-10　春汇试验速效磷淋失率图

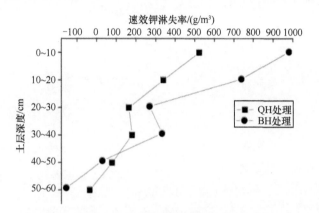

图 5-11　春汇试验速效钾淋失率图

可以看出，碱解氮和速效钾的淋失效率在表层 30cm 内，BH 处理比 QH 处理高；在 30～60cm 内，BH 处理比 QH 处理低；从图 5-10 可以看出 QH 处理和 BH 处理对速效磷的淋失效率 P_s<0，且速效磷淋失效率随着土层深度的加深而增大。这说明在春汇试验期间，各层土壤速效磷含量在增长，QH 处理和 BH 处理的速效磷增长效率随着土层深度的增加而减小，且在相同深度土层，速效磷的增长效率 BH 处理大于 QH 处理。

3. 不同春汇定额对土壤 pH 影响

通过试验测定土壤溶液（土水质量比 1：5）的 pH，整理分析各处理春汇灌溉前和灌后播种前各土层 pH，绘制图 5-12～图 5-14 所示。

各处理土壤溶液 pH 在 7.5～8.4。在表层 60cm 内，各处理土壤溶液 pH 在试验期间前后变化不大；在 60～100cm 土层内，相比灌前各处理在播前土壤溶液 pH 均减小。QH 处理和 BH 处理表层 30cm 土壤溶液 pH<8.15，这主要是由于灌水后，表层土壤中 CO_3^{2-} 和 HCO_3^- 含量减少，土壤由碱性向中性过渡。

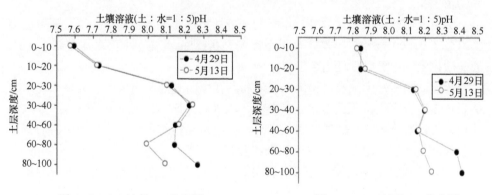

图 5-12　QH 处理 pH 分布图　　　　　图 5-13　BH 处理 pH 分布图

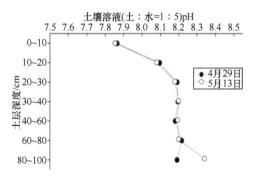

图 5-14 NH 处理 pH 分布图

4. 不同春汇定额对土壤水分和土壤温度的影响

玉米播种前测试试验田表层 10cm 土壤温度，发现 NH 处理>BH 处理>QH 处理>14℃。

玉米播种前取表层 20cm 土样测试土壤含水率，发现 QH 处理>BH 处理>NH 处理>50%θ_{fc}。

5.1.3　不同春汇定额对典型作物出苗的影响

土壤温度和水分是种子发芽的必要条件。相关研究表明玉米和葵花出苗率主要取决于土壤的水分和温度。玉米播种时 0～10cm 土层适宜含水率 18%～26%，适宜温度 16.5～18℃；葵花播种时表层土壤适宜温度在 10℃以上，苗期 0～10cm 土层适宜含水率在（35%～45%）θ_{fc}。在春播期，气温虽然相同，但各个田块的地温是不同的，这是由于地温不仅与气温有关，还和土壤的疏松程度、土壤含水量有关。在相同气温时，若春汇灌水量适宜，土壤水分含量小，地温高，促进幼苗生长；反之，若春汇灌水量太大，土壤水分也大，地温低，影响种子发芽，抑制幼苗生长。

除了土壤的温度和水分外，土壤的盐分环境也影响着作物出苗率。研究表明玉米苗期 0～10cm 土层土壤含盐量不宜大于 0.12%；葵花在土层含盐量低于 0.5% 的盐渍化土壤中可以保证出苗。

统计试验田及当地农民耕地的玉米和葵花出苗时间及出苗率，结果如表 5-2。从表 5-2 可以看出，无论玉米还是葵花，灌水处理比 NH 处理出苗率高，但 QH 处理、BH 处理和对照处理之间玉米和葵花出苗率相差不大，这说明春汇灌溉可以有效淋洗表层土壤盐分，保证玉米和葵花的正常出苗率，说明 1125m³/hm² 和 2250m³/hm² 灌水定额均能充分淋洗表层土壤中盐分，达到玉米和葵花的发芽出苗要求。春汇后覆膜滴灌和覆膜地面灌溉对前期作物出苗时间和出苗率无影响；相同条件下土壤盐分环境对葵花出苗的影响大于对玉米的出苗影响。

表 5-2　作物出苗情况统计表

汇水处理	玉米/%	出苗时间	葵花/%	出苗时间
传统地面灌溉处理	99.53	2016 年 5 月 27 日	91.12	2016 年 6 月 5 日
QH 处理	99.52	2016 年 5 月 27 日	90.72	2016 年 6 月 5 日
BH 处理	99.68	2016 年 5 月 27 日	91.05	2016 年 6 月 5 日
NH 处理	94.84	2016 年 6 月 1 日	86.56	2016 年 6 月 14 日

NH 处理试验田玉米出苗时间要比 QH 处理、BH 处理和对照处理晚 5 天左右；NH 处理试验田葵花出苗时间要比 QH 处理、BH 处理和对照处理晚 10 天左右。这说明土壤盐分环境除了影响玉米和葵花的出苗率外，还延缓了出苗时间。因此，对在前一年农事活动结束后未做任何处理的盐碱耕地，需要在第二年春播种前 20 天左右引黄河水灌溉，保证出苗率和出苗时间。

5.1.4　不同春汇方式对土壤环境效应影响

2015 年于 4 月 23 日春汇，一年春汇处理引黄灌水定额 2250m³/hm²，两年春汇处理引黄灌水定额 0（设定 2015 年为非春汇灌溉年）；2016 年于 4 月 30 日春汇，一年春汇处理引黄灌水定额 2250m³/hm²，两年春汇处理引黄灌水定额为 2250m³/hm²（设定 2016 年为春汇灌溉年）。测试春汇灌溉前和玉米播前所取土样的盐分和养分，分析不同春汇方式对土壤环境效应的影响。

1. 不同春汇方式对土壤盐分影响

整理分析一年春汇和两年春汇处理在 2015 年、2016 年灌水前和玉米播前 0～100cm 各层土壤盐分情况见表 5-3。

从表 5-3 可知，一年春汇处理土壤脱盐主要集中在表层 40cm，土壤积盐主要集中在 80～100cm；两年春汇处理 2015 年土壤积盐主要集中在表层 20cm，两年春汇处理在 2016 年土壤脱盐主要集中在表层 40cm，土壤积盐主要集中在 80～100cm；两年春汇处理在 2015 年播前表层 60cm 土壤含盐量明显大于一年春汇处理，这说明春汇灌溉可以有效淋洗表层 60cm 土壤盐分；两年春汇处理在 2016 年灌前各层土壤含盐量均高于一年春汇处理，这主要是由于两年春汇处理 2015 年未进行春汇灌溉，各土层积盐；2016 年播前，两年春汇处理和一年春汇处理表层 40cm 土壤含盐量相差不大，这说明两年春汇处理在 2015 年未春汇的情况下，2016 年灌溉黄河水 2250m³/hm² 后表层 40cm 土壤盐分可以得到充分淋洗。

表5-3　春汇期间不同春汇方式土壤含盐情况表（单位：kg/hm^2）

春汇制度	日期	0~20cm	20~40cm	40~60cm	60~80cm	80~100cm
一年春汇	2015年4月22日	8794.5	5700.5	4271.7	3795.8	2939.6
	2015年5月7日	2414.5	3402.6	3770.9	3710.2	5308.4
	2016年4月29日	9258.2	5405.9	3682.5	3841.9	2882.5
	2016年5月13日	2798.3	3181.7	3800.3	4109.8	5536.8
两年春汇	2015年4月22日	9018.4	5862.5	4183.3	3710.2	3139.4
	2015年5月7日	10747.3	5818.4	4231.4	3823.5	3193.4
	2016年4月29日	16997.4	10237.4	6484.5	5877.0	5822.2
	2016年5月13日	3134.0	3844.5	4212.8	4309.5	7220.6

2. 不同春汇方式对土壤养分和pH影响

整理分析一年春汇和两年春汇处理在2015年、2016年灌水前和玉米播前0~60cm土壤养分情况及0~20cm土壤pH情况如表5-4所示。

表5-4　春汇期间不同春汇方式土壤部分养分和pH情况表

春汇制度	日期	pH	碱解氮/（kg/hm^2）	速效磷/（kg/hm^2）	速效钾/（kg/hm^2）
一年春汇	2015年4月22日	7.94	493.9	71.4	1377.8
	2015年5月7日	7.85	432.9	73.7	1097.1
	2016年4月29日	7.82	508.2	76.4	1386.4
	2016年5月13日	7.80	451.2	79.0	1058.0
两年春汇	2015年4月22日	8.04	492.3	70.3	1394.2
	2015年5月7日	8.05	519.9	74.4	1493.4
	2016年4月29日	8.01	507.8	77.2	1402.4
	2016年5月13日	7.83	423.9	77.8	1074.3

从表5-4可以看出，表层20cm土壤经过春汇灌溉pH略减小，这主要是由于春汇后表层土壤中CO_3^{2-}和HCO_3^-含量减少；表层60cm土壤碱解氮和速效钾含量经过春汇灌溉后减少，两年春汇处理土壤碱解氮和速效钾含量在2015年玉米播前相比春汇前分别增加5.61%和7.12%，这主要是由于碱解氮和速效钾容易被灌溉水淋失；表层60cm土壤速效磷含量无论春汇与否均增加，主要原因是春汇前土壤中速效磷主要是吸附态磷和有机磷，不容易被淋失，春汇期间有机磷分解，土壤中吸附态磷和水溶性磷含量增加。

5.1.5 不同春汇方式对典型作物出苗的影响

调查统计 2015 年、2016 年一年春汇和两年春汇处理的典型作物出苗率结果如表 5-5 所示。

表 5-5 不同春汇方式作物出苗率统计表 （单位：%）

春汇制度	2015 年		2016 年	
	玉米	葵花	玉米	葵花
一年春汇	99.52	90.68	99.61	90.59
两年春汇	94.67	87.01	99.55	90.61

一年春汇处理每年春季都引黄河水灌溉农田。从表 5-5 可以看出，2015 年和 2016 年的作物出苗率相差不大；两年春汇处理 2015 年春季未引黄河水灌溉，相比一年春汇处理玉米和葵花出苗率分别减小 4.85% 和 3.67%，两年春汇处理 2016 年春季引黄河水灌溉农田，同一年春汇处理的作物出苗率相差不大，这说明两年春汇处理在引黄河水春汇灌溉年份可以保证作物正常出苗。

5.2 秋浇对土壤环境效应影响研究

秋浇对土壤环境效应影响试验于 2014 年 5 月～2015 年 5 月在内蒙古河套灌区临河九庄试验基地（107°18′E，40°41′N）进行。试验基地深处内陆，属于中温带半干旱大陆性气候，多年平均降水量为 140mm，平均气温为 6.8℃，昼夜温差大，日照时间长，多年日照时间平均值为 3229.9h，是中国日照时数较长的地区之一。光、热、水同期，无霜期为 130 天左右，适宜于农作物生长。该地一般每年 11 月中旬土壤开始封冻，次年 5 月上旬融通。试验区以粉砂壤土为主，0～100cm 土壤容重为 1.38g/cm³，平均田间持水率为 28.5%，试验区土壤物理及水力参数见表 5-6，土壤全氮量、全磷量、全钾量（质量比）分别为 0.093%、0.07%、1.60%，有机质质量比为 1.2%，pH 为 7.6。玉米生育期地下水埋深范围为 1.89～3.08m，平均埋深 2.84m，非生育期受秋浇及冻融的影响，地下水埋深变化较为剧烈，平均为 2.36m。

表 5-6 试验区土壤物理及水力参数

土层/cm	颗粒组成/%			容重/（g/cm³）	田间持水率/%	初始电导率/（dS/m）
	0.01～2μm	>2～50μm	>50～2000μm			
0～40	17.46	68.45	14.09	1.36	27	0.33
>40～70	24.93	68.47	6.6	1.37	30	0.25
>70～100	4.22	40.74	55.04	1.41	29	0.22
0～100	15.73	60.14	24.13	1.38	28.5	0.28

5.2.1 试验设计与方法

1. 试验设计

膜下滴灌玉米品种为内单314，采用1膜1管（滴灌带）2行种植方式，滴灌带铺设间距120cm，地膜宽70cm，玉米宽窄行种植，宽行70cm，窄行50cm，株距22cm，密度75000株/hm²。采用耐特菲姆内镶贴片式滴灌带，管内径16mm，流量1.60L/h，滴头间距30cm。膜下滴灌玉米5月1日播种后统一灌出苗水30mm，之后采用北京奥特思达科技有限公司生产的张力计控制灌溉。参考康跃虎（2004）研究成果，张力计埋设在膜内滴头下20cm处，分别设置基质势为−10kPa、−20kPa、−30kPa、−40kPa 4个灌水下限处理，简记为D_1、D_2、D_3、D_4，每个处理为一个灌水单元（长25m，宽7.2m，面积180m³），当张力计读数达到相应值时开始灌水。灌溉水采用当地地下水，灌溉水的水温一般在8～12℃，设计灌水定额为30mm。D_1处理5～9月灌水次数分别为2次、4次、8次、3次、0次；D_2处理6月、7月较D_1各少灌1次水；D_3处理7月、8月较D_2分别少灌2次、1次水；D_4处理5～7月较D_3各少灌1次水。4个处理总灌水次数分别为17次、15次、12次和9次，实际灌溉定额分别为518.0mm、444.7mm、368.3mm、268.3mm。

2014年秋浇期不同滴灌制度试验小区于10月12日均灌水180mm。具体过程为：各处理间用围堰隔开，每个小区灌黄河水32.4m³。于2015年5月6日播前取土测试土壤盐分。

2. 试验方法

分别在播前、生育期末收获后、次年播前取土测试土壤盐分。播前盐分取土方法为：土层深度0～60cm每10cm一层，60～100cm每20cm一层，后2次取土方法同上述水分测试取土方法。风干土经碾磨、过2mm筛后，用电导率仪（上海雷磁电导率仪DDSJ-308A）测试水土比为5：1的土壤浸提液的电导率，后经该试验区土壤含盐率Y（%）与Ec经验公式$Y=0.349Ec$计算土壤全盐含量。土壤盐分取3次重复。对1m土层土壤盐分进行平衡分析是评价盐分累积状况的重要方法。土壤含盐总量根据不同取样点控制质量加权计算，计算公式如式（5-5）和式（5-6）：

$$S = \sum_{i=1, n=1}^{i,n} (S_{ni} \times L_n \times h_i /1.2) \times 10000 \times \gamma_i \tag{5-5}$$

式中，S为盐分总量，kg/hm²；S_{ni}为取样点含盐量，g/kg；L_n为取样点控制土体宽度，m；h_i为取样点控制土体厚度，m；γ_i为相应土层土壤容重，g/cm³；n为1.2m宽度土壤剖面取样点；i为1m深土体取样点。

仅考虑播前收后土体盐分总量变化，根据质量守恒定律，其方程为

$$\Delta S = S_2 - S_1 \tag{5-6}$$

式中，ΔS 为播前收后土体盐分的改变量，kg/hm^2；$\Delta S>0$，说明生育期土体盐分增加；$\Delta S \leqslant 0$ 说明生育期土体盐分不增加；S_1、S_2 为播种前、收割后土体盐分总量，kg/hm^2。

秋浇前后土壤盐分的变化直接用土壤电导率的均值来评价。

5.2.2　秋浇对土壤盐分平衡的影响

秋浇对整个土壤剖面及膜内、膜外 0～100cm 土层盐分的影响见表 5-7。由表 5-7 可知，秋浇后各处理土壤盐分变异系数较秋浇前均明显降低，盐分分布更加均匀，这可能与土壤含盐量越高淋滤效果越好有关，各土层盐分最大值均降至非盐渍化水平。秋浇前 D_1 处理 0～100cm 土壤盐分不论整个剖面还是膜外均显著小于其余 3 个处理（$P<0.05$），说明控制灌水下限为-10kPa 可有效淋滤 0～100cm 土层盐分。秋浇前 0～100cm 膜内土壤盐分 D_1、D_2 明显低于 D_3、D_4（$P<0.05$），且 D_1、D_2 处理差异不显著（$P>0.05$），说明生育期内控制灌水下限为-10、-20kPa 可有效地淋滤 0～100cm 膜内土壤盐分。但总体而言，生育期内 D_1 处理对盐分淋洗效果最明显，而 D_2、D_3、D_4 处理对 0～100cm 土层盐分的影响差异性短期内不明显。秋浇后各处理间土壤电导率差异不显著（$P>0.05$），且土壤电导率变异系数较秋浇前均明显降低，表明秋浇后盐分分布更加均匀，这与土壤含盐量越高淋滤效果越好有关，各土层盐分均降至非盐渍化水平。秋浇前后 D_1、D_2、D_3、D_4 处理 0～100cm 的土壤电导率均值成对 t 检验，P 值均小于 0.05，均值差异性显著，秋浇后较秋浇前分别降低 22.77%、10.86%、26.14%、12.59%。可见，D_3 处理下滴灌-秋浇洗盐效果最佳。然而，河套灌区地下水埋深浅，冻融影响使盐分的问题更加复杂。如何合理有效地淋洗盐分使次年不影响苗期作物，且使长年滴灌条件下土壤不发生盐渍化是河套灌区发展膜下滴灌面临的关键问题。因此，河套灌区膜下滴灌盐分累积到何种程度秋浇，以及具体合理的秋浇制度有重要的研究价值，还需进一步深入研究。

表 5-7　滴灌灌水下限及秋浇对 0～100 cm 土层土壤盐分的影响

时间	取土位置	各滴灌下限土壤电导率/（dS/m）			
		-10kPa	-20kPa	-30kPa	-40kPa
秋浇前	膜外	0.36b	0.40a	0.41a	0.39a
	膜内	0.27b	0.30b	0.34a	0.34a
	平均	0.32b	0.35a	0.37a	0.37a
	变异系数/%	41	30	42	41

时间	取土位置	各滴灌下限土壤电导率/（dS/m）			
		−10kPa	−20kPa	−30kPa	−40kPa
秋浇后	膜外	0.27	0.32	0.31	0.34
	膜内	0.23	0.30	0.27	0.29
	平均	0.25	0.31	0.29	0.32
	变异系数/%	17	21	18	19
秋浇前后盐分变化/%		−22.77（P=0.01）	−10.86（P=0.04）	−26.14（P=0.01）	−12.59（P=0.03）

5.3 小　结

（1）受到冻结和蒸发的影响（11月中旬～次年4月中旬），土壤中盐分含量随着距地表深度的增加而减少，次年4月中旬各层土壤含盐量较前一年11月初均增加。春汇定额越大，对土壤盐分淋洗越充分，表层60cm脱盐率越大；碱解氮和速效钾易于被淋失，土壤中速效磷主要是吸附态磷和有机磷，难于被淋失，春汇期间土壤速效磷含量反而增加。在表层30cm内，春汇定额越大，淋失率和淋失效率越大；引黄河水春汇灌溉可以减少表层土壤中CO_3^{2-}和HCO_3^-的含量，使得土壤由碱性向中性过渡；春汇定额越大，表层10cm土壤温度越低，表层20cm土壤含水率越高；春汇灌溉具有保证作物出苗率和出苗时间的作用。

两年春汇处理在非春汇灌溉年未能通过引黄河水灌溉有效淋洗表层土壤盐分，导致0～100cm各层土壤含盐量均大于一年春汇处理，玉米、葵花出苗率相对一年春汇处理减小4%左右；两年春汇处理在灌溉年通过引黄河水2250m³/hm²可以有效改善表层40cm土壤盐分状况，在播前达到一年春汇处理表层40cm的土壤含盐状况。

为了淋洗盐碱地表层土壤盐分，防止农田土壤次生盐碱化，在前一年秋季农作物收获后未做任何处理的情况下，需要制定科学的春汇制度，引黄河水灌溉农田，确保农田盐分安全，保证作物正常出苗和苗期正常生长发育。每年4月中旬，耕地自前一年冬季封冻后消融至地表以下80cm。综合考虑春汇定额及春汇制度对表层土壤盐分、养分、pH、作物出苗和农艺措施的影响，2014～2016年春汇试验初步确定为：最佳春汇制度为两年一春汇，春汇时间为每年4月中旬，春汇定额为2250m³/hm²。

（2）秋浇洗盐是为了满足次年作物生长的要求。因此，次年播种前后的土壤盐分状况是评价秋浇灌水制度优劣的主要依据。本章以次年春播前土壤盐分含量与秋浇前盐分含量的差值来近似评估秋浇洗盐的效果。秋浇盐分的淋洗效果一是受秋浇定额的影响，秋浇定额越大，洗盐效果越好；二是受秋浇前地下水位埋深的影响，埋深越大，秋浇越能将盐分淋洗至土壤深层，淋洗效果也越好。另外，冻融作用对秋浇土壤盐分淋洗过程也有复杂的影响。在冻结期，由于冻结是一个自上而下逐渐进行的过程，其间非饱和土壤的内排水过程，会使得盐分随水分向下迁移，这在一定程度上抑制了冻结期地下水及其下层土壤中盐分的上移。在土壤冻结期间，在冻结和排水的共同作用下冻结层储盐总量变化不大，冻结层返盐率与地下水的排水排盐条件是密切相关的，排水排盐条件越好，田间储盐量减少越多，会使得冻结层返盐率越低，甚至会出现脱盐现象。在消融期，一般认为在冻结层以下，部分土壤水转化为地下水，土壤处于排水过程，盐分也会随之淋洗，冻结层以上由于蒸发作用，表层会积盐。因此，秋浇前至次年春播前土壤盐分的变化是秋浇和冻融共同作用的结果。

非生育期洗盐灌溉（秋浇）效果显著，秋浇灌溉黄河水 180mm 后，次年春播前 0~100cm 土壤盐分下降 10.86%~26.14%，剖面分布较均匀，是干旱半干旱地区控制膜下滴灌土壤盐分的有效途径。

第6章 地下水滴灌-引黄补灌区域农田水土环境变化分析

6.1 区域概况与试验方法

6.1.1 隆盛井渠结合典型区概况

隆胜井灌区位于河套灌区中部的临河市隆胜乡永刚分干渠灌域，地理坐标为107°28′E，40°51′N，海拔1037m。隆胜井灌区自1998年12月开始建设，2003年完成全部64眼灌溉机电井的建设，井灌区面积466.66hm²，井灌区位置见图6-1，黑色框中为井灌区。

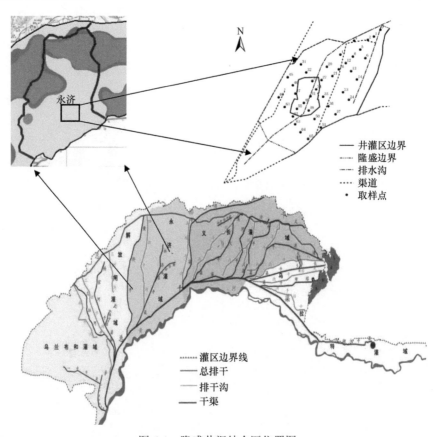

图6-1 隆盛井渠结合区位置图

在井灌区与周边黄灌区新打地下水位观测井 14 眼，其中黄灌区新打 4 眼，井灌区与黄灌区交界处新打 4 眼，井灌区内新打 6 眼。井灌区周边黄灌区，于 2000 年 7 月底完成了全部建设任务，共衬砌支斗农渠 119 条，长度 141.22km；预制混凝土 16210m³，重建改造渠系建筑物 2178 座，包括西济支渠和东济支渠 2 个支渠流域，控制面积 6333hm²，规划设计灌溉面积 4867hm²。其中西济支渠是从永济灌域永刚分干渠二闸上开口引水的一条群管渠道，全长 9.6km，控制灌溉面积 2867hm²。东济支渠是从永济灌域永刚分干渠与西济支渠平行在其东侧的一条群管渠道，全长 8km，控制灌溉面积 2000hm²。节水改造后支、斗、农三级渠道的渠系水利用系数从原来的 0.62 达到了 0.91，田间水利用系数达到 0.92，平均毛引水量由 7185m³/hm² 下降到 5235m³/hm²，平均节水 27%。2000 年，监测区种植作物主要为小麦，占 60%～70%，玉米、葵花占 30%～40%。2000 年之后，玉米种植比例逐年增加，小麦种植比例逐年减小。监测区种植比例如图 6-2 所示（以 2013 年为例）。

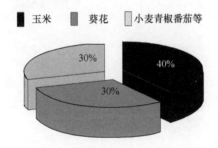

图 6-2　2013 年隆盛试区种植比例图

6.1.2　试验设计

2013～2015 年在隆盛井渠结合区典型农田开展监测，主要包括井灌、渠灌区典型作物（玉米、葵花、小麦）灌溉制度，灌水前后土壤水分、盐分变化，收获后典型作物产量。

搜集区域内长系列地下水常规观测井水位数据和土壤盐分数据，区域渠道引水量数据和气象数据，分析井渠结合对地下水位调控效果及对土壤盐分的影响。区域地下水埋深分布主要利用已有和新打地下水观测井监测地下水位值、区域土壤盐分分布主要是秋浇前取样获取。

6.1.3　测定项目与方法

1. 土壤水分的测定

分别于播前、灌前灌后及收获后取土测试土壤水分，取 3 次重复，土样垂直分层方法为 0～40cm 每 10cm 一层，40～100cm 每 20cm 一层。

2. 区域地下水位及土壤盐分的测定

区域地下水主要数据来源于河套灌区地下水常规观测井，每 5 天观测一次。区域土壤盐分分别于 2014 年 10 月初用手持式 GPS 找寻固定农田，在农田中央取土，以保证每次取土是在同一田地内来减小土壤盐分空间变异（图 6-3）。

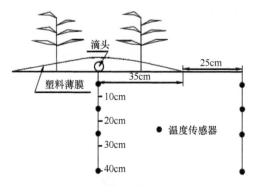

图 6-3　温度传感器埋设位置示意图

6.2　井渠结合区域地下水变化规律分析评估

6.2.1　数据来源及处理

1. 年引水量

区域年引水数据来源于河套灌区永济灌域管理局永刚灌溉所，由于井灌区不完全位于西济支渠灌域内，引水数据来源于西济支渠，年引水量数据除以西济支渠控制土地面积换算成单位面积引水量，代替研究区引水量，单位为 m，文中简记为 Y。

2. 年降水及 ET_0

降水、气象数据用临河气象站数据，降水、ET_0 单位均换算为 m，分别简记为 P，ET_0。ET_0 采用 FAO-56PM 公式计算逐日 ET_0，计算过程如下（刘钰等，1997）：

$$ET_0 = \frac{0.408\Delta(R_n - G) + \gamma\dfrac{900}{T+273}U_2(e_s - e_a)}{\Delta + \gamma(1 + 0.34U_2)} \tag{6-1}$$

式中，ET_0 为参考作物蒸发蒸腾量，mm/d；Δ 为温度-饱和水汽压关系曲线在 T 处的切线斜率，kPa/℃，即

$$\Delta = \frac{4098 \cdot e_s}{(T + 237.3)^2} \tag{6-2}$$

式中，T 为平均气温，℃；e_s 为饱和水汽压，kPa；

$$e_s = 0.611 \exp\left(\frac{17.27T}{T + 237.3}\right) \tag{6-3}$$

$$R_n = R_{ns} - R_{nl} \tag{6-4}$$

式中，R_n 为作物冠层表面的净辐射，MJ/（m^2·d）；R_{ns}、R_{nl} 分别为净短波辐射和净长波辐射，与日照时数、气象站所在地理位置、日序数、大气边缘太阳辐射及日地相对距离的倒数有关。

$$G = 0.38(T_d - T_{d-1}) \tag{6-5}$$

式中，T_d、T_{d-1} 分别为第 d 天、第 $d-1$ 天日气温，℃；G 为土壤热通量，MJ/（m^2·d）。

$$\gamma = 0.00163P / \lambda \tag{6-6}$$

式中，P 为气压，kPa；γ 为湿度计常数，kPa/℃；λ 为潜热，MJ/kg，即

$$\lambda = 2.501 - (2.361 \times 10^{-3}) \cdot T \tag{6-7}$$

U_2 为 2m 高度处的日平均风速，m/s；e_a 为实际水汽压，kPa，计算方法如下：

$$e_a = 0.5e_s(T_{min}) \cdot \frac{RH_{max}}{100} + 0.5e_s(T_{max}) \cdot \frac{RH_{min}}{100} \tag{6-8}$$

式中，e_s（T_{min}）、e_s（T_{max}）分别为最低气温 T_{min}、最高气温 T_{max} 时饱和水汽压，kPa；RH_{max}、RH_{min} 分别为日最大相对湿度与日最小相对湿度，%。

3. 井渠结合工程措施

井渠结合工程措施采用虚拟变量，1994～2003 年井灌实施前记为 0，2004～2013 年记为 1，整体简记为 WC。

4. 地下水埋深

地下水埋深数据来源于河套灌区永济灌域管理局永济灌溉试验站，每 5 天观测 1 次，单位为 m，简记为 WL。

6.2.2　分析评估方法

1. 生存分析原理（卢守峰等，2009）

生存函数又称为累计生存概率，表达式：

$$S_{(u)} = P(X > u) = \int_u^\infty f(\theta) \mathrm{d}\theta \tag{6-9}$$

本书中把变量 u 看成地下水埋深，则生存函数 $S_{(u)}$ 表示地下水埋深大于某一值时的概率。Kaplan-Meier 分析方法又称乘法极限估计、PL 法和最大似然估计（吴

冰，2006）。这是一种生存函数的非参数算法，在处理小样本时，充分利用每个数据所包含的信息，得到满意的预测模型。

2. 通径分析方法

通径分析（path analysis）最早由数量遗传学家 Sewall Wright 于 1921 年提出，它能够不受自变量间度量单位和自变量变异程度的影响，直接量化反映各自变量的相对重要性；同时能得到自变量对因变量的直接作用和间接作用，进而分析变量间的相互关系、自变量对因变量的作用方式和程度（蔡甲冰等，2011）。本书利用通径分析和指标敏感性分析来量化研究各因素对地下水埋深的影响程度。计算中出现的统计学指标有通径系数 P、各因素对回归方程估测可靠程度 E 等，具体计算过程参见文献（杜家菊和陈志伟，2010；崔党群，1994；程新意和李少疆，1990）。

3. 其他数据分析方法

数据的方差分析、相关分析、主成分分析及生存分析预测均采用 SPSS19.0，回归分析直接用 Excel2003 数据分析功能实现。

6.2.3 井渠结合对地下水位调控效果分析评估

1. 井渠结合前后地下水埋深均值分析

井渠结合前（1994～2003 年）、后（2004～2013 年）两个时间段巴 122、巴 127 地下水埋深描述性统计结果如表 6-1 所示。井渠结合改造前，巴 127 地下水埋深不论平均值、最大值、最小值、中位数均大于巴 122，如表 6-2 所示，经独立样本 t 检验，两井地下水埋深差异显著（$P=0.045$）。但自 2003 年在 122 井周围实施井灌后，巴 127 地下水埋深平均值为 2.35m，大于巴 122 井 0.59m，达到极显著水平。而通过对同一地下水观测井井渠结合前后两个时间段地下水埋深配对 t 检验，结果如表 6-3 所示，井渠结合前后巴 122 地下水埋深无差异，说明井渠结合并未影响到巴 122 地下水埋深，而对巴 127 井地下水埋深有着极显著的影响。

表 6-1　巴 122、巴 127 地下水埋深描述性统计结果　（单位：m）

项目	1994～2003 年						2004～2013 年					
	观测数	平均值	最大值	最小值	中位数	标准差	观测数	平均值	最大值	最小值	中位数	标准差
巴 122	10	1.82	2.16	1.56	1.86	0.22	10	1.76	2.00	1.42	1.74	0.19
巴 127	10	1.58	2.02	1.22	1.50	0.28	10	2.35	2.67	2.10	2.31	0.15

表 6-2　巴 122 井、巴 127 井地下水埋深 t 检验

时间段	Levene 检验		均值方程的 t 检验						
								95% 置信区间	
	F	Sig.	t	df	Sig.	均值差	标准差	下限	上限
1994~2003 年	0.329	0.574	−2.151	18	0.045	−0.246	0.114	−0.486	−0.006
2004~2013 年	1.480	0.240	−7.777	18	0.000	−0.596	0.077	−0.757	−0.435

表 6-3　井渠结合前后地下水埋深配对 t 检验

观测井	成对差分				t	df	Sig.
	均值	标准差	95% 置信区间				
			下限	上限			
巴 122　前−后	0.064	0.287	−0.142	0.270	0.705	9	0.499
巴 127　前−后	−0.778	0.369	−1.042	−0.514	−6.674	9	0.000

2. 井渠结合前后地下水埋深方差分析

　　井渠结合前（1994~2003 年）、后（2004~2013 年）区域地下水埋深的方差分析结果见表 6-4。组间的显著性概率远小于显著性水平 0.01，井渠结合对地下水埋深的影响达到了极显著水平，说明井渠结合对地下水的调控效果是显著的。井渠结合前后区域地下水埋深如图 6-4 所示，1994~2003 年井渠结合前地下水埋深均值为 1.577m，2004~2013 年地下水埋深为 2.355m，井渠结合后较之前地下水埋深增大 0.778m。而渠灌区内 127 井 2004~2013 年较 1994~2003 年地下水平均埋深升高 0.064m，组间显著性概率为 0.501，故可认为渠灌区内地下水埋深无显著变化，说明井渠结合工程措施对地下水的调控是影响地下水埋深的最重要因素。

表 6-4　井渠结合前后地下水埋深方差分析表

差异源	SS	Df	MS	F	P-value	F-crit
组间	3.026	1	3.026	59.081	4.31E−07	4.414
组内	0.922	18	0.051			
总计	3.948	19				

3. 井渠结合前后地下水埋深生存分析

　　表 6-5 和表 6-6 为井渠结合区地下水埋深生命表的均值、中位数和四分位数。可以看出，自实施井渠结合后，地下水埋深的均值、中位数和四分位数的差异很明显，而表 6-7 中 3 种检验方法的显著性概率值均为 0.000，达到了极显著水平，说明经过井渠结合改造后，地下水埋深减小程度很显著，与前边方差分析的结果

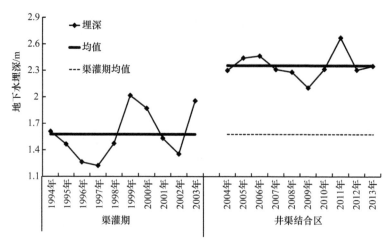

图 6-4　井渠结合前后区域地下水埋深

一致。从图 6-5 的重叠部分，说明井渠结合后地下水埋深下降迅速，短时间内达到一个稳定的水平，同时井渠结合后地下水埋深较之前波动幅度变小。井渠结合后的地下水埋深曲线走势陡、范围小，并且集中在 2.30～2.44m 范围内，说明在现有井渠结合条件下，地下水埋深较大的概率是在 2.30～2.44m。

表 6-5　井渠结合前后地下水埋深生命表

井渠结合	均值		95% 置信区间/m		中位数		95% 置信区间/m	
	估计/m	标准差/m	下限	上限	估计/m	标准差/m	下限	上限
1994～2003 年	1.577	0.09	1.401	1.753	1.473	0.053	1.369	1.578
2004～2013 年	2.355	0.047	2.263	2.446	2.312	0.007	2.299	2.325
整体	1.966	0.102	1.766	2.165	2.018	0.164	1.696	2.339

表 6-6　井渠结合前后地下水埋深四分位表

井渠结合	25.00%		50.00%		75.00%	
	估计/m	标准差/m	估计/m	标准差/m	估计/m	标准差/m
1994～2003 年	1.872	0.332	1.473	0.053	1.354	0.132
2004～2013 年	2.441	0.115	2.312	0.007	2.3	0.026
整体	2.312	0.008	2.018	0.164	1.473	0.065

表 6-7　不同检验方法对比

检验方法	卡方	df	Sig.
Log Rank（Mantel-Cox）	21.837	1	0.000
Breslow（Generalized Wilcoxon）	18.182	1	0.000
Tarone-Ware	20.007	1	0.000

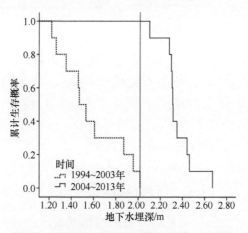

图 6-5　井渠结合前后地下水埋深生存曲线

6.2.4　井渠结合对地下水位影响成因分析评估

1. 地下水埋深影响因素相关性分析

区域地下水变化是区域地下水的补给和消耗相互平衡的结果，受降水、引水量、区域蒸发蒸腾量等因素共同作用。河套灌区年降水量少，径流系数小于 0.05，年径流深在 10mm 以下，降水对地下水的补给系数灌区均值为 0.11（郝芳华等，2008）。引水量是区域灌溉和秋浇制度的直接体现，是地下水的主要补给源。区域潜水蒸发和植被蒸腾是区域地下水的主要消耗项，这两项与区域气象因素密切相关，统一采用表示区域潜在蒸发蒸腾能力的 ET_0 进行计算。井灌区地下水的开采和渠灌区对地下水的补给也是影响地下水埋深变化的主要因素，本书在分析此因素的过程中统一采用虚拟变量进行表征。经统计分析，P 与 WL 的相关性为 -0.186，Y、ET_0、WC 与 WL 的相关性分别为 0.590、0.680、0.875，且均达到极显著相关水平。各因素间相关系数具体见表 6-8，各因素间关联性较强。

表 6-8　地下水埋深与各影响因素相关系数分析表

项目	P	Y	ET_0	WC	WL
P	1				
Y	-0.279	1			
ET_0	-0.282	0.668^{**}	1		
WC	-0.097	0.784^{**}	0.594^{**}	1	
WL	-0.186	0.590^{**}	0.680^{**}	0.875^{**}	1

**表示 $P<0.01$ 水平上显著相关。

2. 地下水埋深影响因素主成分分析

主成分分析法是将众多变量降维处理，通过找出几个综合因子尽可能反映原来变量的信息量，从而降低高维空间样本的计算量，减少分析问题的复杂性（陈伏龙等，2011）。对井渠结合典型区各影响因素（P、Y、ET_0、WC 分别为 X_1、X_2、X_3、X_4）20 年的时间序列值，采用主成分分析法，求得特征值、贡献率及相关系数矩阵，如表 6-9 所示。两个主成分表达式为

$$F_1 = -0.26X_1 + 0.94X_2 + 1.35X_3 + 1.79X_4 \tag{6-10}$$

$$F_2 = 0.58X_1 + 0.09X_2 + 0.00X_3 + 0.70X_4 \tag{6-11}$$

表 6-9　主成分分析结果表

主成分	初始特征值			提取的主成分		
	特征值	贡献率/%	累积贡献率/%	特征值	贡献率/%	累积贡献率/%
1	2.442	61.052	61.052	2.442	61.052	61.052
2	0.937	23.433	84.485	0.937	23.433	84.485
3	0.395	9.883	94.368			
4	0.225	5.632	100			

前两个主成分的累积贡献率超过 84.485%，基本包含了这 4 个因素的所有变异信息，其中第 1 主成分的贡献率达到 61.052%，综合了最多的信息。第 1 主成分中 P、Y、ET_0、WC 荷载分别为 –0.26、0.94、1.35、1.79，Y、ET_0、WC 的荷载均较大，说明地下水埋深的变化是自然因素（P、ET_0）和人为因素（Y、WC）共同作用的结果，而人为因素大于自然因素，一般情况是天气越干旱，ET_0 越大，作物耗水量增加，井灌区抽水量增加，地下水位下降。第 2 主成分 P、Y、ET_0、WC 的荷载分别为 0.58、0.09、0.00、0.70，P 与 WC 荷载较大。第 2 主成分也是自然与人为因素共同作用的结果，Y 引水量人为因素很大，一般当降水量显著大于 211.76mm，Y 减小（屈忠义等，2015），渠灌区对井灌区地下水的补给减少，水位下降。

3. 地下水埋深影响因素通径分析

表 6-10 为影响因素对地下水埋深的通径分析结果。可知 WC 对 WL 的通径系数 P 为 0.939，其对 WL 的直接影响最大，而其通过其他因素对 WL 的影响最小，而同时其对 E 的贡献最大，为 0.810。因此，WC 是地下水下降的最主要因素；ET_0 对于 WL 的影响居于第 2 位，其对地下水埋深的影响直接和间接作用相当；Y 的直接作用为 –0.366，而 Y 通过 P、ET_0、WC 的间接作用之和达到 0.990，而对 E 的贡献为 –0.229，说明 Y 也是影响 WL 的一个重要因素；通径系数 P 为 –0.102，间接作用为 –0.084，对 E 的贡献为 0.019，说明 P 对 WL 的影响相对较小，这与该

地区降水少，降水强度小有关。由间接作用可知各因素间相互制约、相互影响，因而井渠结合区地下水埋深（WL）是降水（P）、引水（Y）、ET_0、井渠结合工程（WC）共同相互作用的结果。

表 6-10　各影响因素对地下水埋深的通径分析表

影响因素	通径系数 P	间接作用					E 的贡献
		P	Y	ET_0	WC	间接和	
P	−0.102		0.102	−0.095	−0.091	−0.084	0.019
Y	−0.366	0.028		0.226	0.736	0.990	−0.229
ET_0	0.338	0.029	−0.244		0.558	0.342	0.230
WC	0.939	0.010	−0.287	0.201		−0.076	0.810

4. 地下水埋深影响因素指标敏感性通径分析

通径分析过程中可通过减少某一因子观察 E 的变化来判定各因子对结果的相对重要性，在减少某个影响因素后其余因素对地下水埋深的通径分析结果会有所变化，并引起回归方程估测可靠程度 E、直接作用和间接作用的响应。表 6-11 中逐步减去各因素对地下水埋深的通径分析结果表明，与 4 个影响因素的分析结果相比，去掉 WC 后，引起 Y 的间接作用变化最大；在分别去掉 P、Y、ET_0、WC 后，E 分别由 0.830 降为 0.825、0.807、0.741、0.497，各因素对地下水埋深的敏感性依次为：WC>ET_0>Y>P。随着自变量个数减少，E 逐渐减小，进一步说明井渠结合区地下水埋深是多个因素共同作用的结果。

表 6-11　逐步减去影响因素对地下水埋深的通径分析

指标数	P		Y		ET_0		WC		E
	直接	间接	直接	间接	直接	间接	直接	间接	
4	−0.102	−0.084	−0.366	0.99	0.338	0.342	0.939	−0.076	0.830
3（P）			−0.329	0.953	0.361	0.320	0.908	−0.044	0.825
3（Y）	−0.051	−0.136			0.229	0.450	0.734	0.141	0.807
3（ET_0）	−0.148	−0.037	−0.216	0.825			1	−0.155	0.741
3（WC）	0.031	−0.217	0.251	0.339	0.521	0.159			0.497

6.3　井渠结合对典型农田灌溉制度及土壤水分盐分的影响

6.3.1　井渠结合区典型作物灌溉制度

本书以内蒙古河套灌区永济灌域隆盛井渠结合区为研究对象，连续三年监测了区域内渠灌区、井灌区典型作物（小麦、玉米、葵花）的灌溉制度，结果如表 6-12～表 6-17 所示。渠灌区典型作物灌水时间受制于渠道来水时间，井灌区灌水时间农民会根据作物生育进程、天气状况及土壤干湿程度而定，但不论渠灌区还是井灌区，单次灌水定额均较大，灌溉水量均是农民根据自己主观意志随机分配的结果。

表 6-12　井渠结合区小麦典型年生育期灌溉制度

典型区	典型地块	灌水次数/次	灌水时间	灌水定额/mm	灌溉定额/mm	平均次灌水定额/mm
渠灌区	小麦南	1	5 月 3 日	173.67	442.02	147.34
		2	5 月 22 日	123.3		
		3	6 月 16 日	145.05		
	小麦北	1	5 月 2 日	176.1	540	180
		2	5 月 21 日	136.8		
		3	6 月 14 日	227.1		
	平均				491.01	163.67
井灌区	小麦南	1	5 月 7 日	235.83	827.43	206.858
		2	5 月 18 日	237		
		3	5 月 27 日	225		
		4	6 月 17 日	129.6		
	小麦北	1	5 月 12 日	214.2	791.7	197.925
		2	5 月 18 日	243		
		3	5 月 26 日	121.5		
		4	6 月 19 日	213		
	平均				809.57	202.39

表 6-13　不同年份井渠结合区小麦生育期灌溉制度

年份	灌溉	灌水次数/次	平均灌水定额/mm	灌溉定额/mm
2013	渠灌	3	163.67	491.01
	井灌	3～4	197.69	710.87
2014	渠灌	2	152.99	305.96
	井灌	4	202.39	809.57
2015	渠灌	3	122.78	368.34
	井灌	3～4	149.04	522.85
平均	渠灌	2～3	146.48	388.44
	井灌	3～4	183.04	681.10

表 6-14　不同年份井渠结合区玉米生育期灌溉制度

年份	灌溉	灌水次数/次	平均灌水定额/mm	灌溉定额/mm
2013	渠灌	3～4	126.47	505.87
	井灌	4～5	149.46	549.03
2014	渠灌	4	112.11	448.43
	井灌	4～6	121.35	668.78
	滴灌	7	36.99	258.98
2015	渠灌	3	122.78	368.34
	井灌	4～5	140.23	520.68
	滴灌	10	33.03	330.26
平均	渠灌	3～4	120.45	440.88
	井灌	4～6	137.01	579.50
	滴灌	6～10	35.01	294.62

表 6-15　井渠结合区玉米典型年生育期灌溉制度

典型区	典型地块	灌水次数/次	灌水时间	灌水定额/mm	灌溉定额/mm	平均次灌水定额/mm
渠灌区	玉米南	1	5 月 23 日	116.25	429.75	107.45
		2	6 月 20 日	96.26		
		3	7 月 11 日	133.25		
		4	8 月 8 日	84		
	玉米北	1	5 月 20 日	123.39	467.10	116.78
		2	6 月 20 日	116.57		
		3	7 月 16 日	105		
		4	8 月 8 日	122.15		
	平均				448.43	112.11
井灌区	玉米南	1	5 月 12 日	119.78	592.97	118.59
		2	5 月 30 日	107.31		
		3	6 月 16 日	108.69		
		4	7 月 11 日	130.85		
		5	8 月 3 日	126.35		
	玉米北	1	5 月 12 日	143.4	744.60	124.10
		2	6 月 1 日	127.8		
		3	6 月 19 日	118.8		
		4	7 月 12 日	129.6		
		5	7 月 31 日	114.3		
		6	8 月 3 日	110.7		
	平均				668.78	121.35

典型区	典型地块	灌水次数/次	灌水时间	灌水定额/mm	灌溉定额/mm	平均次灌水定额/mm
		1	5 月 12 日	37.35		
		2	6 月 3 日	22.95		
		3	6 月 20 日	45.00		
井灌区	滴灌玉米	4	7 月 3 日	24.08	258.98	36.99
		5	7 月 16 日	40.73		
		6	7 月 28 日	48.38		
		7	8 月 20 日	40.50		

表 6-16　井渠结合区葵花典型年生育期灌溉制度

典型区	典型地块	灌水次数/次	灌水时间	灌水定额/mm	灌溉定额/mm	平均次灌水定额/mm
	葵花南	1	5 月 23 日	191.25	347.94	173.97
		2	7 月 18 日	156.69		
渠灌区	葵花北	1	5 月 24 日	146.565	271.245	135.615
		2	7 月 18 日	124.68		
	平均				309.585	154.793
	葵花南	1	5 月 29 日	99.9	324.45	108.15
		2	7 月 11 日	130.05		
		3	8 月 1 日	94.5		
井灌区	葵花北	1	5 月 28 日	119.25	368.625	122.875
		2	7 月 12 日	147		
		3	8 月 2 日	102.375		
	平均				346.538	115.513

表 6-17　不同年份井渠结合区葵花生育期灌溉制度

年份	灌溉	灌水次数/次	平均灌水定额/mm	灌溉定额/mm
2013	渠灌	2-3	195.23	492.81
	井灌	2-3	153.62	385.25
2014	渠灌	2	154.79	309.59
	井灌	3	115.51	346.54
2015	渠灌	2	120.46	240.91
	井灌	2	138.78	277.55
平均	渠灌	2-3	156.83	347.77
	井灌	2-3	135.97	336.45

渠灌区小麦生育期灌水 2～3 次，单次灌水定额变化范围为 123.3～227.1mm，不同年份平均灌水定额为 146.48mm，平均灌溉定额为 388.44mm，小于生育期小麦需水量 512.2mm（闫浩芳，2008），渠灌区小麦大量消耗上年秋浇土壤储水及地下水；井灌区小麦生育期灌水 3～4 次，单次灌水定额为 121.4～243mm，不同年份平均灌水定额为 183.04mm，平均灌溉定额为 681.10mm，井灌区小麦存在着过量灌溉的现状，大量地下水经抽水后又回归地下水，而井灌区地下水埋深大，作物吸收利用困难，若单从灌溉水利用效率角度考虑是对能源的一种浪费，但也有可能是井灌区不秋浇，大的灌水定额是淋盐的需要，是农民长期实践过程中自行探索的一种灌溉水管理策略。

渠灌区玉米生育期灌水 3～4 次，单次灌水定额变化范围为 84～133.25mm，不同年份平均次灌水定额为 112.11～126.47，相差不大，平均灌水定额为 120.45mm，年灌溉定额为 368.34～505.87mm，平均灌溉定额为 440.88mm，小于生育期玉米耗水量，是降水和土壤水地下水消耗利用的结果；井灌区玉米生育期灌水 4～6 次，单次灌水定额为 108.69～143.40mm，不同年份灌水定额为 121.34～149.46mm，平均次灌水定额为 137.01mm，灌溉定额为 520.68～668.78mm，平均灌溉定额为 579.50mm。滴灌玉米生育期灌水 6～10 次，每次灌水 22.94～48.38mm，不同年份灌水定额为 33.01～36.99mm，平均次灌水定额为 35.01mm，灌溉定额为 258.98～330.26mm，平均灌溉定额为 294.62mm，较渠灌、井灌地面灌溉分别减少 33.17%、49.16%。

渠灌区葵花生育期灌水 2～3 次，以两次为主，单次灌水定额变化范围为 124.68～191.25mm，大定额的灌水主要是在葵花苗期和快速生长期，一般葵花现蕾开花长出花盘后将不再灌水。不同年份平均次灌水定额为 120.46～195.23mm，相差较大，平均灌水定额为 156.83mm，年灌溉定额为 240.91～492.81mm，平均灌溉定额为 347.77mm；井灌区葵花生育期灌水 2～3 次，单次灌水定额为 99.90～147.00mm，不同年份灌水定额为 115.51～153.62mm，平均次灌水定额为 135.97mm，灌溉定额为 277.84～385.25mm，平均灌溉定额为 336.45mm。

6.3.2 井渠结合区典型作物产量及灌溉水生产率

1. 示范区小麦产量因素分析

2014 年、2015 年在渠灌、井灌区各两个小麦监测地块内分别随机选取 3 个 1m×1m 的方格，单独收获，统计其株数、结实率，计算其产量及灌溉水生产率（IWP），结果如表 6-18 所示。

井灌区小麦较渠灌株数多，结实率两年变化各异，均大于 80%，产量两年差距较大，灌溉水生产率渠灌区达到 1.50kg/m^3 以上，井灌区在 0.77～1.23kg/m^3。

表6-18 井渠结合区小麦产量及灌溉水生产率

年份	灌溉区	株数/（株/m²）	结实率/%	产量/（kg/hm²）	IWP/（kg/m³）
2014	渠灌区	498	83.09	4600.20	1.50
	井灌区	530	86.24	6237.90	0.77
2015	渠灌区	423	92.29	6899.00	1.87
	井灌区	503	86.09	6448.25	1.23

2. 示范区玉米产量因素分析

2014年、2015年在隆盛井渠结合区选取渠灌、井灌、滴灌各两个监测田块，每个田块分别选取 2m²×3 个样点，单独收获，晒干脱粒测产。考种指标有棒长、秃尖长、穗行数、穗粒数、穗粒质量、千粒重、产量等，结合灌溉定额计算灌溉水生产率，如表6-19所示。

表6-19 井渠结合区玉米产量及灌溉水生产率

年份	灌溉区	棒长/cm	秃尖/cm	周长/cm	圈数/圈	千粒重/g	产量/(kg/hm²)	IWP/(kg/m³)
2014	渠灌区	20.75	1.31	17	17	402.01	13990.65	3.12
	井灌区	19.11	2.64	16	16	399.04	14680.80	2.20
	滴灌	18.93	0.40	17	18	409.78	19240.95	7.43
2015	渠灌区	24.22	3.41	17	16	267.95	12768.83	3.47
	井灌区	22.70	2.24	17	18	253.68	10747.72	2.06
	滴灌	19.17	1.25	16	16	283.10	14055.00	4.26

滴灌玉米棒子短，秃尖少，千粒重大，子粒饱满，2014年较井灌增产31.1%，较渠灌增产37.5%，2015年较井灌增产30.8%，较渠灌增产10.1%，玉米滴灌有较大的增产潜力。灌溉水生产率滴灌玉米最高，渠灌次之，井灌最低。

3. 示范区葵花产量因素分析

2014年、2015年选取渠灌、井灌各两个葵花监测田块，每个监测田块分别选取 2m²×3 个样点，单独收获，晒干脱粒测产。统计其亩株数、盘径、结实率、千粒重，计算亩产量，结果如表6-20所示，可知2014年葵花渠灌产量高，结实率高。

表6-20 井渠结合区葵花产量及灌溉水生产率

年份	灌溉区	盘径/cm	结实率/%	千粒重/g	产量/（kg/hm²）	IWP/（kg/m³）
2014	渠灌区	23.17	82.50	179.00	4432.50	1.43
	井灌区	21.8	80.19	189.75	3933.00	1.13
2015	渠灌区	25.98	75.98	215.63	4472.98	1.86
	井灌区	23.57	74.26	210.98	5315.53	1.92

不论井灌还是渠灌，2015 年葵花产量均较 2014 年大幅增加，但灌水较 2014 年明显不足，灌溉水生产率有了很大的提高。

6.3.3　井渠结合区典型地块土壤水分、盐分变化

2013 年、2014 年分别在隆盛井渠结合区选取渠灌、井灌玉米典型田块监测了土壤水分、盐分，结果如图 6-6、图 6-7 所示。土壤含水率均在灌水、降水及作物蒸腾作用下波动变化，但 2013 年、2014 年渠灌区土壤水分生育期结束较生育期初平均大–3.28%，–20.10%，总体处于消耗状态，而井灌区 2013 年、2014 年生育期末土壤水分分别较生育期初大 6.74%、–17.27%，井灌区及时灌水不至于出现渠灌区生育期内整个土壤剖面水分整体下降的情况。

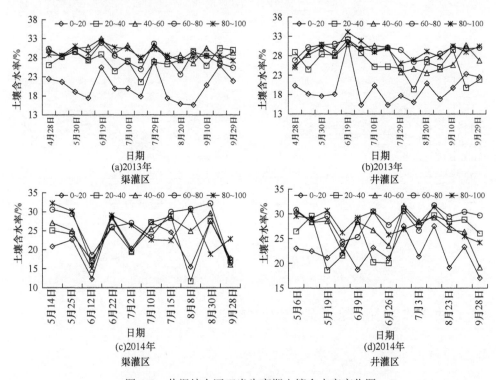

图 6-6　井渠结合区玉米生育期土壤含水率变化图

渠灌区、井灌区土壤盐分生育期变化有着明显的差别。渠灌区土壤在 6 月上中旬有明显的增大，主要是因为此时河套灌区玉米农田地表裸露，蒸发强烈，渠灌不能及时灌水，蒸散发消耗的水分主要来自上年秋浇所保持的土壤墒情，下层土壤水分不断上移被消耗，盐分在水分的作用下也随之上移积累直至第一水灌水前达到最大值；而后在灌水、蒸腾的作用下波动变化，直至 8 月上中旬渠灌生育

期灌水停止，土壤盐分又开始逐渐升高，说明渠灌区秋浇是必需的，有压盐保墒的双重效应。而井灌区不秋浇，一般是玉米出苗后立即灌水，盐分并未出现"返浆"，通常井灌区灌水次数多，灌溉定额大，土壤盐分当季能维持平衡，这是其多年不用秋浇的主要原因。

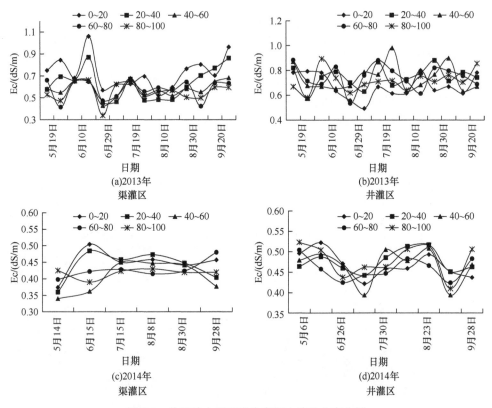

图 6-7　井渠结合区玉米生育期土壤盐分变化图

6.3.4　井渠结合对区域土壤盐分变化影响评估

1. 井渠结合对土壤盐分年季变化的影响

1）数据来源及整理

土壤盐分年际变化数据来自于内蒙古河套灌区永济灌域管理局永济灌溉试验站，所有盐分数据均为内蒙古水利科学研究院、内蒙古农业大学等单位与之合作，依托国家大型灌区节水改造试验研究成果及自治区水利科研项目成果，在隆盛井渠结合示范区内进行的盐分监测资料。其中 2002～2005 年 11 个采样点、2009～2010 年 13 个采样点、2013～2014 年 11 个采样点，2015 年 5 个采样点，其中同一时间段内（如 2002～2005 年）取样点位置是固定的，但不同时间段取样点是在区域内随机分布的。

河套灌区土壤盐分受灌溉季节的影响很大，故所有盐分均取自夏灌前数据（即 5 月初至 5 月中下旬），并将所有点盐分数据进行平均作为区域土壤盐分数据，井灌区数据点平均作为井灌区土壤盐分数据，同理，渠灌区平均代表渠灌区土壤盐分状况。

2）结果与分析

井渠结合区土壤盐分变化及井灌区、渠灌区土壤盐分变化如图 6-8、图 6-9 所示。井渠结合前及初期（2002～2005 年）区域土壤盐分均值为 0.1886g/100g，井渠结合运行几年后（2010～2015 年）土壤盐分为 0.1278g/100g，下降 32.31%；由 t 检验结果（表 6-21）可知，井渠结合使得区域土壤盐分明显下降，说明对区域土壤盐分的调控效果显著。

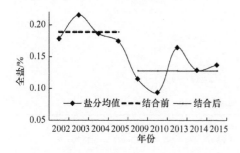

图 6-8　井渠结合区土壤盐分变化

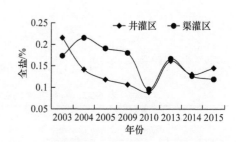

图 6-9　井灌区、渠灌区土壤盐分变化

表 6-21　井渠结合前后区域土壤盐分独立样本 t 检验

方差方程的 Levene 检验			均值方程的 t 检验						
	F	Sig.	t	df	Sig.	均值差	标准差	95% 置信区间	
								下限	上限
方差相等	0.344	0.576	3.909	7	0.006	0.06099	0.0156	0.0240929	0.0978867
方差不相等			4.078	6.941	0.005	0.06098	0.01495	0.0255672	0.0964124

由图 6-9 可知，井渠结合初期井灌区土壤盐分较渠灌区下降剧烈，2005 年土壤盐分较 2003 年同一地块低 45.13%，整个系列井灌区土壤盐分较渠灌区低 18.56%，但方差分析结果显示两者差异性并不显著，主要可能是 2010 年后土壤盐分趋于一致所致，而这主要是土壤盐分空间变异性大，前后几次取土地块位置不能一一对应所致。

2. 井渠结合对区域土壤盐分分布影响

如图 6-10 所示，以隆盛井渠结合典型区为研究对象，在区域内选取 39 块典型农田为盐分取样点，取样分析 0～100cm 每 20cm 一层的土壤盐分变化，结果如表 6-22 及图 6-10 所示。

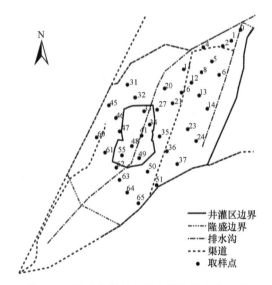

图 6-10　隆盛井渠结合区土壤取样点分布图

表 6-22　隆盛井渠结合区土壤盐分描述性统计结果

土层	平均/ （dS/m）	标准误差/ （dS/m）	中位数/ （dS/m）	众数/ （dS/m）	标准差/ （dS/m）	方差	最小值/ （dS/m）	最大值/ （dS/m）	变异系数
0～20cm	0.324	0.035	0.266	0.213	0.218	0.047	0.111	1.251	0.671
20～40cm	0.341	0.031	0.276	0.267	0.196	0.038	0.101	0.917	0.575
40～60cm	0.335	0.027	0.298	0.177	0.167	0.028	0.135	0.857	0.497
60～80cm	0.331	0.026	0.308	0.349	0.162	0.026	0.127	0.928	0.489
80～100cm	0.321	0.020	0.293	0.213	0.126	0.016	0.142	0.704	0.394

由表 6-22 统计结果可知，井渠结合区土壤盐分随着土层深度的增加而减小，且变异性也越来越弱，根据土壤性质变异划分等级（CV≤0.1 为弱变异，0.1<CV≤1 为中等变异，CV>1 为强变异）判别（史文娟等，2014），土壤盐分均属于中等变异。根据土壤盐渍化程度划分标准，除 0～20cm 个别点外土壤盐分均处于轻度盐渍化以下水平，大多是非盐渍化土壤。

如图 6-11 所示，0～20cm 区域东部盐分明显高于西部，土壤盐分由西部向东部递增，区域盐分呈带状分布，部分盐分高值区呈斑状零星分布于区域东北及西南部，井灌区位置盐分处于中等水平；20～40cm 区域土壤盐分分布与 0～20cm 相似，呈东北部至西南部依次减小的趋势，在井灌区位置处盐分交错分布，处于较低水平；40～60cm 处区域盐分较上层明显变小，盐分低值区进一步增大，井灌区

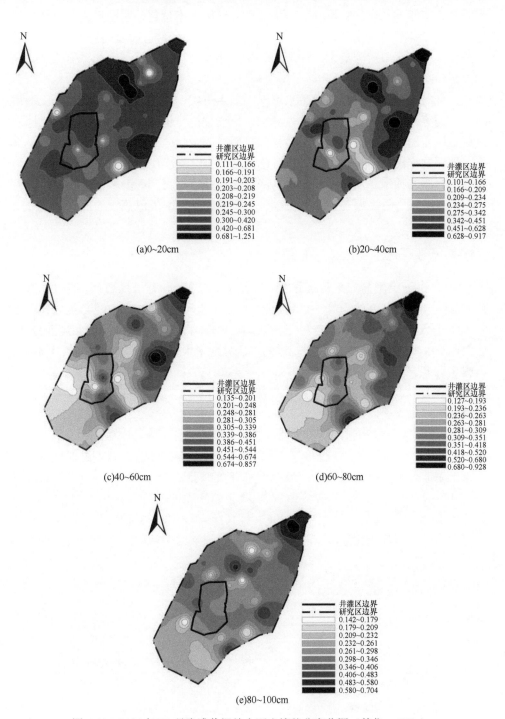

图 6-11　2014 年 10 月隆盛井渠结合区土壤盐分变化图（单位：dS/m）

土壤盐分均低于 0.451dS/m；60~80cm 处井灌区西南位置处明显形成一个盐分低值区，而沿井灌区西南位置处至区域东北方向，盐分径向递增，特别是距离井灌区最远端的东北角盐分最大；80~100cm 土壤盐分进一步减小，盐分变化规律同 60~80cm。

盐分的空间变化可能与地下水埋深、灌水方式、植物生长差异，以及土壤质地、结构等多因素有关。该区域内灌水、作物种植结构、生长状况、土壤质地、结构等均是随机分布的，而土壤盐分却呈明显的带状分布的趋势，主要可能是地下水埋深的作用。研究区西南角靠近临河区，郊区村庄生活用水多来自地下水，再加上井灌的抽水作用，地下水位下降，土壤盐渍化得到缓解。表层土壤盐分并未有明显趋势，这主要与秋收后土壤处于积盐阶段，受灌溉蒸发的影响，盐分变化较大有关。

3. 井渠结合区地下水埋深与土壤盐分交互效应

0~100cm 土壤盐分呈带状分布，井灌区及周围土壤盐分均较低，有以井灌区为中心盐分径向升高的趋势。井灌区（8 个点）土壤盐分均值为 0.293dS/m，渠灌区（31 个点）为 0.341dS/m，较井灌区高 16.33%。同期地下水埋深以井灌区最高。选取地下水观测井与盐分取样点较近的点研究地下水埋深与土壤盐分的相互关系，如图 6-12 所示，两者呈三次多项式关系：$y = -0.4307x^3 + 2.3139x^2 - 4.0267x + 2.5233$（$R^2 = 0.9071$），这个区域内当地下水埋深达到 2.091m 时，土壤盐分达到极大值；当地下水埋深大于此值土壤盐分下降，且由二阶导数 $y'' = -2.5842x + 4.6278$ 可知，当地下水埋深大于 1.79m，地下水埋深越大，土壤盐分下降越剧烈；而当地下水埋深小于 1.79m，地下水埋深越接近于 0，土壤盐分下降越剧烈，说明此时地下水埋深与土壤盐分是一种指数关系；当地下水埋深小于 2.0m 时，由 $y = -0.4307x^3 + 2.3139x^2 - 4.0267x + 2.5233$（$R^2 = 0.9071$）计算所得的 Ec 值与地下水埋深的关系如图 6-12（b）所示，符合 $y = 1.899e^{-1.113x}$（$R^2 = 0.8928$）的指数关系。这与管孝艳等（2012）对盐渍化灌区土壤盐分与地下水埋深的关系研究结果一致，不同的

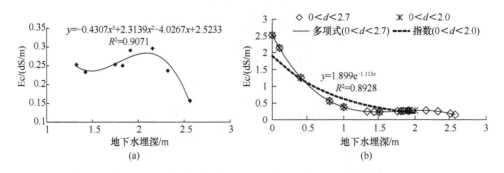

图 6-12　隆盛井渠结合区地下水埋深与土壤盐分关系图

是其发现土壤盐分与地下水埋深一直呈很好的指数关系，而本书发现井渠结合区土壤盐分与地下水埋深的现有样本指数关系并不明显，而是三次多项式关系，主要可能是因为井渠结合区随着水文循环过程的改变，土壤盐分循环也随之改变；另一个原因是河套灌区地下水观测井均不在农田内，管孝艳等（2012）的盐分取样点与观测井在同一个位置，属于荒地，没有灌溉过程，土壤盐分一直处于积盐状态，与农田的灌溉洗盐过程截然不同。

地下水埋深是土壤发生盐渍化的一个决定性条件，地下水位埋深越浅，蒸发量越大，土壤积盐越严重，而地下水埋深较深的区域土壤盐分含量低（阮本清等，2008；Shouse et al.，2006）。浅层地下水埋深为 1.4~2.5m 时，有利于作物生长，但从控制土壤盐碱化的角度看，地下水埋深宜控制在 2.0m 左右（罗金明等，2010；Rudzianskaite and Sukys，2008）。地下水埋深大于 1.79m 后，埋深越大，土壤盐渍化程度越轻，且盐分下降越快，越有利于盐分的控制。干旱半干旱地下水浅埋深区域土壤盐分的控制应首先考虑调控地下水位，结合此研究及现有研究成果，建议地下水埋深应不小于 2.0m，结合合理灌溉等农业技术措施和其他土壤改良方法必然会使得土壤盐渍化程度越来越得到抑制。

6.4　长期引黄滴灌水盐动态预测

本节使用 HYDRUS-EPIC 模型，并结合中国农业大学、内蒙古农业大学、武汉大学田间试验、野外试验和室内土柱试验的研究结果，对引黄滴灌不同管理模式下作物产量、土壤水盐动态过程进行模拟预测。

6.4.1　无秋浇条件下黄河水滴灌水盐动态预测

无秋浇情景下的模拟条件如下：作物类型为玉米，采用内蒙古农业大学试验所得最优的滴灌制度（表 6-23），地下水位取值 1.9m，为河套灌区现状条件平均地下水位（武汉大学）；土壤质地为粉砂壤土，地下水矿化度取 3.5g/L，灌水矿化度取 0.6g/L，气象条件选用 2014 年作为典型年（较干旱年份），模拟周期为 10 年，即经冬季冻融后 0~30cm 深度土壤含盐量增加 15%，含水率增加 10%。

表 6-23　玉米灌溉制度

生育阶段	播种-出苗	出苗-拔节	拔节-抽穗	抽穗-灌浆	灌浆-成熟	合计灌水次数/次	灌溉定额/mm
日期	5月1日~6月3日	6月4日~7月8日	7月9日~7月25日	7月26日~8月20日	8月21日~10月1日		
灌水次数/次	3	4	3	4	1	15	337

在上述灌溉制度的基础上，增设 5 组灌溉定额，结果见表 6-24。

表 6-24　灌溉定额表

序号	增加比例/%	灌溉定额/mm	灌水次数/次	单次灌水量/mm
1	0	337	15	22.50
2	10	371	15	24.75
3	20	405	15	27.00
4	30	439	15	29.25
5	40	473	15	31.50
6	50	506	15	33.75

图 6-13 为连续十年滴灌条件下土壤盐分动态和作物产量变化情况。从图中可看出：无秋浇情况下，不同灌溉定额多年滴灌后土壤含盐量均增加；当灌溉量小于 405mm 时，土壤积盐迅速，经过 4～5 年的盐分累积后，土壤从非盐化土变成轻度盐化土或盐化土；当灌溉量大于 405mm 时，由于没有秋浇措施，第二年土壤含盐量迅速增加，经过 3～4 年的盐分累积后逐渐趋于平衡，但由于灌溉量相对较大，经 10 年耕作后土壤总体含盐量能控制在非盐化土范畴（1.5g/kg）以内。

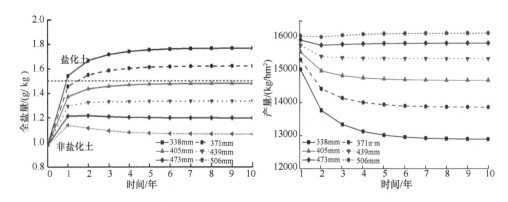

图 6-13　不同灌溉量下土壤 0～60cm 盐分含量及作物产量变化图

图 6-14 中为不同灌溉定额条件下土壤剖面盐分变化图。由于没有秋浇洗盐措施，土壤剖面盐分含量均呈不同程度的增加；当灌溉定额较小时[图 6-14（a）～（c）]，盐分累积主要在 0～40cm，其中 20～40cm 累积量最大；随着灌溉定额的增大[图 6-14（d）～（f）]，逐渐表现出灌溉洗盐效果，土壤盐分达到平衡时为非盐化土；当灌溉定额超过 506mm 时，表层土壤含盐量低于底层，表明生育期的大灌溉量可以达到控盐目的，但其总灌溉水量已经接近或超过生育期与秋浇期灌溉量的总和，达不到节水控盐的目的。

6.4.2　秋浇条件下引黄滴灌水盐动态预测

由以上分析可知，枯水年滴灌灌溉定额为 337mm 和 371mm 时盐分累积量较

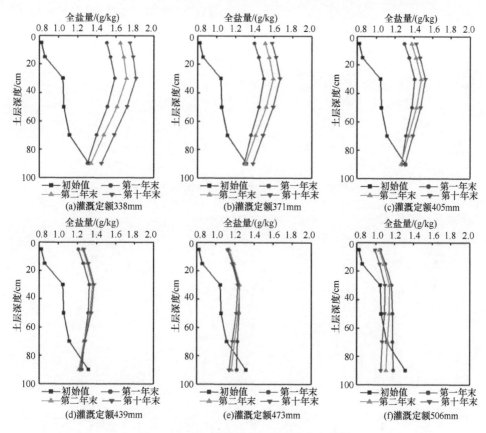

图 6-14　多年滴灌下土壤剖面盐分变化图

大，因此有必要进行秋浇。灌溉定额为 337mm 时，设每年一秋浇、两年一秋浇、三年一秋浇三种模式；灌溉定额为 371mm 时，设五年一秋浇。综合考虑现状条件和节水灌溉的大背景，秋浇灌溉量设三种情形：270mm（100%秋浇）、216mm（80%秋浇）、162mm（60%秋浇）。

1）灌溉定额 337mm，一年一秋浇情形

图 6-15 为不同秋浇定额下土壤盐分含量及作物产量变化情况对比。可以看出有秋浇情形土壤平均全盐量较无秋浇情形分别低 0.318g/kg、0.58g/kg、0.79g/kg，盐分淋洗效果均较好。四种情形年均灌溉水量分别为 337mm、500mm、554mm、608mm，年均产量分别为 13.3t/hm²、15.4t/hm²、15.9t/hm²、16.2t/hm²，有秋浇较无秋浇产量分别提高 16.21%、19.7%、21.8%。

图 6-16 为模拟的土壤剖面盐分变化图，可以看出秋浇对盐分的淋洗效果都较好，十年内土壤盐分均呈脱盐趋势。因此，枯水年滴灌灌溉定额为 337mm 时秋浇定额为 162mm 即可满足盐分淋洗需求。

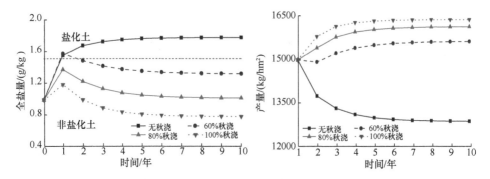

图 6-15　不同秋浇定额下土层 0~60cm 全盐量及作物产量变化情况（一年一秋浇）

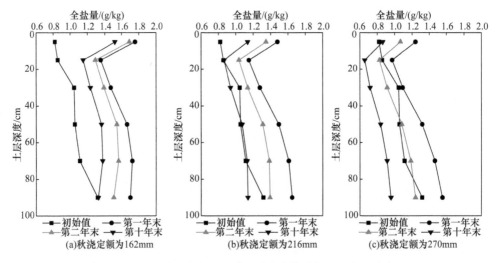

图 6-16　不同秋浇定额下土壤盐分剖面变化图（一年一秋浇）

2）灌溉定额 337mm，两年一秋浇情形

图 6-17 为不同秋浇定额下盐分含量与作物产量变化情况对比。可以看出，三种秋浇定额年均灌溉水量分别为 419mm、446mm、473mm，土壤平均全盐量较无秋浇情形分别降低 0.14g/kg、0.30g/kg、0.45g/kg；产量分别为 14.4t/hm^2、14.8t/hm^2、15.2t/hm^2，较无秋浇情形分别提高 8.3%、11.6%、14.4%，增产效果明显。

图 6-18 为两年一秋浇土壤剖面盐分变化图。可以看出，60%秋浇定额对盐分的淋洗较弱，淋洗效果主要在 10~40cm 的土层，而下层盐分明显升高，秋浇后土壤仍呈轻度盐化土；而 80%和 100%秋浇定额灌溉后土壤为非盐渍化土。考虑土壤盐渍化问题及节水灌溉问题，两年一秋浇的秋浇定额可选 216mm（80%情形，140m^3/亩）。

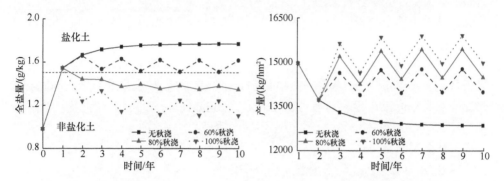

图 6-17　不同秋浇定额下 0～60cm 土层全盐量及作物产量变化情况（两年一秋浇）

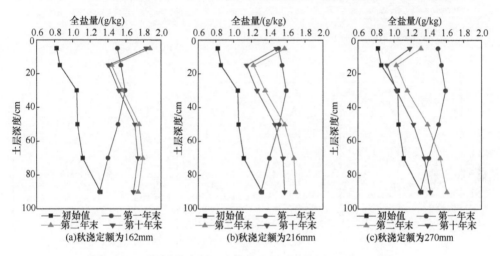

图 6-18　不同秋浇定额下土壤盐分剖面变化图（两年一秋浇）

3）灌溉定额 337mm，三年一秋浇情形

图 6-19 为不同秋浇定额下盐分含量与作物产量变化情况对比。可以看出，三种

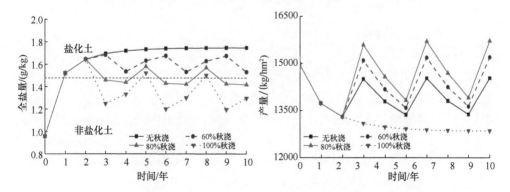

图 6-19　不同秋浇定额下土层 0～60cm 全盐量及作物产量变化情况（三年一秋浇）

秋浇定额下土壤全盐量较无秋浇情形分别低 0.1g/kg、0.21g/kg 和 0.33g/kg，其中 60%秋浇定额下生育末期土壤处于轻度盐化水平，盐分淋洗效果较弱；80%秋浇定额下生育末期土壤处于盐化土临界状态；100%秋浇定额下土壤平均全盐量有明显下降，盐分淋洗效果明显。三种秋浇定额下年均灌溉水量分别为 386mm、402mm、418mm，产量分别为 14.0/hm²、14.3t/hm²、14.6t/hm²，较无秋浇情形分别提高 5.6%、8%、10.1%。秋浇可起到增产的目的，三年一秋浇相较于每年秋浇减少了秋浇用水。

图 6-20 为三年一秋浇土壤剖面盐分变化图。可以看出，三种秋浇定额情形下盐分总体上均呈累计状态，其中 60%和 80%秋浇定额在秋浇后土壤仍呈轻度盐化土，100%秋浇定额灌溉后为非盐渍化土。考虑土壤盐渍化问题，三年一秋浇的秋浇定额应选 270mm（180m³/亩）。

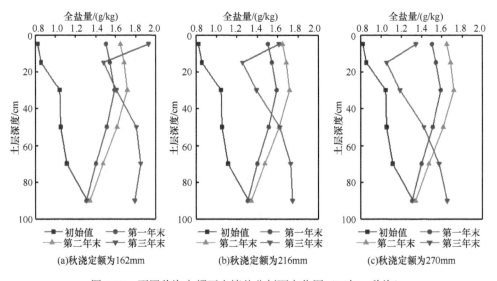

图 6-20　不同秋浇定额下土壤盐分剖面变化图（三年一秋浇）

4）灌溉定额 371mm，五年一秋浇情形

图 6-21 为不同秋浇定额情形与作物产量变化对比。可以看出，三种秋浇定额下土壤全盐量较无秋浇情形分别低 0.03g/kg、0.09g/kg 和 0.15g/kg，除秋浇当年外土壤均为轻度盐化土壤。三种秋浇定额下年均灌溉水量分别为 420mm、436mm、452mm，产量分别为 14.4/hm²、14.5t/hm²、14.6t/hm²，较无秋浇情形分别提高 1.8%、2.8%、3.4%。秋浇起到的增产效果不明显。上述情形可知，五年一秋浇虽然减少了年均秋浇用水量，但在总年均用水量显著增加的情况下增产却不明显，且加大了土壤盐渍化风险，此灌溉定额与秋浇年限的组合有待商榷。

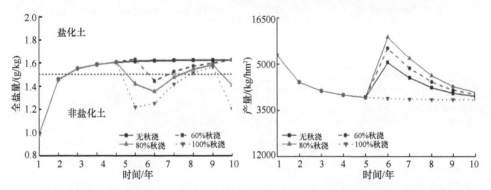

图 6-21　不同秋浇定额下土层 0～60cm 全盐量及作物产量变化情况（五年一秋浇）

图 6-22 为不同秋浇定额下土壤盐分剖面变化情况，与图 6-18 类似，三种秋浇定额情形下盐分总体上均呈累积状态。

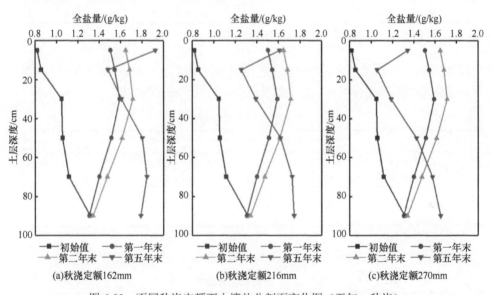

图 6-22　不同秋浇定额下土壤盐分剖面变化图（五年一秋浇）

5）较干旱年份条件下不同秋浇制度对比

综合考虑产量和节水控盐要求，对于较干旱年份秋浇较优组合为：生育期灌溉定额 337mm（225m³/亩），两年一秋浇时秋浇定额为 216mm（144m³/亩）；三年一秋浇时秋浇定额为 270mm（180m³/亩）（表 6-25）。

6.4.3　地下水滴灌水盐动态预测

地下水滴灌模拟条件如下：初始地下水埋深（1.9m、2.4m）、灌溉定额（337mm、506mm）、灌水矿化度（淡水 1.0g/L，微咸水 2.0g/L、2.5g/L，半咸水 3.5g/L）、

表 6-25　灌溉制度对比表

生育期灌溉定额/mm	秋浇制度	秋浇定额/mm	年均灌溉量/mm	年均产量/(kg/亩)	0～60cm 土层盐渍化情况
337	无秋浇	0	337	884	非盐化土→轻度盐化土
	一年一秋浇	162	500	1028	非盐化土→非盐化土
		216	554	1059	非盐化土→非盐化土
		270	608	1077	非盐化土→非盐化土
	两年一秋浇	162	419	958	非盐化土→轻度盐化土
		216	446	987	非盐化土→轻度盐化土（交替）
		270	473	1011	非盐化土
	三年一秋浇	162	387	934	非盐化土→轻度盐化土
		216	403	955	非盐化土→轻度盐化土
		270	419	975	非盐化土→轻度盐化土（交替）

注：其中表中所有平均值均为十年平均值。

模拟年限 10 年。灌溉制度采用内蒙古农业大学田间试验所得最优滴灌制度，同时将秋浇水量的 50% 平均分配到生育期的灌溉中，得到两种灌溉制度，如表 6-26 所示。

表 6-26　玉米灌溉制度

生育阶段	播种-出苗	出苗-拔节	拔节-抽穗	抽穗-灌浆	灌浆-成熟	合计灌水次数/次	灌溉总量/mm
日期	5月1日～6月3日	6月4日～7月8日	7月9日～7月25日	7月26日～8月20日	8月21日～10月1日		
灌水次数/次	3	4	3	4	1	15	337.5 506.25

滴灌模拟作物产量和土壤全盐量结果如表 6-27、表 6-28 所示。

表 6-27　滴灌模拟作物产量表

灌溉定额/mm	地下水埋深/m	灌水矿化度/(g/L)	产量/(kg/hm²)			
			第一年	第二年	第三年	第四年
337	1.9	1	14639	13441	12921	12807
		2	13618	11386	10792	10527
		2.5	13072	10396	9593	9250
		3.5	11958	8566	7490	7044
	2.4	1	14592	13074	12773	12674
		2	13425	10841	10049	9709
		2.5	12806	9816	8875	8483
		3.5	11564	7948	6830	6382

续表

灌溉定额/mm	地下水埋深/m	灌水矿化度/（g/L）	产量/（kg/hm²）			
			第一年	第二年	第三年	第四年
506	1.9	1	15766	15670	15826	15913
		2	14840	13848	13658	13590
		2.5	14237	12765	12412	12291
		3.5	12895	10607	10043	9875
	2.4	1	15807	15613	15661	15699
		2	14747	13561	13257	13154
		2.5	14064	12403	11990	11862
		3.5	12577	10183	9649	9511

表 6-28　滴灌模拟土壤全盐量表

灌溉定额/mm	地下水埋深/m	灌水矿化度/（g/L）	全盐量/（g/kg）			
			第一年	第二年	第三年	第四年
337	1.9	1	1.63	1.68	1.67	1.66
		2	1.83	2.00	2.06	2.08
		2.5	1.92	2.14	2.21	2.25
		3.5	2.10	2.39	2.51	2.57
	2.4	1	1.53	1.64	1.66	1.67
		2	1.74	1.94	2.01	2.04
		2.5	1.83	2.07	2.15	2.19
		3.5	2.02	2.31	2.43	2.49
506	1.9	1	1.27	1.22	1.17	1.15
		2	1.56	1.64	1.66	1.66
		2.5	1.69	1.80	1.84	1.85
		3.5	1.92	2.09	2.14	2.15
	2.4	1	1.17	1.18	1.16	1.15
		2	1.47	1.57	1.60	1.61
		2.5	1.60	1.73	1.76	1.77
		3.5	1.83	1.99	2.03	2.04

　　表 6-27 和表 6-28 分别给出了淡水、微咸水、半咸水滴灌情景下，模拟所得到的作物产量与土壤全盐量的变化情况。两种不同地下水埋深模拟所得的产量差异较小，故当地下水埋深超过 2m 后对作物产量的影响较小。从产量上分析，淡水灌溉时（矿化度 1g/L、灌溉定额 337mm）作物前两年产量均保持在灌区平均水平（13.5t/hm²）以上，故可实行两年一秋浇制度；微咸水、半咸水灌溉无秋浇时第二年则出现一定下降，因此应考虑一年一秋浇的灌溉制度；当灌溉量为 506mm

时，淡水灌溉则可以不秋浇，但其总用水量已超过两年一秋浇的情形；微咸水、半咸水灌溉无秋浇时第二年均会出现不同程度的减产。从土壤盐分累积上分析，地下水埋深较深则全盐量值较低；当灌溉定额为337mm时，淡水灌溉全盐量接近轻度盐化土的标准，故可以选择多年一秋浇的模式；微咸水、半咸水灌溉时土壤盐渍化风险高，建议选择一年一秋浇模式。当灌溉定额为506mm时，淡水灌溉土壤处于非盐渍化土状态；微咸水、半咸水灌溉时，均有不同程度的盐分累积，故建议采取一年一秋浇模式。

综上所述，小灌溉定额（337mm）时，淡水灌溉适宜采取两年一秋浇模式；微咸水、半咸水灌溉适宜采取一年一秋浇模式。大灌溉定额（506mm）时，淡水灌溉配合适宜的耕作和农艺措施可无秋浇；微咸、半咸水灌溉，均有不同程度的盐分累积，故建议采取一年一秋浇模式（表6-29）。

表6-29 微咸水滴灌与引黄滴灌对比情况表

特征量	灌水矿化度/(g/L)	小灌溉定额（337mm）			大灌溉定额（506mm）		
		0.6	2.0	2.5	0.6	2.0	2.5
产量/(kg/hm²)	第一年	15000	13617	13072	16021	14840	14236
	第二年	13748	11386	10396	15987	13848	12764
	第三年	13321	10791	9592	16041	13657	12411
	第四年	13107	10526	9250	16072	13590	12290
积盐量/(g/kg)	第一年	0.5613	0.8494	0.9414	0.1589	0.5783	0.7075
	第二年	0.1237	0.1669	0.2139	−0.0241	0.0779	0.1141
	第三年	0.0509	0.0599	0.0785	−0.0215	0.0198	0.0337
	第四年	0.0250	0.0270	0.0351	−0.0123	0.0076	0.0134
积盐率/%	第一年	57.3	86.7	96.1	16.2	59.0	72.2
	第二年	8.0	9.1	11.1	−2.1	5.0	6.8
	第三年	3.1	3.0	3.7	−1.9	1.2	1.9
	第四年	1.5	1.3	1.6	−1.1	0.5	0.7
十年产量平均/(kg/hm²)		13266	10825	9633	16074	13723	12507
十年盐分平均/(g/kg)		1.6565	1.9609	2.1043	1.0746	1.5910	1.7527
盐分达到稳定年限		6	4	5	1	3	4

6.5 小 结

（1）井渠结合前（1994～2003年）后（2004～2013年）渠灌区、井灌区地下水埋深组间的显著性概率远小于显著性水平0.01，井渠结合对地下水的调控效果是显著的。自实施井渠结合后，地下水埋深的均值、中位数和四分位数的差异明显，地下水埋深减小程度显著，与方差分析的结果一致。现有井渠结合条件下，地下水埋深较大的概率是在 2.30～2.44m。

（2）井渠结合区地下水埋深（WL）是降水（P）、引水（Y）、ET$_0$、井渠结合工程（WC）人为因素与自然因素共同相互作用的结果，WC 对 WL 的通径系数 P 为 0.939，对 WL 的直接影响最大，对 E 的贡献最大，达到 0.810，可认为 WC 是地下水下降的最主要因素；ET$_0$ 对于 WL 的影响居于第 2 位，其对地下水埋深的影响直接和间接作用相当；Y 的直接作用为–0.366，而 Y 通过 P、ET$_0$、WC 的间接作用之和达到 0.990，而对 E 的贡献为–0.229，是影响 WL 的一个重要因素；通径系数 P 为–0.102，间接作用为–0.084，对 E 的贡献为 0.019，说明 P 对 WL 的影响相对较小，这与该地区降雨少，次降雨强度小有关。

（3）逐步减去各因素对地下水埋深影响因素的指标敏感性通径分析结果表明，与 4 个影响因素的分析结果相比，去掉 WC 后，引起 Y 的间接作用变化最大；在分别去掉 P、Y、ET$_0$、WC 后，E 分别由 0.830 降为 0.825、0.807、0.741、0.497；各因素对地下水埋深的敏感性依次为：WC>ET$_0$>Y>P。随着自变量个数减少，E 逐渐减小，进一步说明井渠结合区地下水埋深是多个因素共同作用的结果。

（4）井渠结合渠灌区小麦、玉米、葵花生育期灌溉定额均小于井灌区，小麦生育期灌水 2～3 次，平均灌溉定额为 388.44mm，井灌区小麦生育期灌水 3～4 次，平均灌溉定额为 681.10mm。渠灌区玉米生育期灌水 3～4 次，平均灌溉定额为 440.88mm，井灌区玉米生育期灌水 4～6 次，平均灌溉定额为 579.50mm。滴灌玉米生育期灌水 6～10 次，每次灌水 22.94～48.38mm，平均灌溉定额为 294.62mm。渠灌区葵花生育期灌水 2～3 次，平均灌溉定额为 347.77mm，井灌区葵花生育期灌水 2～3 次，平均灌溉定额为 336.45mm。

（5）典型地块土壤水分与盐分在灌溉、降水与蒸发作用下波动变化，土壤水分渠灌区生育期均处于消耗状态，井灌区时大时小。土壤盐分基本是渠灌积盐，井灌基本变化不大，井灌区大的灌溉定额是维持土壤盐分平衡的关键。现状条件下，渠灌区秋浇有抑盐保墒的双重效果是必需的，而井灌区可不用秋浇，也符合当地的灌溉水管理习惯。

（6）井渠结合对区域土壤盐分的调控效果显著。从时间上看，井渠结合运行几年后（2010～2015 年）区域土壤盐分较井渠结合前及初期（2002～2005 年）下降 32.31%，且井渠结合初期井灌区土壤盐分较渠灌区下降剧烈，井灌区土壤盐分年际均值较渠灌区低 18.56%。从空间上看，同一时间（秋浇前），井渠结合典型区 0～100cm 平均土壤盐分井灌区盐分均值为 0.293dS/m，渠灌区较井灌区高 16.33%。

（7）井渠结合区地下水埋深与土壤盐分满足三次多项式关系。地下水埋深大于 2m 后，埋深越大，土壤盐渍化程度越轻，且盐分下降越快，干旱半干旱地下水浅埋区域土壤盐分的控制应首先考虑调控地下水位，结合合理灌溉等农业技术措施和其他土壤改良方法抑制土壤盐渍化。

（8）地下水滴灌-引黄补灌模式模拟预测得出，小灌溉定额（337mm）时，淡水灌溉适宜采取两年一秋浇模式；微咸水、半咸水灌溉适宜采取一年一秋浇模式。大灌溉定额（506mm）时，淡水灌溉配合适宜的耕作和农艺措施可无秋浇；微咸、半咸水灌溉，均有不同程度的盐分累积，故建议采取一年一秋浇模式。

第7章 地下水滴灌-引黄补灌配套技术研究

7.1 滴灌条件下生物炭节水保肥减排技术

7.1.1 材料与方法

1. 试验区概况

试验分别于 2015 年 4～10 月和 2016 年 4～10 月在内蒙古河套灌区临河区双河镇进步村九庄农业合作社（107°18′E，40°41′N，海拔 1041～1043 m）进行。该地属于中温带半干旱大陆性气候，云雾少、降水量少、风大气候干燥，多年年均降水量 140mm 左右，平均气温 6.8℃，昼夜温差大，日照时间长（平均日照时数 3229.9h），无霜期 130 天左右，地势东高西低，地面坡降 1/6000。供试土壤在添加生物炭之前的基本理化性状见表 7-1。2015 年和 2016 年降水情况如图 7-1 所示。

表 7-1 供试土壤和生物炭基础理化性状

	土壤	生物炭
pH（土水比 1∶2.5）	8.5	9.04
电导率/（μS/cm）（土水比 1∶5）	318.5	—
有机质/（g/kg）	14.473	925.74
碱解氮/（mg/kg）	65.89	159.15
有效磷/（mg/kg）	5.3	394.18
速效钾/（mg/kg）	184	783.98
C 质量分数	—	47.17%
N 质量分数	—	0.71%
H 质量分数	—	3.83%
碳氮比（C/N）	—	67.03%

2. 供试材料

供试生物炭为辽宁金和福农业开发有限公司的玉米秸秆生物炭产品，该产品选用当年玉米秸秆在炭化温度为 400℃于缺氧条件下燃烧 8h 后制成。生物炭主要性质见表 7-1。

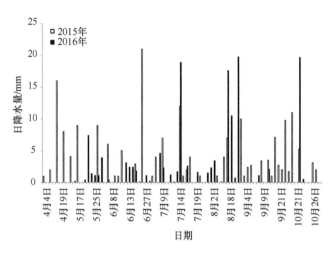

图 7-1　2015 年和 2016 年日降水量图

3. 试验设计

2015 年 4 月将生物炭施于土壤表层,用旋耕机将生物炭与耕层土壤均匀混合,2016 年不再施用生物炭,继续进行田间定位试验。本试验采用生物炭和灌溉定额双因素设计,即 3 个生物炭施用量梯度,1 个空白对照(B0),生物炭施用量分别为 15t/hm^2(B15)、30t/hm^2(B30)、45t/hm^2(B45);3 个灌溉定额,通过埋于滴头下方 20cm 处的张力计控制土壤基质势,设置 3 个灌水下限,分别为-35kPa(W_1),-25kPa(W_2),-15kPa(W_3),共 12 个处理,每个处理 3 个重复,共 36 个试验小区,每个小区面积为 90m^2,其中,在-25kPa 灌水下限的所有处理中,进行温室气体监测,具体见表 7-2。

表 7-2　试验方案

灌水下限/kPa	生物炭施用量(B) / (t/hm^2)	基施磷酸二胺 / (kg/hm^2)	基施复合肥 / (kg/hm^2)	追施尿素 / (kg/hm^2)	代码
-35(W_1)	0	450	337.5	375	W_1B_0
	15	450	337.5	375	W_1B_{15}
	30	450	337.5	375	W_1B_{30}
	45	450	337.5	375	W_1B_{45}
-25(W_2) 监测温室气体	0	450	337.5	375	W_2B_0
	15	450	337.5	375	W_2B_{15}
	30	450	337.5	375	W_2B_{30}
	45	450	337.5	375	W_2B_{45}
-15(W_3)	0	450	337.5	375	W_3B_0
	15	450	337.5	375	W_3B_{15}
	30	450	337.5	375	W_3B_{30}
	45	450	337.5	375	W_3B_{45}

7.1.2　滴灌条件下生物炭节水技术

如图 7-2 和图 7-3（不同字母 a，b，c 表示差异性显著）所示，在 2015 年和 2016 年，土层深度 0～10cm 和 10～20cm 土壤含水率在玉米各生育期的变化趋势基本一致，随着施炭量的增加呈先增加后减少的趋势，且均高于对照。在不同的灌溉定额下，施用生物炭提高了 2015 年 0～10cm 和 10～20cm 的土壤含水率，其中，在三叶期各处理差异不显著，在成熟期尤为显著，W_2 水分水平下 B_{15}、B_{30}、B_{45} 处理 0～10cm 的含水率分别比 B_0 处理增加 28.73%、16.62%、13.46%。在 2016 年的连续监测中，也表现出同样的效果。2015 年 W_1 和 2016 年 W_3 中的成熟期差异均不显著，其他生育期 B_{15} 和 B_{30} 均与对照 B_0 表现出较稳定的显著差异。2016 年 W_1、W_2、W_3 处理中 B_{15}、B_{30} 的 0～10cm 生育期平均土壤含水率分别比 B_0 情况下增加 6.34%、8.08%、6.16% 和 4.64%、11.55%、7.36%；10～20cm 的生育期平均土壤含水率分别比 B_0 情况下增加 8.28%、3.53%、5.36% 和 5.07%、9.02%、7.44%。根据两年的试验结果可知，适量的生物炭施用量在不同的灌溉定额下均可以提高土壤含水率，其中，15t/hm² 和 30t/hm² 可较大限度地提高土壤含水率。

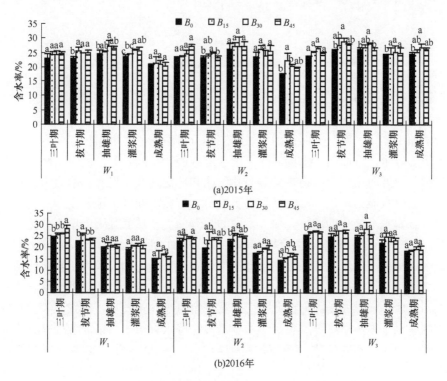

图 7-2　玉米全生育期不同处理 0～10cm 土层土壤含水率

a、b、c 等分别表示 P=5%水平下显著性差异，下同

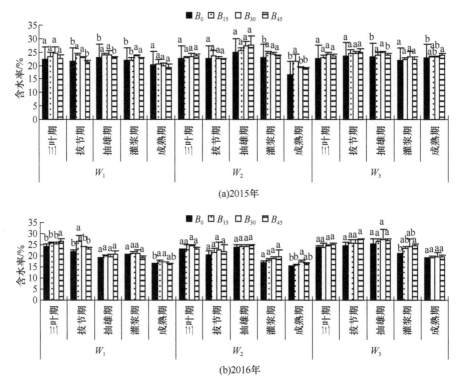

图 7-3 玉米全生育期不同处理 10～20cm 土层土壤含水率

试验研究表明，在三个水处理中，与对照组相比施入生物炭可显著提高土壤含水率，这与尚杰等（2015）和 Edward 等（2013）的研究结果相吻合。施入生物炭增加土壤含水率一方面是因为生物炭本身有巨大的比表面积，施入土壤后减小土壤的容重，进而增大土壤的孔隙度（陈红霞等，2011），最终引起含水率的增加；另一方面是因为生物炭具有多孔结构和一定的亲水性，吸附力大，从而提高土壤的保水能力，也有可能是生物炭本身含有较高盐分，施入土壤后增大了土壤盐分，而土壤盐分的增加会加大土壤的吸湿能力，从而减缓土壤水分蒸发（王浩等，2015）。在整个玉米生育期，施用 $45t/hm^2$ 的处理比其他两个施炭处理含水率低，这与高海英等（2011）的研究一致，可能是因为较大生物炭施用量导致土壤变得更加疏松多孔，从而保水能力降低。在三叶期，各处理土壤含水率差异性不显著，一方面是因为在此阶段作物需水量少、蒸发小，以致土壤较长时间达不到灌水下限，最终导致农田灌水少且没有降水补给，而播前各处理含水率水平一致，因此，不同处理土壤含水率差异较小。在 2015 年，W_1 中成熟期各处理差异不显著，且随着施炭量的增加，耕层土壤各处理土壤含水率逐渐下降，主要因为玉米成熟后就不再灌水，且 W_1 为灌水量最小的处理，而取土时间间隔最后一次灌水时间为 25 天，长时间没有灌水补给和降水补给，导致土壤极度缺水，而土壤施入生物炭增加了土壤的孔隙度，在一定范围内，施炭量越多，孔隙度越大，当土壤孔隙极度缺水时，导致土壤气相相对增大，从而增强土壤的蒸发强度，最终导致土壤含水率逐渐减小；在 2016 年，W_3 中成熟期各处理差异不显著，主要原因是 2016 年降水多且 W_3 为灌水量最多的处理，各处理土壤含水率均比较大，且大于 W_1 和 W_2 处理（图 7-2、图 7-3），所以没有表现出显著差异，因此，生物炭的保水能力和适宜施用量与灌水、降水、土壤本身的含水率有很大的关系。

　　根据两年的试验结果可知，适量的生物炭施用量在不同的灌溉定额下均可以提高土壤含水率，其中，15t/hm^2 和 30t/hm^2 可较大限度地提高土壤含水率。

7.1.3　滴灌条件下生物炭保肥技术

1. 滴灌条件下生物炭对耕层土壤碱解氮的影响

　　图 7-4 为 2015 年和 2016 年玉米整个生育期不同处理耕层土壤碱解氮含量变化情况。从图可知，不同处理耕层土壤碱解氮含量都比较稳定，这是由于该试验

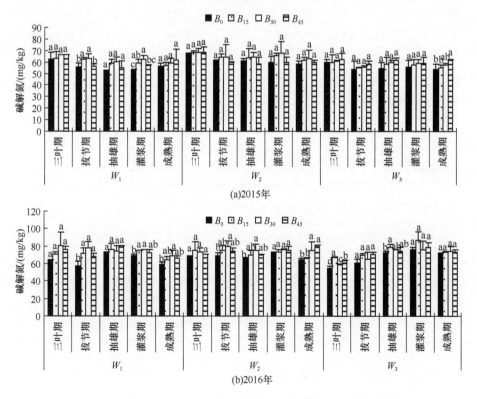

图 7-4　2015 年和 2016 年玉米全生育期不同处理耕层土壤碱解氮含量

采用的是膜下滴灌随水施肥且注重在需肥较大的生育期多次少量适时适量追肥，从而保证土壤碱解氮能有效并平稳供应。在 W_1、W_2 和 W_3 中，2015 年和 2016 年各生物炭处理耕层土壤碱解氮含量均高于对照处理，表明施用生物炭可以提高耕层土壤碱解氮含量。2015 年不同处理耕层土壤碱解氮含量为 53.015～68.61mg/kg，2016 年为 56.91～80.72mg/kg，如表 7-3 所示，在 2015 年，同一生物炭施用量下，不同水处理耕层土壤碱解氮在整个生育期平均含量表现为 $W_2>W_1>W_3$，且灌水下限–25kPa，生物炭施用量 30t/hm^2 处理相比其他处理含量处于较高水平，2016 年与 2015 年试验结果一致。

表 7-3 不同处理耕层土壤全生育期养分均值

处理	碱解氮/（mg/kg）		速效钾/（mg/kg）		有机质/（g/kg）		有效磷/（g/kg）	
	2015	2016	2015	2016	2015	2016	2015	2016
W_1B_0	56.13	64.21	141.10	141.43	14.33	15.49	8.26	17.79
W_2B_0	61.61	68.33	126.10	126.81	15.39	16.05	5.28	17.44
W_3B_0	55.41	67.34	117.70	134.51	12.56	15.29	4.76	16.88
W_1B_{15}	60.40	71.98	170.60	181.39	15.79	16.39	11.33	19.91
W_2B_{15}	64.86	75.29	142.70	180.62	16.63	16.88	8.27	19.79
W_3B_{15}	57.28	71.65	132.70	161.43	15.50	16.52	6.67	19.11
W_1B_{30}	62.28	75.55	243.00	191.38	16.61	17.73	13.88	25.52
W_2B_{30}	65.69	76.03	177.40	159.87	18.39	18.73	10.27	23.86
W_3B_{30}	58.71	70.18	141.80	154.50	16.34	16.92	8.48	21.85
W_1B_{45}	59.35	72.84	193.10	178.32	18.80	20.57	16.13	26.81
W_2B_{45}	61.37	73.82	147.50	173.34	19.62	20.80	12.17	25.60
W_3B_{45}	60.73	72.36	142.70	165.65	17.88	19.90	11.00	24.74

2. 滴灌条件下生物炭对耕层土壤速效钾的影响

如图 7-5 所示，在 2015 年和 2016 年，W_1、W_2、W_3 中，各生物炭处理耕层土壤速效钾含量在玉米整个生育期均高于对照 B_0，表明生物炭可以提高土壤速效钾含量，随着生物炭施用量的增加，速效钾含量没有明显的规律。通过表 7-4 可知，在 2015 年，同一生物炭施用量下，不同水处理耕层土壤速效钾含量表现为 $W_1>W_2>W_3$，且灌水下限–35kPa，生物炭施用量 30t/hm^2 处理相比其他处理在整个生育期速效钾平均含量处于较高水平，2016 年与 2015 年试验结果一致。

3. 滴灌条件下生物炭对耕层土壤有机质的影响

如图 7-6 所示，在 2015 年和 2016 年，W_1、W_2、W_3 中各处理耕层土壤有机质

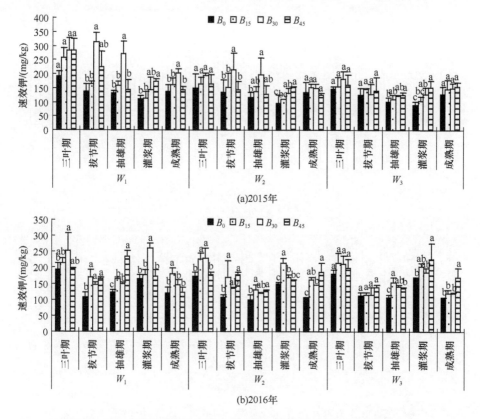

图 7-5　2015 年和 2016 年玉米全生育期不同处理耕层土壤速效钾含量

含量均随着生物炭施用量的增加而呈增加的趋势，且均高于对照，表明施用生物炭可提高耕层土壤有机质含量。通过表 7-4 可知，在 2015 年，同一生物炭施用量下，不同水处理耕层土壤有机质含量表现为 $W_2>W_1>W_3$，且灌水下限$-25kPa$，生物炭施用量 $45t/hm^2$ 处理相比其他处理在整个生育期有机质平均含量处于较高水平，2016 年与 2015 年试验结果一致。

4. 滴灌条件下生物炭对耕层土壤有效磷的影响

如图 7-7 所示，在 2015 年和 2016 年，W_1、W_2、W_3 中各处理耕层土壤有效磷含量均随着生物炭施用量的增加而呈增加的趋势，且均高于对照，表明施用生物炭可提高耕层土壤有效磷含量。通过表 7-4 可知，在 2015 年，同一生物炭施用量下，不同水处理耕层土壤有效磷含量表现为 $W_1>W_2>W_3$，且灌水下限$-35kPa$，生物炭施用量 $45t/hm^2$ 处理耕层土壤有效磷全生育期平均含量最高，2016 年与2015 年试验结构一致。

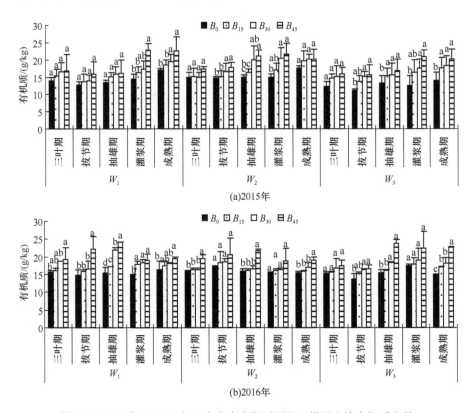

图 7-6　2015 年和 2016 年玉米全生育期不同处理耕层土壤有机质含量

大量的室内室外试验研究表明，施用生物炭可有效提高土壤中的有机质（武玉等，2014；勾芒芒等，2014；陈红霞等，2011；周桂玉等，2011）。本试验研究结果表明，施用生物炭后，玉米的全生育期均提高了耕层土壤有机质含量。一方面是因为生物炭本身碳含量非常高，可以增加土壤中有机质的含量（何绪生等，2011）；另一方面是因为生物质中的碳主要由生物质通过热解生成，以惰性的芳香环状结构存在，因此生物炭很难分解（Gaunt and Johannes，2008）。生物炭表面丰富的含氧官能团所带的负电荷及其复杂的孔隙结构赋予了其较大的阳离子交换量和特有的强大的吸附力。因此可将生物炭作为载体，缓慢释放土壤养分，进而减小土壤养分的淋洗损失和固定损失等，最终提高肥料利用率。通过上文结果分析可知，在玉米全生育期耕层土壤各生物炭处理的碱解氮、速效钾和有效磷含量均高于对照，这一方面是因为生物炭增大土壤阳离子交换量，减少土壤中氮、磷、钾的淋溶损失；另一方面是因为生物炭具有强大的吸附能力，可将磷、硝酸盐、铵和其他水溶性盐等离子吸附，提高土壤储肥性能（张文玲等，2009）。

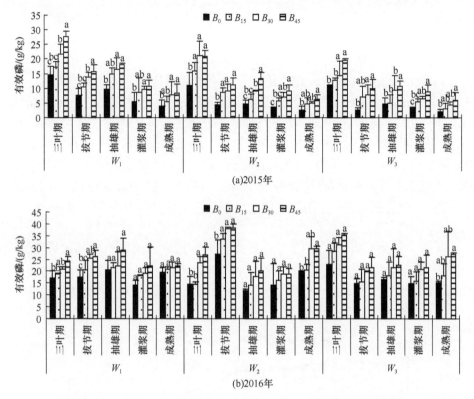

图 7-7　2015 年和 2016 年玉米全生育期不同处理耕层土壤有效磷含量

2015 年和 2016 年试验结果表明，在三个灌水下限–35kPa、–25kPa 和–15kPa 中，施用生物炭可以提高耕层土壤碱解氮和速效钾含量，且均高于对照处理；相同生物炭施用量下，不同水处理耕层土壤碱解氮含量在两年均表现为–25kPa>–35kPa>–15kPa，且–25kPa、30t/hm^2 处理碱解氮平均含量最高；速效钾含量在两年均表现为–35kPa>–25kPa>–15kPa，且–35kPa、30t/hm^2 处理速效钾平均含量最高。

两年试验结果均表明，在 W_1（–35kPa）、W_2（–25kPa）、W_3（–15kPa）中，施用生物炭可提高耕层土壤有机质和有效磷含量，且高生物炭施用量处理增加的幅度最大；同一生物炭施用量下，不同水处理耕层土壤有机质含量两年均表现为 W_2>W_1>W_3，且–25kPa、45t/hm^2 处理有机质平均含量最高；有效磷含量表现为 W_1>W_2>W_3，且处理–35kPa、45t/hm^2 耕层土壤有效磷平均含量最高。

7.1.4　滴灌条件下生物炭减排技术

1. 不同生物炭处理 CO_2 的排放通量特征

如图 7-8（a）所示，从总的趋势来看，2015 年各处理土壤 CO_2 的排放通量均呈先上升后降低的趋势。前期（6 月 20 日～7 月 6 日）各生物炭处理土壤的 CO_2 排放通量高于对照 B_0，之后各生物炭处理土壤的 CO_2 排放通量基本低于对照（除 8 月 7 日处理 B_{30} 和 9 月 5 日处理 B_{45} 外）。表明生物炭在施用前期对土壤 CO_2 的排放通量有明显的促进作用，在施用中后期具有一定的抑制作用。B_0、B_{15}、B_{30}、B_{45} 处理的 CO_2 排放通量变化范围分别介于 9.240～223.101mg/（$m^2 \cdot h$）、-1.175～190.237mg/（$m^2 \cdot h$）、-7.780～213.265mg/（$m^2 \cdot h$）和-69.315～218.343mg/（$m^2 \cdot h$）之间。处理 B_0、B_{15}、B_{30} 和 B_{45} 的 CO_2 季节平均排放通量分别为 1.692kg/（$hm^2 \cdot h$）、1.275kg/（$hm^2 \cdot h$）、1.395kg/（$hm^2 \cdot h$）、1.318kg/（$hm^2 \cdot h$），与对照 B_0 相比，处理 B_{15}、B_{30} 和 B_{45} 分别降低了 24.6%、17.6%、22.1%，不同处理间差异显著（$P<0.05$）。由此可见，添加生物炭可以抑制土壤 CO_2 的排放，其中 B_{15} 处理的效果最好。

从图 7-8（b）可知，2016 年各处理 CO_2 气体排放通量趋势总体与 2015 年一致，呈先增加后降低的趋势。前期（5 月 31 日～6 月 25 日）各处理没有明显规律，之后（7 月 6 日～9 月 24 日）各生物炭处理的 CO_2 排放通量均低于对照 B_0，与 2015 年试验结果一致，表明生物炭在 7 月以后对土壤 CO_2 排放具有

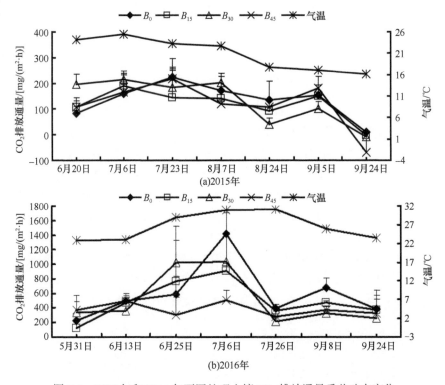

图 7-8　2015 年和 2016 年不同处理土壤 CO_2 排放通量季节动态变化

一定的抑制作用。处理 B_0、B_{15}、B_{30}、B_{45} 的 CO_2 排放通量变化范围介于 $229.699\sim$ $1422.673mg/(m^2\cdot h)$、$129.234\sim910.542mg/(m^2\cdot h)$、$214.722\sim1038.538mg/(m^2\cdot h)$ 和 $283.463\sim503.377mg/(m^2\cdot h)$ 之间，各处理 CO_2 排放通量高于 2015 年。处理 B_0、B_{15}、B_{30} 和 B_{45} 的 CO_2 季节平均排放通量分别为 $6.217kg/(hm^2\cdot h)$、$5.020kg/$ $(hm^2\cdot h)$、$4.610kg/(hm^2\cdot h)$、$3.693kg/(hm^2\cdot h)$，与对照 B_0 相比，处理 B_{15}、B_{30} 和 B_{45} 分别降低了 19.26%、25.85%、40.60%，不同处理间差异显著（$P<0.05$）。由此可见，添加生物炭可以抑制土壤 CO_2 的排放，与 2015 年试验结果一致，表明生物炭在连续监测第二年依然可以抑制 CO_2 的排放，其中 B_{45} 处理的效果最好。

通过皮尔逊相关性分析发现（表 7-4），2015 年土壤 CO_2 的排放通量与土壤表层温度（10cm）呈极显著正相关，2016 呈显著正相关，表明土壤表层温度是影响土壤 CO_2 的排放通量的因素之一。

表 7-4　CO_2、CH_4 和 N_2O 的排放通量与土壤温度的相关性分析

项目	年份	CO_2 排放通量		CH_4 排放通量		N_2O 排放通量	
		r	p	r	p	r	p
土壤温度 (10cm)	2015	0.730[**]	0.001	0.506[*]	0.046	0.225	0.402
	2016	0.408[*]	0.031	0.377[*]	0.048	0.374	0.050

**表示在 $P<0.01$ 水平（双侧）上显著相关；*表示在 $P<0.05$ 水平（双侧）上显著相关。

2. 不同生物炭处理 CH_4 的排放通量特征

图 7-9（a）表示 2015 年不同处理土壤 CH_4 排放通量，正值即土壤 CH_4 净排放表现为向大气释放 CH_4，负值即 CH_4 净排放表现为土壤吸收大气中的 CH_4。由图可知，前期 6 月、7 月大气温度较高，随之土壤温度也较高，各处理的土壤 CH_4 排放通量均较大，变化剧烈，而此阶段正是玉米拔节和抽雄期，玉米生长较快，说明作物生长较快的时期土壤 CH_4 排放通量较高；后期由于大气温度逐渐降低，土壤 CH_4 排放通量变化逐渐趋于平缓，表明灌浆和成熟期土壤 CH_4 排放通量较低。处理 B_0、B_{15}、B_{30} 和 B_{45} 的土壤 CH_4 排放通量变化范围分别为 $-38.87\sim17.77\mu g/(m^2\cdot h)$、$-70.09\sim13.26\mu g/(m^2\cdot h)$、$-52.52\sim0.00\mu g/(m^2\cdot h)$、$43.89\sim74.12\mu g/(m^2\cdot h)$。处理 B_0、B_{15}、B_{30} 和 B_{45} 的土壤 CH_4 季节平均排放通量分别为：$-61.642mg/(hm^2\cdot h)$、$-221.680mg/(hm^2\cdot h)$、$-173.834mg/(hm^2\cdot h)$、$12.281mg/(hm^2\cdot h)$。与对照相比，处理 B_{15}、B_{30} 的 CH_4 季节平均排放通量分别减少 259.62% 和 182.01%，处理 B_{45} 的 CH_4 季节平均排放通量增加 119.92%，不同处理间差异显著。由此可知，处理 B_{15}、B_{30} 促进了土壤对 CH_4 的吸收，而 B_{45} 却增加了 CH_4 的排放。因此，土壤适量添加生物炭有助于生长季土壤 CH_4 的吸收，处理 B_{15} 和 B_{30} 对 CH_4 的减排效果较好。

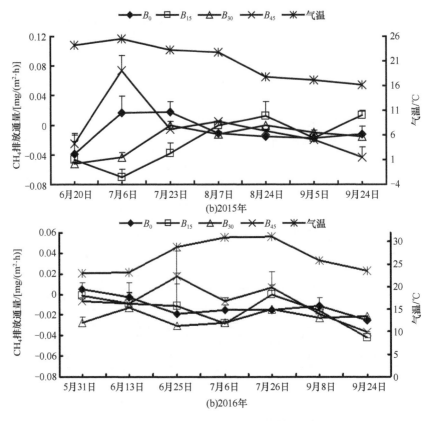

图 7-9 2015 年和 2016 年不同处理土壤 CH_4 排放通量季节动态变化

图 7-9（b）表示 2016 年不同处理土壤 CH_4 排放通量，2016 年 6 月、7 月玉米正处于拔节期和抽雄期，此时大气温度也较高，随之土壤温度也较高，CH_4 排放通量相比其他时间变化剧烈；6 月中旬之前和 8 月之后由于大气温度较低，土壤 CH_4 排放通量变化逐渐趋于平缓，与 2015 年类似。通过两年试验结果表明，大气温度及土壤温度是影响土壤 CH_4 排放通量的因素之一，同时也说明作物生长较快（拔节、抽雄期）的时期土壤 CH_4 排放通量较高，灌浆和成熟期土壤 CH_4 排放通量较低。处理 B_0、B_{15}、B_{30} 和 B_{45} 的土壤 CH_4 排放通量变化范围分别为 $-25.36\sim4.79\mu g/(m^2 \cdot h)$、$-42.40\sim0.64\mu g/(m^2 \cdot h)$、$-30.64\sim12.58\mu g/(m^2 \cdot h)$、$-36.39\sim17.82\mu g/(m^2 \cdot h)$。处理 B_0、B_{15}、B_{30} 和 B_{45} 的土壤 CH_4 季节平均排放通量分别为：$-126.947mg/(hm^2 \cdot h)$、$-131.321mg/(hm^2 \cdot h)$、$-208.630mg/(hm^2 \cdot h)$、$-60.257mg/(hm^2 \cdot h)$。与对照相比，处理 B_{15}、B_{30} 的 CH_4 季节平均排放通量分别减少 3.44% 和 63.34%，处理 B_{45} 的 CH_4 季节平均排放通量增加 52.53%，不同处理间差异显著。由此可知，处理 B_{15}、B_{30} 促进了土壤对 CH_4 的吸收，而 B_{45} 却增加了 CH_4 的排放，与 2015 年试验结果一致。因此，两年试验结果表明，添加适量生物炭

在第二年连续监测中依然可以抑制土壤 CH_4 排放，处理 B_{15} 和 B_{30} 对 CH_4 的减排效果较好。

通过皮尔逊相关性分析发现（表 7-4），2015 年和 2016 年土壤 CH_4 的排放通量与土壤温度（10cm）具有一定的正相关性。

3. 不同生物炭处理 N_2O 的排放通量特征

2015 年土壤 N_2O 排放通量如图 7-10（a）所示，正值即 N_2O 净排放表现为土壤向大气释放 N_2O，负值即 N_2O 净排放表现为土壤吸收大气 N_2O。对照处理的土壤 N_2O 排放通量均为正值，生物炭处理的土壤 N_2O 排放通量有正有负，表明施用生物炭对土壤 N_2O 的排放产生一定的抑制作用。各生物炭处理土壤 N_2O 的排放前期抑制效果较弱后期逐渐增强，可能是因为生物炭对土壤的改善是一个缓慢的过程。处理 B_0、B_{15}、B_{30} 和 B_{45} 的土壤 N_2O 排放通量变化范围分别为：1.79～20.58μg/（m²·h）、−7.16～15.61μg/（m²·h）、−15.86～9.18μg/（m²·h）、−27.56～6.94μg/（m²·h）。随着生物炭施入量的增加，土壤 N_2O 季节平均排放通量逐渐减小，抑制

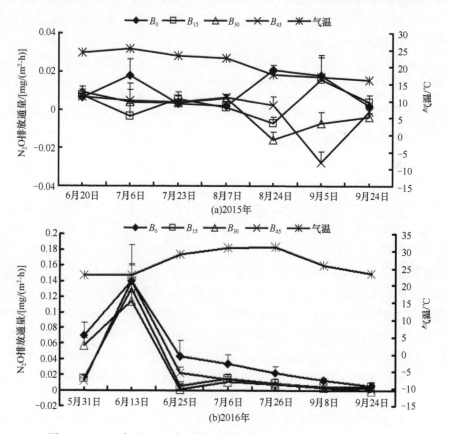

图 7-10　2015 年和 2016 年不同处理土壤 N_2O 排放通量季节动态变化

效应持续增强，处理 B_0、B_{15}、B_{30} 和 B_{45} 的土壤 N_2O 季节平均排放通量分别为 106.065mg/(hm^2·h)、30.549mg/(hm^2·h)、–8.857mg/(hm^2·h)、–10.981mg/(hm^2·h)；与对照相比，处理 B_{15}、B_{30} 和 B_{45} 的土壤 N_2O 季节平均排放通量分别减少 71.20%、108.35%、110.35%。

如图 7-10（b）所示，2016 年各处理土壤 N_2O 的排放通量均为正值（除 9 月 24 日处理 B_{30} 之外），表现为排放；整体表现为先升高后降低，且各生物炭处理均低于对照 B_0，表明生物炭在施用的第二年依然可以抑制土壤 N_2O 的排放，与 2015 年试验结果一致。在 6 月 25 日之前，各处理土壤 N_2O 的排放通量变化剧烈，介于 0.94～140.11μg/(m^2·h)，可能是因为播种时施入的底肥；之后变化平缓，介于 –1.33～43.48μg/(m^2·h)，与 2015 年 6 月 20 日之后的变化[–15.86～20.58μg/(m^2·h)] 跨度相差不大。处理 B_0、B_{15}、B_{30} 和 B_{45} 的土壤 N_2O 排放通量变化范围分别为：1.79～20.58μg/(m^2·h)、–7.16～15.61μg/(m^2·h)、–15.86～9.18μg/(m^2·h)、–27.56～6.94μg/(m^2·h)。处理 B_0、B_{15}、B_{30} 和 B_{45} 的土壤 N_2O 季节平均排放通量分别为 380.958mg/(hm^2·h)、214.776mg/(hm^2·h)、202.690mg/(hm^2·h)、233.547mg/(hm^2·h)；与对照 B_0 相比，处理 B_{15}、B_{30} 和 B_{45} 的土壤 N_2O 季节平均排放通量分别降低 43.62%、46.79%、38.69%。

通过对土壤 N_2O 的排放通量与土壤表层温度的皮尔逊相关性分析得出，两者在 2015 年和 2016 年不具有相关性（表 7-4）。

4. 生物炭对温室气体累积排放量、综合增温潜势（GWP）及温室气体排放强度（GHGI）的影响

如表 7-5 所示，对于 CO_2 和 N_2O，与对照处理 B_0 相比，两年结果类似，施用生物炭后两者季节累计排放总量均减少，处理 B_{15}、B_{30}、B_{45} 在 2015 年分别下降 24.7%、17.6%、22.1%和 71.1%、108.3%、110.4%，在 2016 年分别下降 19.26%、25.85%、40.60%和 43.62%、46.79%、38.69%，差异性显著。表明适量生物炭不仅在第一年对土壤 CO_2 和 N_2O 的排放有一定的抑制作用，在第二年仍然有一定的抑制作用。对于 CH_4，2015 年和 2016 年处理 B_0、B_{15} 和 B_{30} 的季节累计排放总量均为负值，土壤表现为对 CH_4 的吸收，且处理 B_{15} 和 B_{30} 吸收量高于对照 B_0，2015 年分别高出 260%和 182.6%，2016 年高出 3.44%和 64.34%，但是 2015 年和 2016 年处理 B_{45} 的季节累计排放总量高于对照 B_0；2015 年土壤表现为对 CH_4 的排放，2016 年表现为吸收。与对照 B_0 相比，促进 CH_4 的排放，各处理差异性显著，因此适量的施加生物炭有助于土壤对 CH_4 的吸收，2015 年和 2016 年得到一致的试验结果。

根据各处理 N_2O 和 CH_4 的季节排放总量，计算出 100 年尺度下 CH_4 和 N_2O 的综合增温潜势（表 7-5）。2015 年和 2016 年处理 B_{15}、B_{30} 和 B_{45} 的 GWP 值均

表 7-5　2015 年和 2016 年不同处理土壤温室气体排放总量、GWP、产量和 GHGI

| 年份 | 处理 | 产量/（t/hm²） | 温室气体季节累计排放总量 | | | 100 年 GWP | GHGI |
			CO_2/（kg/hm²）	N_2O/（kg/hm²）	CH_4/（kg/hm²）	（N_2O+CH_4）/（kg/hm²）	/（kg/t）
2015	B_0	14.166b	5360.904a	0.336a	−0.195a	95.250a	6.724a
	B_{15}	15.056a	4038.770b	0.097b	−0.702b	11.283b	0.749b
	B_{30}	15.204a	4419.148c	−0.028b	−0.551c	−22.129c	−1.455c
	B_{45}	14.413b	4174.782d	−0.035c	0.039d	−9.394d	−0.002d
2016	B_0	11.757c	19696.27a	1.207a	−0.402b	349.595a	29.736a
	B_{15}	11.930c	15902.66ab	0.680b	−0.416bc	192.362c	16.124c
	B_{30}	12.648a	14604.408bc	0.642c	−0.661c	174.829c	13.823c
	B_{45}	12.133c	11699.65c	0.740b	−0.191a	215.711b	17.779b

注：表列数值后不同字母表示在 $P<0.05$ 上差异显著。

小于对照处理 B_0。其中 2015 年处理 B_{30} 和 B_{45} 的 GWP 值为负值，不具有增温效应，2016 年各处理均为正值。处理 B_{15}、B_{30} 和 B_{45} 的综合增温潜势相比对照 B_0，2015 年分别降低 88.2%、123.2%、109.9%，2016 年分别降低 44.98%、49.99%、38.30%，各处理间差异性显著，表明施用生物炭可以降低 GWP，其中处理 B_{30} 降幅最大。

适量的生物炭可以有效地降低玉米农田的温室气体排放强度（GHGI）。根据玉米产量和 GWP 计算出 GHGI，GHGI 越低，表明单位经济产出的温室气体排放量越低。如表 7-5 所示，2015 年和 2016 年各处理中温室气体排放强度最低的为处理 B_{30}，3 个生物炭处理均低于对照 B_0，且各处理间差异显著；处理 B_{15}、B_{30} 和 B_{45} 的温室气体排放强度相比对照 B_0，2015 年分别降低 88.86%、121.6%、100.03%，2016 年分别降低 45.78%、53.51%、40.21%。

CH_4 和 N_2O 是重要的温室气体，单位质量 CH_4 和 N_2O 的全球增温潜势在 100 年时间尺度上分别为 CO_2 的 25 倍和 298 倍。本书发现，添加生物炭后均显著降低了 CH_4 和 N_2O 的综合增温效应，张斌等（2012）研究也得出，施用生物炭可显著降低 CH_4 和 N_2O 的综合增温效应。施用生物炭后显著地降低 CH_4 和 N_2O 的排放强度，其中处理 B_{30} 的 GHGI 最小，原因是处理 B_{30} 的 CH_4 和 N_2O 的综合增温潜势最小，产量最大。因此，综合考虑环境效益和经济效益，30t/hm² 的生物炭施用量是比较合适的选择。

综上所述，生物炭具有保水、保肥、减排等特性，这对生物炭的广泛利用和农业可持续发展具有重要意义，其中，灌水下限–25kPa、施炭量 15t/hm²、30t/hm² 是较优的水炭组合。

7.2 地下水滴灌-引黄补灌配套农艺技术

7.2.1 玉米膜下滴灌农艺技术

1. 播前准备

1）因地制宜选用优良品种

良种是增产的内因，在玉米增产中良种的增产作用占 30%～50%，实现良种良法配套，才能发挥良种的增产潜力，实现高产稳产。任何良种都对温、光、水、热、日照长短等自然资源及土肥等环境条件有一定的要求。在品种选择上，要针对各地不同类型的气候特点、土壤情况、栽培管理水平、种植习惯、茬口安排、消费习惯等实际情况因地制宜，选择适合当地种植的高产稳产优质玉米杂交种。河套灌区供试作物玉米品种是内单 314。

2）玉米的轮作倒茬

合理的轮作既可调节土壤养分的利用，又可减轻病虫、杂草的危害，使前后作都能增产，是经济有效的增产措施。实行轮作倒茬，是保证有计划、按比例进行农业生产的基本措施。

3）耕作质量

正确的耕作是保证玉米播种质量，达到苗全、苗齐、苗壮的先决条件。一般玉米地应在前茬收获后及时灭茬，进行秋深耕，耕后晒阀，灌足底墒水。通过冬春的冻融交替以熟化土壤，粉碎土坷垃。早春进行耙耱保墒，等待播种。前茬腾地较晚，来不及进行秋耕冬灌的土地，应尽早进行春耕，随耕随耙，防止跑墒。春耕跑墒严重，耕深应较秋耕浅些，该地区冬春雨雪少，土壤墒情不足，还需春灌，采用耕后灌水，适时耙耱保墒，这样的土地可保持土壤上松下实，水分充足，适宜播种。

耕地质量要求：深浅一致、均匀整齐。

播前整地质量要求：墒、平、松、碎、净、齐。

4）播前种子准备

根据熟期，选择种子，一般大型种子公司销售的种子都已包衣。做好发芽试验：种子处理完成，要做好发芽试验，发芽率要达到国标二级以上（85%以上），如果略低一些，应酌情加大播种量。如果发芽率太低，应及时更换，以免出苗不齐，缺苗断垄，造成减产。

2. 适宜播期

种植生育期较长的品种，生长后期易受低温早霜的影响。适时早播可减轻病虫害，增强抗倒伏能力。玉米的播种期主要根据温度、墒情和品种特性来确定。以 10cm 地温稳定在 6～8℃时适时播种为宜，一般在 4 月 20 日～5 月 10 日播种为宜。

3. 合理密植

合理的群体结构是高产的保障，根据品种特性选择适宜的密度。根据生产条件、气候条件、土壤肥力、品种特性、管理水平、种植方式、产量水平等实际情况，做到合理密植，使构成玉米产量的三要素（有效穗数、穗粒数、粒重）相互协调，发挥群体优势。一般耐密型玉米，在中等以上土壤肥力下，种植密度为 5000～6000 株/亩，在中等土壤肥力下，种植密度为 4500～5000 株/亩。河套灌区供试作物玉米种植密度为 5500 株/亩左右。采用大小垄种植模式，大行距 80cm，小行距 40cm，株距 21～22cm。

4. 加强田间管理

1）出苗拔节期管理

主攻目标是苗全、苗齐、苗壮，植株矮壮，叶色浓绿，根系发育良好。

主要措施：及时放苗、补苗，保证全苗；及时定苗，为防止幼苗相互拥挤，争光争肥，浪费养分和水分，玉米长到 3～4 叶必须及时间苗。间苗应间密留稀，间小留大，间弱留强，间病留健，一般 4～5 叶定苗。适当蹲苗、中耕松土、苗期施肥。防除杂草，结合覆膜使用 40%异丙草胺·阿塔拉津悬浮剂进行苗前土壤封闭除草。在玉米 3～4 叶期，使用 20%玉田草克星悬浮剂 50～60mL/亩，进行膜间喷雾处理。防治虫害：苗期的主要虫害有地老虎。

2）拔节抽穗期管理

主攻目标是促叶、壮秆、大穗、粒多。

主要措施：中耕培土，在大垄或膜间进行浅中耕，一次完成除草培土。大喇叭口期，结合中耕培土进行追肥，追肥以氮肥（尿素）为主，每次随水亩追尿素 3kg。及时灌水：玉米穗期需水量大，对水分极为敏感。这一时期若干旱，应及时灌水，使土壤持水量保持在 70%～80%。防治抽穗期虫害：主要是发生二代黏虫危害，应进行化学药剂防治，同时消灭 3 龄前的幼虫。

3）花粒期管理

主攻目标是养根保叶，防止早衰，攻子粒，夺高产。即延长绿叶的功能期，防止子粒败育，提高结实率和粒重。

主要措施：追肥：于灌浆初期追钾肥 3～5kg/亩。及时灌水：土壤水分应保持田间最大持水量的 70%～80%，才有利开花受精，若天旱及时灌水。防止倒伏：玉米田里的弱小植株、空植株及时砍出。避免刮风天气浇水。防治花粒期病虫害：

主要是玉米螟危害，采取频振式杀虫灯配合释放赤眼蜂进行统防统治；大小斑病和金龟甲成虫，用 50%多菌灵 WS、75%百菌清 WS、80%代森锰锌喷施防治；红蜘蛛，灌浆中后期，在叶片背面喷洒杀虫剂，严重的隔 6～10 天防 1 次，并交替用药。

4）适时收获

以收获子实为主的玉米在全田 90%以上的植株茎叶变黄，果穗苞叶枯白，子粒变硬（指甲不能掐入），显出该品种子粒色泽时，玉米即成熟可收获。

7.2.2 葵花膜下滴灌农艺技术

1. 播前准备

1）选优良种，进行处理

选择产量高、质量好、品质佳、商品性好、抗叶部斑病、耐菌核病、空瘪率低、发芽率高、发芽势强的优良品种，并进行种子处理，充分发挥"种尽其用，地尽其力"的作用。河套灌区供试作物葵花品种是 9009。

2）合理轮作，选好茬口

葵花不宜连作，也不宜在低洼易涝地块种植，对前茬选择并不严格，除甜菜和深根系牧草外，其他作物均可作为葵花的前茬。葵花的适应性较强，最适宜在土层深厚、腐殖质含量高、pH 为 6～8 的砂壤土或壤质土壤种植为好。

3）精细整地，秋耕春耙

通过秋季深耕深翻，把表层土壤中的盐分翻扣到耕层下边，把下层含盐较少的土壤翻到表面，切断土壤毛细管，减弱土壤水分蒸发，有效地控制土壤返盐。早春进行多次顶凌耙地，减少因水分蒸发带动盐分上升。播种时浅播，使种子处在盐分较少的地方。精细整地是保证苗全、苗齐、苗壮的基础。

4）播前种子准备

根据熟期，选择种子，一般大型种子公司销售的种子都已包衣。需做好发芽试验，即种子处理完成，发芽率要达到国标二级以上（85%以上）。如果略低一些，应酌情加大播种量。如果发芽率太低，应及时更换，以免出苗不齐，缺苗断垄，造成减产。

2. 适宜播期

抢前抓早，适时早播。适时早播，可防止或减轻叶部斑病和菌核病的发生，对葵花的产量和质量影响很大。葵花生育期比较短，播期选择余地比较宽，可在 5 月上、中旬播种，因此油料型品种应适当晚播，食用型品种应适当早播，以防止贪青晚熟而减产。

3. 合理密植

葵花秆高、茎粗，要合理密植，有利于通风透光，提高光合作用。原则是高秆大粒品种，宜稀；矮秆及小粒品种，宜密；油料型品种每公顷保苗 25000～30000 株，食用型品种 18000～20000 株为宜。河套灌区供试作物葵花种植密度为 2700 株。采用小垄种植模式，行距 60cm，株距 38～40cm。

4. 加强田间管理

1）出苗拔节期管理

主攻目标是保全苗、促根、育壮苗。

主要措施：早疏苗、早定苗。当幼苗长到二对直叶时，进行定苗；出苗到现蕾期，进行 2～3 次中耕除草，最后一次应深耕培土，防止倒伏但应该注意的是不能伤根。防止虫鸟减苗：可用 40%氧化乐果乳油 1000 倍液、73%克螨特乳油 1500 倍液进行喷雾防治喷杀。防除杂草：在葵花覆盖 40%左右，人工结合机械除草。

2）拔节开花期管理

主攻目标是促叶、壮秆、补水、补肥、攻大盘。

主要措施：①中耕培土，在大垄或膜间进行浅中耕，一次完成除草培土；②现蕾期之前结合中耕培土进行追肥，追肥为氮肥（尿素）为主，每次随水亩追尿素 3kg；③及时灌水，葵花开花期需水量大，对水分极为敏感。这一时期若干旱，应及时浇灌，做到见干见湿。防除杂草：20%百草枯水剂，30%的草除灵悬浮剂，喷洒范围为低于葵花顶部 1/3 处。

3）花粒期管理

主攻目标是养根保叶，防止早衰，攻子粒，夺高产。

主要措施：①追肥，于灌浆初期追钾肥 3～5kg/亩；②及时灌水，灌浆期灌水能促进子粒饱满和油分积累的作用；③防止倒伏，葵花田里的弱小植株、空植株及时砍出。病虫害防止，选用抗病品种、秋后深翻地、按比例种植和实行轮作、适时晚播、清除病残体、药剂防治。

4）适时收获

葵花的花盘越到生育后期越容易感病，而且由于后期的温湿度条件适于发病，病斑扩展很快，所以成熟后及时收获或发病严重年份适当早收能够减少损失。当植株茎叶变黄，中下部叶片为淡黄色，花盘背面为黄褐色，舌状花干枯或脱落，果皮坚硬，即可收获。适时收获晾晒。

第8章 地下水滴灌-引黄补灌综合技术集成研究与效益评价

8.1 地下水滴灌-引黄补灌集成模式研究

地下水滴灌-引黄补灌集成模式基本涵盖了课题组几年的研究成果,现已形成非生育期引黄补水压盐、生物炭土壤改良、生育期典型作物水肥一体化技术、节水控盐技术相结合的综合技术集成模式;在该模式中,需配套的实施技术还包括干播湿出技术、农机农艺技术等。现已编制《引黄灌区井渠结合滴灌工程规划导则》,其中针对生物炭土壤改良技术编制了《河套灌区秸秆生物炭施用技术》《番茄秸秆生物炭施用规程》,针对河套灌区典型作物水肥一体化技术的推广实施编制了《河套灌区玉米膜下滴灌水肥一体化技术模式图》《河套灌区葵花膜下滴灌水肥一体化技术模式图》《河套灌区加工番茄膜下滴灌水肥一体化技术模式图》,分别在乌拉特前旗、五原、临河九庄开展了地下水滴灌-引黄补灌综合技术集成模式的推广与示范,其中针对该模式中的关键技术开展培训,培训人数700人,发放培训手册905本,发放技术模式图900多套。以该技术在九庄的应用效果来看,与传统的地面灌相比,采用该集成模式可节水22.8亿 m³/年,提高水分利用效率50%,提高氮肥利用率20%。该集成模式在河套灌区具有良好的应用前景。

8.2 地下水滴灌-引黄补灌集成模式效益评价

8.2.1 临河九庄试验与示范区

1. 年折旧费

根据示范区节水灌溉工程建设投资情况,参考巴彦淖尔市滴灌工程效益分析的工程折旧取值参数,再结合当地的调研数据,确定滴灌工程折旧取值标准,计算得到膜下滴灌工程的年投资(包括工程的折旧费和地表管道投资)为 77.5 元/亩,详见表 8-1。

表8-1　九庄示范区滴灌工程折旧取值标准　　（单位：元/亩）

工程类型	投资及折旧	滴灌带	地面管道及管件	地面管道、管件及设施	水源井及首部枢纽	其他费用	合计
膜下滴灌	亩投资	67	45	354	224	46	736
	折旧年限	30%回收	3	20	10	20	
	年投资	20.1	15	17.7	22.4	2.3	77.5

2. 年均运行成本

根据工程年折旧费、作物种植和田间管理费用各项计算，得出各种灌溉方式下不同种植作物的年均运行总成本汇总见表8-2。

表8-2　九庄示范区作物年均运行成本计算表　　（单位：元/亩）

灌溉方式	种植作物	工程年折旧费	作物种植和田间管理费				合计	亩均运行成本
			电费	维修费	管理费	消耗材料费		
井灌	葵花		21.0	20.0	1220	375	1636	
	玉米		26.0	20.0	1195	405	1646	
	番茄		21.6	20.0	1430	465	1936.6	
	青椒		16.0	20.0	1330	395	1761	
	合计							1677.05
滴灌	葵花	77.5	10.40	50.0	1180	265	1582.9	
	玉米	77.5	10.40	50.0	1130	295	1562.9	
	番茄	77.5	10.40	50.0	1504	385	2026.9	
	青椒	77.5	10.40	50.0	1304	315	1756.9	
	合计							1638.70

3. 新增总产量

2014 年采用井灌，面积为 500 亩，2015 年以后实施高效节水灌溉工程（膜下滴灌），种植作物为玉米、葵花、青椒、加工番茄。根据试验点实测作物产量数据，对比对照年调查数据，示范区新增总产量计算见表8-3、表8-4。

控制试验点亩均增产量 =（466000+296000）/2/500=762.0kg/亩。

项目实施区单位面积增产量 = 控制试验点亩均增产量×缩值系数 = 762.0×0.8 = 609.60kg/亩。

新增总产量 = 项目实施区单位面积增产量×有效使用面积 = 609.6×500 = 30.48 万 kg。

由计算可知，2015 年和 2016 年滴灌玉米、葵花、青椒、番茄单位面积平均增产量分别为 200kg/亩、60kg/亩、2500kg/亩、4000kg/亩，与井灌区相比，增产率分别为 18%、20%、55% 和 44%。滴灌工程实施后，经济作物青椒和番茄的增产率较高，增产效益显著，示范区单位面积增产量为 609.60kg/亩，新增总产量为 30.48 万 kg。

表 8-3 九庄示范区新增总产量计算表

年份	种植作物	单位面积产量/(kg/亩)	单位面积增产量/（kg/亩）	有效面积/亩	总产量/kg	新增总产量/kg
2014	玉米	900	—	300	270000	—
	葵花	240	—	100	24000	—
	青椒	2000	—	40	80000	—
	番茄	7000	—	60	300000	—
	合计			500	674000	
2015（节水灌溉实施后）	玉米	1100	200	350	385000	
	葵花	300	60	50	15000	
	青椒	5000	3000	40	200000	
	番茄	9000	4000	60	540000	
	合计			500	1140000	466000
2016（节水灌溉实施后）	玉米	1100	200	250	275000	
	葵花	300	60	150	45000	
	青椒	4000	2000	50	200000	
	番茄	9000	4000	50	450000	
	合计			500	970000	296000

8-4 九庄示范区平均单位面积产值计算表

年份	种植作物	单位面积产量/(kg/亩)	价格/(元/kg)	单位面积产值/（元/亩）	有效面积/亩	总产值/万元	平均单位面积产值/（元/亩）
2014	玉米	900	1.0	900	300	27.00	
	葵花	240	3.0	720	100	7.20	
	青椒	2000	0.7	1400	40	5.60	
	番茄	7000	0.4	2800	60	16.80	
	合计				500	56.60	1132.0
2015（节水灌溉实施后）	玉米	1100	0.9	990	350	34.65	
	葵花	300	3.7	1110	50	5.55	
	青椒	5000	0.8	4000	40	16.00	
	番茄	9000	0.46	4140	60	24.84	
	合计				500	81.04	1620.80
2016（节水灌溉实施后）	玉米	1100	0.7	770	250	19.25	
	葵花	300	3.0	900	150	13.50	
	青椒	4000	0.65	2600	50	13.00	
	番茄	9000	0.42	3780	50	18.90	
	合计				500	64.65	1293.0

4. 新增总收入

示范区 2015 年度为作物价格正常平稳年份，亩新增收入为 527.15 元/亩，新增总收入 26.36 万元；2016 年受市场价格影响，作物收购价格偏低，亩新增收入为 199.35 元/亩、新增总收入 9.97 万元（表 8-5）。

表 8-5　九庄示范区新增总收入计算表

年份	亩新增总产值/（元/亩）	新增总产值/万元	新增亩生产成本/（元/亩）	亩新增收入/（元/亩）	新增总收入/万元
2015（价格正常年份）	488.80	24.44	−38.35	527.15	26.36
2016（价格低谷年份）	161.0	8.05	−38.35	199.35	9.97

5. 灌溉水分生产率

灌溉水分生产率=总产量/总用水量。

九庄项目区滴灌工程实施后，两年大田作物玉米和葵花的灌溉水分生产率分别为 $6.72kg/m^3$ 和 $2.50kg/m^3$ 左右，比井灌区玉米和葵花分别提高 183.5% 和 108.3% 左右。经济作物主要为青椒和加工番茄，单位面积产量较大，灌溉水分生产率分别为 $35.0kg/m^3$ 和 $75.0kg/m^3$ 左右，比原井灌灌溉青椒和加工番茄均提高 70% 以上（表 8-6）。

表 8-6　九庄示范区灌溉水分生产率计算表

年份	种植作物	总产量/万 kg	总用水量/万 m³	灌溉水分生产率/（kg/m³）	灌溉水分生产率提高/%
2014（井灌区）	玉米	27.0	11.40	2.37	
	葵花	2.40	2.0	1.20	
	青椒	8.0	0.92	8.70	
	番茄	30.0	1.38	21.74	
2015（节水灌溉实施后）	玉米	38.50	6.30	6.11	61.24
	葵花	1.50	0.60	2.50	52.00
	青椒	20.0	0.48	41.67	79.13
	番茄	54.0	0.72	75.00	71.01
2016（节水灌溉实施后）	玉米	27.50	3.75	7.33	67.70
	葵花	4.50	1.80	2.50	52.00
	青椒	20.0	0.60	33.33	73.91
	番茄	45.0	0.60	75.00	71.01

8.2.2　隆盛试验与示范区

1. 年折旧费

具体见表 8-7。

表 8-7　隆盛区域井渠双灌示范区工程折旧取值标准　　（单位：元/亩）

工程类型	投资及折旧	滴灌带	地面管道及管件	地面管道、管件及设施	水源井及首部枢纽	其他费用	合计
	亩投资	75	42	329	202	41	689
膜下滴灌	折旧年限	30%回收	3	20	10	20	
	年投资	63.75	14	16.45	20.2	2.05	116.45

2. 年均运行成本

具体见表 8-8。

表 8-8　隆盛示范区作物年均运行成本计算表　　（单位：元/亩）

灌溉方式	种植作物	工程年折旧费	作物种植和田间管理费				合计	亩均运行成本
			电费	维修费	管理费	消耗材料费		
井灌	葵花		25.0	20	270	375	690	
	玉米		28.0	20	205	405	658	
	合计							670.8
滴灌	葵花	116.45	24	50	230	265	685.45	
	玉米	116.45	24	50	180	295	665.45	
	合计							675.45

3. 新增总产量

控制试验点亩均增产量=2127600/9000=236.4kg/亩。

项目实施区单位面积增产量=控制试验点亩均增产量×缩值系数=236.4×0.8＝189.12kg/亩。

新增总产量=项目实施区单位面积增产量×有效使用面积=189.12×9000＝170.21 万 kg。

由计算可知，滴灌玉米、葵花单位面积平均增产量分别为 304kg/亩、135kg/亩；与井灌区相比，增产率分别为 31.08%、42.9%。滴灌工程实施后，示范区单位面积增产量为 189.12kg/亩，新增总产量为 170.21 万 kg。效益较为显著（表 8-9）。

表 8-9　隆盛区域新增总产量计算表

年份	种植作物	单位面积产量/(kg/亩)	单位面积增产量/(kg/亩)	有效面积/亩	总产量/kg	新增总产量/kg
井灌	玉米	978	—	5400	5281200	—
	葵花	315	—	3600	1134000	—
	合计			9000	6415200	

续表

年份	种植作物	单位面积产量/(kg/亩)	单位面积增产量/(kg/亩)	有效面积/亩	总产量/kg	新增总产量/kg
2015 (节水灌溉 实施后)	玉米	1282	304	5400	6922800	
	葵花	450	135	3600	1620000	
	合计			9000	8542800	2127600
2016 (节水灌溉 实施后)	玉米	1282	304	5400	6922800	
	葵花	450	135	3600	1620000	
	合计			9000	8542800	2127600

4. 新增总收入

具体见表 8-10、表 8-11。

表 8-10　隆盛示范区平均单位面积产值计算表

年份	种植作物	单位面积产量/(kg/亩)	价格/(元/kg)	单位面积产值/(元/亩)	有效面积/亩	总产值/万元	平均单位面积产值/(元/亩)
2014	玉米	978	1.0	978	5400	528.1	
	葵花	315	3.0	945	3600	340.2	
	合计				9000	868.3	964.8
2015 (节水灌溉 实施后)	玉米	1282	0.9	1153.8	6300	726.9	
	葵花	450	3.7	1665	2700	449.5	
	合计				9000	1176.4	1307
2016 (节水灌溉 实施后)	玉米	1282	0.7	897.4	5500	493.6	
	葵花	450	3.0	1350	3500	472.5	
	合计				9000	966.1	1073.4

表 8-11　隆盛示范区新增总收入计算表

年份	亩新增总产值/(元/亩)	新增总产值/万元	新增亩生产成本/(元/亩)	亩新增收入/(元/亩)	新增总收入/万元
2015(价格正常年份)	342.2	308	−10.6	352.8	317.5
2016(价格低谷年份)	108.6	97.7	−10.6	119.2	107.3

示范区 2015 年度为作物价格正常平稳年份,亩新增收入为 352.8 元/亩、新增总收入 317.5 万元;2016 年受市场价格影响,作物收购价格偏低,亩新增收入为 119.2 元/亩、新增总收入 107.3 万元。

5. 灌溉水分生产率

隆盛示范区滴灌工程实施后,两年大田作物玉米和葵花的灌溉水分生产率分别为 6.72kg/m³ 和 2.86kg/m³ 左右,比井灌区玉米和葵花分别提高 162.5% 和 217.8% 左右(表 8-12)。

表 8-12　隆盛示范区灌溉水分生产率计算表

年份	种植作物	总产量/万 kg	总用水量/万 m³	灌溉水分生产率/(kg/m³)	灌溉水分生产率提高/%
2014(井灌区)	玉米	528.12	206	2.56	
	葵花	113.4	126	0.9	
2015(滴灌,节水灌溉实施后)	玉米	692.28	105.7	6.55	60.9
	葵花	162	56.6	2.86	68.5
2016(滴灌,节水灌溉实施后)	玉米	692.28	100.5	6.89	62.8
	葵花	162	56.6	2.86	68.5

8.2.3　五原试验与示范区

1. 年折旧费

具体见表 8-13。

表 8-13　五原塔尔湖淖尔水源工程折旧取值标准　　(单位:元/亩)

工程类型	投资及折旧	滴灌带	地面管道及管件	地面管道、管件及设施	水源井及首部枢纽	其他费用	合计
膜下滴灌	亩投资	70	30	560	268	86	1014
	折旧年限	30%回收	3	20	10	20	
	年投资	21	10	28	26.8	4.3	90.1

2. 年均运行成本

具体见表 8-14。

表 8-14　五原塔尔湖作物年均运行成本计算表　　(单位:元/亩)

灌溉方式	种植作物	工程年折旧费	作物种植和田间管理费				合计	亩均运行成本
			电费	维修费	管理费	消耗材料费		
井灌	葵花		33.83	20	515	375	983.83	
	玉米		40.25	20	542	405	1007.25	
	合计							992.61
滴灌	葵花	90.1	16.92	50	409	265	831.02	
	玉米	90.1	16.92	50	436	295	888.02	
	合计							859.52

3. 新增总产量

2015 年采用井灌和滴灌两种灌溉方式，耕种有效面积为井灌 40 亩，滴灌 40 亩；2016 年继续实施高效节水灌溉工程（膜下滴灌），种植作物为玉米、葵花。根据试验点实测作物产量数据，对比对照年调查数据，示范区新增总产量计算见表 8-15、表 8-16。

表 8-15　隆盛区域新增总产量计算表

年份	种植作物	单位面积产量/(kg/亩)	单位面积增产量/(kg/亩)	有效面积/亩	总产量/kg	新增总产量/kg
2015 （井灌）	玉米	750		15	11250	
	葵花	170		25	4250	
	合计			40	15500	
2015 （滴灌，节水 灌溉实施后）	玉米	900	150	20	18000	
	葵花	210	40	20	4200	
	合计			40	22200	6700
2016 （滴灌，节水 灌溉实施后）	玉米	950	200	20	19000	
	葵花	200	30	20	4000	
	合计			40	23000	7500

控制试验点亩均增产量=（6700+7500）/2/40=177.5kg/亩。

项目实施区单位面积增产量=控制试验点亩均增产量×缩值系数=177.5×0.8=142.0kg/亩。

新增总产量=项目实施区单位面积新增产量×有效使用面积=142.0×40=5680kg。

表 8-16　五原示范区平均单位面积产值计算表

年份	种植作物	单位面积产量/ （kg/亩）	价格/（元/kg）	单位面积产值/（元/亩）	有效面积/亩	总产值/万元
2015 （井灌）	玉米	750	0.75	562.5	15	0.84
	葵花	170	3.8	646	25	1.62
2015（滴灌，节 水灌溉实施后）	玉米	900	0.75	675	20	1.35
	葵花	210	3.8	798	20	1.60
2016（滴灌，节 水灌溉实施后）	玉米	950	0.68	646	20	1.2
	葵花	200	3	600	20	1.2

由计算可知，滴灌玉米、葵花单位面积平均增产量分别为 175kg/亩、35kg/亩，与井灌区相比，增产率分别为 18.85% 和 17%。滴灌工程实施后，大田作物葵花和

玉米的产量显著提高，五原塔尔湖示范区单位面积增产量为 142.0kg/亩，考虑 0.8 的缩值系数，新增总产量为 5680kg。

4. 新增总收入

示范区 2015 年度为作物价格正常平稳年份，亩新增收入为 265.34 元/亩、新增总收入 10613.7 元；2016 年受市场价格影响，作物收购价格偏低，亩新增收入为 151.84 元/亩、新增总收入 6073.6 万元（表 8-17）。

表 8-17　五原示范区新增总收入计算表

年份	亩新增总产值 / (元/亩)	新增总产值/元	新增亩生产成本/ (元/亩)	亩新增收入 / (元/亩)	新增总收入/元
2015（价格正常年份）	132.25	5290	−133.09	265.34	10613.7
2016（价格低谷年份）	18.75	750	−133.09	151.84	6073.6

5. 灌溉水分生产率

具体见表 8-18。

表 8-18　五原示范区灌溉水分生产率计算表

年份	种植作物	总产量/kg	总用水量/m³	灌溉水分生产率/ (kg/m³)	灌溉水分生产率提高/%
2015（井灌区）	玉米	11250	11745	0.96	
	葵花	4250	13050	0.33	
2015（滴灌，节水灌溉实施后）	玉米	18000	5760	3.13	69.3
	葵花	4200	3600	1.17	71.8
2016（滴灌，节水灌溉实施后）	玉米	19000	6290	3.02	68.2
	葵花	4200	3700	1.14	71.1

8.2.4　长胜试验与示范区

1. 年折旧费

具体见表 8-19。

表 8-19　长胜示范区工程折旧取值标准　　（单位：元/亩）

工程类型	投资及折旧	滴灌带	地面管道及管件	地面管道、管件及设施	水源井及首部枢纽	其他费用	合计
膜下滴灌	亩投资	72	40	480	252	56	1014
	折旧年限	30%回收	3	20	10	20	
	年投资	61.2	13	24	25.2	2.8	126.2

2. 年均运行成本

具体见表 8-20。

表 8-20　长胜示范区作物年均运行成本计算表（单位：元/亩）

| 灌溉方式 | 种植作物 | 工程年折旧费 | 作物种植和田间管理费 | | | | 合计 | 亩均运行成本 |
			电费	维修费	管理费	消耗材料费		
井灌	葵花		20	20	635	375	1050	
	玉米		25	20	615	405	1065	
	合计							1056
滴灌	葵花	126.2	11.4	50	495	265	948	
	玉米	126.2	11.4	50	440	295	922.6	
	合计							937.8

3. 新增总产量

2014 年采用井灌，面积为 500 亩；2015 年以后实施高效节水灌溉工程（膜下滴灌），种植作物为玉米、葵花。根据试验点实测作物产量数据，对比对照年调查数据，示范区新增总产量计算见表 8-21。

表 8-21　长胜示范区新增总产量计算表

年份	种植作物	单位面积产量/(kg/亩)	单位面积增产量/(kg/亩)	有效面积/亩	总产量/kg	新增总产量/kg
2014	玉米	945	—	300	283500	—
	葵花	260	—	200	52000	—
	合计			500	335500	
2015（节水灌溉实施后）	玉米	1200	255	350	420000	
	葵花	340	80	150	51000	
	合计			500	471000	135500
2016（节水灌溉实施后）	玉米	1250	305	250	312500	
	葵花	365	105	250	91250	
	合计			500	403750	68250

控制试验点亩均增产量 =（135500+68250）/2/500=203.75kg/亩。

项目实施区单位面积增产量=控制试验点亩均增产量×缩值系数=203.75×0.8=163kg/亩。

新增总产量=项目实施区单位面积增产量×有效使用面积=163×500=8.15 万 kg。

由计算可知，节水灌溉实施后两年滴灌玉米、葵花单位面积平均增产量分别为 280kg/亩、92.5kg/亩，与井灌区相比，增产率分别为 36%、30%。

4. 新增总收入

示范区 2015 年度为作物价格正常平稳年份，亩新增收入为 339.2 元/亩、新增总收入 16.96 万元；2016 年受市场价格影响，作物收购价格偏低，亩新增收入为 224.4 元/亩、新增总收入 11.22 万元（表 8-22、表 8-23）。

表 8-22　长胜示范区平均单位面积产值计算表

年份	种植作物	单位面积产量/（kg/亩）	价格/（元/kg）	单位面积产值/（元/亩）	有效面积/亩	总产值/万元	平均单位面积产值/（元/亩）
2014	玉米	945	1.0	945	300	28.35	
	葵花	260	3.0	780	200	15.6	
	合计				500	43.95	879
2015（节水灌溉实施后）	玉米	1200	0.9	1080	350	37.8	
	葵花	340	3.7	1147	150	17.21	
	合计				500	55.01	1100
2016（节水灌溉实施后）	玉米	1250	0.7	875	250	21.88	
	葵花	365	3.0	1095	250	27.38	
	合计				500	49.26	985.2

表 8-23　长胜示范区新增总收入计算表

年份	亩新增总产值/（元/亩）	新增总产值/万元	新增亩生产成本/（元/亩）	亩新增收入/（元/亩）	新增总收入/万元
2015（价格正常年份）	221	11.06	−118.2	339.2	16.96
2016（价格低谷年份）	106.2	5.31	−118.2	224.4	11.22

5. 灌溉水分生产率

具体见表 8-24。

表 8-24　长胜示范区灌溉水分生产率计算表

年份	种植作物	总产量/万 kg	总用水量/万 m³	灌溉水分生产率/（kg/m³）	灌溉水分生产率提高/%
2014（井灌区）	玉米	28.35	22.5	1.26	
	葵花	5.2	4.3	1.20	
2015（滴灌，节水灌溉实施后）	玉米	42	6.72	6.25	79.84
	葵花	5.1	1.65	3.1	61.3
2016（滴灌，节水灌溉实施后）	玉米	31.25	4.46	7.01	82.02
	葵花	9.13	2.12	2.89	58.5

第9章 结论与展望

9.1 主要结论

9.1.1 不同水文年典型作物水肥一体化技术

以临河九庄 2012~2016 年的试验结论为基础,采用大田试验与模型模拟相结合的方式提出不同水文年型下的典型作物水肥一体化技术。

受降水等气候因素影响,同一作物不同水文年灌水量差异较大。采用频率法分析临河九庄试验区 1957~2014 年的降水频率,得到试验区多年平均降水量 132.5mm;2012~2014 年分别代表了临河九庄试验区的丰水年、平水年及枯水年。因此,2012~2014 年的典型作物的膜下滴灌灌水制度和施肥制度可以代表本地区不同水文年型相应典型作物的灌水施肥制度。

2012~2014 年在临河九庄试验区分别开展了玉米和葵花的膜下滴灌大田试验,灌溉水源为试验区地下水,矿化度为 1.007g/L,采用张力计控制滴头正下方 20cm 土壤基质势为–10kPa、–20kPa、–30kPa 和–40kPa。当张力计显示值达到试验设定基质势时,立即灌溉一次,单次灌水量22.5mm,不同水文年不同灌水控制下限玉米和葵花膜下滴灌灌溉制度见表 9-1;控制典型作物不同灌水下限处理的

表 9-1 典型作物不同水文年不同灌水控制下限膜下滴灌灌溉制度

试验作物	灌水下限	2012 年		2013 年		2014 年	
		灌溉次数/次	灌溉定额/mm	灌溉次数/次	灌溉定额/mm	灌溉次数/次	灌溉定额/mm
玉米	CK	4		4		4	
	–10kPa	16	360.0	17	382.5	19	427.5
	–20kPa	13	292.5	14	315.0	15	337.5
	–30kPa	11	247.5	12	270.0	13	292.5
	–40kPa	8	180.0	9	202.5	11	247.5
葵花	CK	2		2		2	
	–10kPa	13	292.5	13	292.5	14	315.0
	–20kPa	10	225.0	11	247.5	12	270.0
	–30kPa	8	180.0	9	202.5	10	225.0
	–40kPa	6	135.0	8	180.0	9	202.5

注:表中 CK 代表传统井灌模式。

施肥制度相同，根据玉米和葵花传统的施肥制度，拟定不同水文年不同灌水控制下限玉米和葵花膜下滴灌施肥制度见表9-2和表9-3。

表 9-2　典型作物不同水文年不同灌水控制下限膜下滴灌施肥制度

试验作物	肥料种类	2012～2014 年膜下滴灌		2012～2014 年传统井灌	
		施肥次数/次	总施肥量/（kg/亩）	施肥次数/次	总施肥量/（kg/亩）
玉米	磷酸二铵	1	40	1	40
	尿素	8	40	2	60
	硝酸钾	1	6	0	0
葵花	磷酸二铵	1	25	1	25
	尿素	5	20	2	35
	硝酸钾	2	10	0	0

表 9-3　不同水文年不同灌水控制下限膜下滴灌典型作物产量（单位：kg/亩）

试验作物	年份	CK	−10kPa	−20kPa	−30kPa	−40kPa
玉米	2012	884.6	939.5	980.0	973.0	901.8
	2013	696.5	921.5	978.7	923.9	864.9
	2014	978.7	948.7	1100.7	997.6	920.3
葵花	2012	210.0	195.9	241.3	244.7	234.6
	2013	235.2	210.8	259.1	272.1	251.3
	2014	224.6	202.6	251.5	262.1	249.3

9.1.2　灌区典型作物微咸水膜下滴灌节水控盐技术

玉米微咸水膜下滴灌试验综合考虑节约灌溉用淡水、减少土壤积盐和保持产量，确定两年一春汇−30kPa 处理对应灌溉制度最优，即在玉米非生育期内，每两年引黄河水春汇一次，春汇定额 2250m³/hm²，春汇时间为每年度 4 月下旬，玉米生育期内微咸水膜下滴灌灌溉施肥制度见表9-4和表9-5。

表 9-4　玉米微咸水膜下滴灌灌溉制度

灌水时间	灌水次数/次	灌水定额/（m³/hm²）	灌溉定额/（m³/hm²）
苗期	3	225	675
拔节期	4	225	900
抽穗期	3	225	675
灌浆期	2	300	600
成熟期	2	225	450
合计	14		3300

表 9-5 玉米微咸水膜下滴灌施肥制度

施肥时间	尿素			复合肥		
	施肥次数/次	施肥定额/(kg/hm²)	施肥量/(kg/hm²)	施肥次数/次	施肥定额/(kg/hm²)	施肥量/(kg/hm²)
苗期	1	75	75	1	45	45
拔节期	3	75	225	1	45	45
抽穗期	0	75	0	0	45	0
灌浆期	1	75	75	1	45	45
成熟期	1	75	75	0	45	0
合计	6		450	3		135

注：玉米播前施入 1 次底肥，磷酸二铵 375kg/hm²，45%硫酸钾 300kg/hm²。

葵花微咸水膜下滴灌试验综合考虑节约灌溉用淡水、减少土壤积盐和保持产量，确定两年一春汇–30kPa 处理对应灌溉制度最优，即在葵花非生育期内，每两年引黄河水春汇一次，春汇定额 2250m³/hm²，春汇时间为年度 4 月下旬，葵花生育期内微咸水膜下滴灌灌溉施肥制度见表 9-6、表 9-7。

表 9-6 葵花微咸水膜下滴灌灌溉制度

灌水时间	灌水次数/次	灌水定额/（m³/hm²）	灌溉定额/（m³/hm²）
苗期	2	225	450
现蕾期	2	225	450
花期	2	225	450
灌浆期	3	300	900
成熟期	1	225	225
合计	10		2475

表 9-7 葵花微咸水膜下滴灌施肥制度

施肥时间	尿素			复合肥		
	施肥次数/次	施肥定额/(kg/hm²)	施肥量/(kg/hm²)	施肥次数/次	施肥定额/(kg/hm²)	施肥量/(kg/hm²)
苗期	1	75	75	1	45	45
现蕾期	1	75	75	0	45	0
花期	1	75	75	1	45	45
灌浆期	1	75	75	0	45	0
成熟期	0	75	0	0	45	0
合计	4		300	2		90

注：葵花播前施入 1 次底肥，磷酸二铵 375kg/hm²，45%硫酸钾 300kg/hm²。

番茄微咸水膜下滴灌试验综合考虑节约灌溉用淡水、减少土壤积盐和保持产量，确定灌水定额 375m³/hm² 对应灌溉制度最优，番茄生育期内微咸水膜下滴灌灌溉施肥制度见表 9-8、表 9-9。

表 9-8　番茄微咸水膜下滴灌灌溉制度

灌水时间	灌水次数/次	灌水定额/（m³/hm²）	灌溉定额/（m³/hm²）
苗期	3	375	1125
开花坐果期	4	375	1500
果熟期	1	375	375
合计	8		3000

表 9-9　番茄微咸水膜下滴灌灌溉制度

施肥时间	尿素			45%硫酸钾		
	施肥次数/次	施肥定额/(kg/hm²)	施肥量/(kg/hm²)	施肥次数/次	施肥定额/(kg/hm²)	施肥量/(kg/hm²)
苗期	1	60	60	1	45	45
开花坐果期	2	60	120	0	45	0
果熟期	1	60	0	0	45	0
合计	4		180	1		45

注：番茄移栽前施入 1 次底肥，磷酸二铵 225kg/hm²，45%硫酸钾 75kg/hm²。

9.1.3　引黄补水压盐技术

1. 盐碱地春汇洗盐技术

为了淋洗盐碱地表层土壤盐分，防止农田土壤次生盐碱化，在前一年秋季农作物收获后未做任何处理的情况下，需要制定科学的春汇制度，引黄河水灌溉农田，确保农田盐分安全，保证作物正常出苗和苗期正常生长发育。每年 4 月中旬，耕地自前一年冬季封冻后消融至地表以下 80cm，综合考虑春汇定额及春汇制度对表层土壤盐分、养分、pH、作物出苗和农艺措施的影响，2014～2016 年春汇试验初步确定：最佳春汇制度为两年一春汇，春汇时间为每年 4 月中旬，春汇定额为 2250m³/hm²。

2. 非盐碱地秋浇洗盐技术

秋浇洗盐是为了满足次年作物生长的要求。因此，次年播种前后的土壤盐分状况是评价秋浇灌水制度优劣的主要依据。

非生育期洗盐灌溉（秋浇）效果显著，秋浇灌黄河水 1800m³/hm² 后，次年春播前 0～100cm 土壤盐分下降 10.86%～26.14%；剖面分布较均匀，是干旱半干旱地区控制膜下滴灌土壤盐分的有效途径。

3. 长期引黄滴灌水盐动态预测

地下水滴灌-引黄补灌模式模拟预测得出，小灌溉定额（337mm）时，淡水灌溉适宜采取两年一秋浇模式；微咸水、半咸水灌溉适宜采取一年一秋浇模式。大灌溉定额（506mm）时，淡水灌溉配合适宜的耕作和农艺措施可无秋浇；微咸水、半咸水灌溉，均有不同程度的盐分累积，故建议采取一年一秋浇模式。

9.1.4　生物炭土壤改良技术

生物炭具有保水、保肥、减排等特性，这对生物炭的广泛利用和农业可持续发展具有重要意义，其中，灌水下限–25kPa、施炭量 $15t/hm^2$、$30t/hm^2$ 是较优的水炭组合。

9.2　存在不足及展望

（1）在典型作物地下水膜下滴灌水肥一体化灌水施肥制度的研究方面，由于灌区地下水水质不同，且土壤盐渍化程度不尽相同，因此制定灌区不同地下水-土壤环境下的典型作物水肥一体化制度对于项目的针对性实施具有重要意义。而本项目仅针对玉米，且在非盐碱地展开了相关的试验研究，因此可能在地下水滴灌水肥一体化技术支持方面存在不足。

（2）在秋浇/春汇试验研究方面，项目仅从盐分平衡的角度对该问题进行了探索性的研究，而河套灌区地下水埋深浅，冻融影响使盐分的问题更加复杂，如何合理有效地淋洗盐分使次年不影响苗期作物且使长年滴灌条件下土壤不至于发生盐渍化是河套灌区发展膜下滴灌面临的关键问题。因此，河套灌区膜下滴灌盐分累积到何种程度秋浇，以及具体合理的秋浇制度有重要的研究价值，还需进一步深入研究。

（3）针对盐碱地新型地下水膜下滴灌集成模式的研究，按"非生育期洗盐—播前盐渍化土壤改良—生育期作物生长"的序列分别从"非生育期引黄洗盐"—"干播湿出""化控调盐"—"作物生育期水肥盐协同调控"几个方面进行模式集成。本书并未涉及化控调盐部分的相关研究。

参 考 文 献

蔡甲冰, 许迪, 刘钰, 等. 2011. 冬小麦返青后腾发量时空尺度效应的通径分析. 农业工程学报, 27(8): 69-76.

陈伏龙, 郑旭荣, 何新林, 等. 2011. 莫索湾灌区 1998-2007 年地下水埋深变化及影响因素. 武汉大学学报(工学版), 44(3): 316-320.

陈红霞, 杜章留, 郭伟, 等. 2011. 施用生物炭对华北平原农田土壤容重、阳离子交换量和颗粒有机质含量的影响. 应用生态学报, 22(11): 2930-2934.

陈小彬. 2014. 水肥一体化技术在设施农业中的应用调查——以绿丰农业科技有限公司为例. 福州: 福建农林大学.

陈亚新. 1993. 地面水-土壤水-地下水连续系统田间水有效性评价. 灌溉排水, 1: 1-6.

程新意, 李少疆. 1990. 通径分析的数学模型. 工程科学, 6(4): 99-105.

崔党群. 1994. 通径分析的矩阵算法. 生物数学学报, 9(1): 1-76.

戴佳信, 史海滨, 田德龙, 等. 内蒙古河套灌区主要粮油作物系数的确定. 灌溉排水学报, 30(3): 23-27.

杜家菊, 陈志伟. 2010. 使用 SPSS 线性回归实现通径分析的方法. 生物学通报, 45(2): 4-6.

范严伟, 赵文举, 王昱. 2015. 入渗水头对垂直一维入渗 Philip 模型参数的影响. 兰州理工大学学报, 41(4): 65-70.

高海英, 何绪生, 耿增超, 等. 2011. 生物炭及炭基氮肥对土壤持水性能影响的研究. 中国农学通报, 27(24): 206-213.

高鹏, 简红忠, 魏样, 等. 2012. 水肥一体化技术的应用现状与发展前景. 现代农业科技, (8): 250.

高祥照, 杜森, 钟永红, 等. 2015. 水肥一体化发展现状与展望. 中国农业信息, 2015(4X): 14-19.

龚振平. 2009. 土壤学与农作学. 北京: 中国水利水电出版社.

勾芒芒, 屈忠义, 杨晓, 等. 2014. 生物炭对砂壤土节水保肥及番茄产量的影响研究. 农业机械学报, 45(1): 136-140

管孝艳, 王少丽, 高占义, 等. 2012. 盐渍化灌区土壤盐分的时空变异特征及其与地下水埋深的关系. 生态学报, 32(4): 1202-1210.

郝芳华, 欧阳威, 岳勇, 等. 2008. 内蒙古农业灌区水循环特征及对土壤水运移影响的分析. 环境科学学报, 28(5): 825-831.

何丹, 马东豪, 张锡洲, 等. 2013. 土壤入渗特性的空间变异规律及其变异源. 水科学进展, 24(3): 340-348.

何绪生, 耿增超, 佘雕, 等. 2011. 生物炭生产与农用的意义及国内外动态. 农业工程学报, 27(2): 1-7.

焦艳平, 康跃虎, 万书勤, 等. 2008. 干旱区盐碱地滴灌土壤基质势对土壤盐分分布的影响. 农业工程学报, 24(6): 53-58.

康跃虎. 2004. 实用型滴灌灌溉计划制定方法. 节水灌溉, 3: 11-15.

李琲. 2008. 内蒙古河套灌区参与式灌溉管理运行机制与绩效研究. 呼和浩特: 内蒙古农业大学.

李法虎, 傅建平, 孙雪峰. 1992. 作物对地下水利用量的试验研究. 地下水, 14(4): 196-202.

李卓, 吴普特, 冯浩, 等. 2009. 容重对土壤水分入渗能力影响模拟试验. 农业工程学报, 25(6): 40-45.

刘目兴, 聂艳, 于婧. 2012. 不同初始含水率下粘质土壤的入渗过程. 生态学报, 32(3): 871-878.

刘永宝. 2013. 国内外滴灌技术对推进甘肃发展现代农业的启示. 甘肃农业, (22): 36-38.

刘钰, Pereira L S. 2000. 对 FAO 推荐的作物系数计算方法的验证. 农业工程学报, (5): 26-30.

刘钰, 蔡林根. 1997. 参照腾发量的新定义及计算方法对比. 水利学报, (6): 28-34.

刘战东, 刘祖贵, 俞建河, 等. 2014. 地下水埋深对玉米生长发育及水分利用的影响. 排灌机械工程学报, 32(7): 616-624.

刘中良, 宇万太. 2011. 土壤团聚体中有机炭研究进展. 中国生态农业学报, 1(2): 446-455.

卢守峰, 王红茹, 刘喜敏. 2009. 基于生存分析法的行人过街最大等待时间研究. 交通信息与安全, 27(5): 69-71.

罗金明, 王永洁, 邓伟, 等. 2010. 浅地下水埋深微域尺度苏打盐渍土的积盐机理探讨. 土壤学报, 47(2): 238-245.

罗纨, 方树星, 贾忠华, 等. 2007. 根据排水规律计算稻田节水的潜力. 农业工程学报, 23(10): 41-44.

庞鸿斌. 2005. 贾大林论文选. 北京: 中国农业科学技术出版社.

齐瑞鹏, 张磊, 颜永毫, 等. 2014. 定容重条件下生物炭对半干旱区土壤水分入渗特征的影响. 应用生态学报, 28(8): 2281-2288.

乔冬梅, 齐学斌, 庞鸿滨, 等. 2009. 地下水作用下微咸水灌溉对土壤及作物的影响. 农业工程学报, 25(11): 55-61.

屈忠义, 杨晓, 黄永江. 2015. 内蒙古河套灌区节水工程改造效果分析评估. 农业机械学报, 46(4): 70-76.

任中生, 屈忠义, 李哲, 等. 2016. 水氮互作对河套灌区膜下滴灌玉米产量与水氮利用的影响. 水土保持学报, 30(5): 149-155.

任宗萍, 张光辉, 王兵, 等. 2012. 双环直径对土壤入渗速率的影响. 水土保持学报, 26(4): 95-103.

阮本清, 许凤冉, 蒋任飞. 2008. 基于球状模型参数的地下水水位空间变异特性及其演化规律分析. 水利学报, 39(5): 573-579.

尚杰, 耿增超, 赵军, 等. 2015. 生物炭对塿土水热特性及团聚体稳定性的影响. 应用生态学报, 26(7): 1969-1976

石贵余, 张金宏, 姜谋余. 2003. 河套灌区灌溉制度研究. 灌溉排水学报, (5): 72-76.

史文娟, 马媛, 徐飞, 等. 2014. 不同微尺度膜下滴灌棉田土壤水盐空间变异特性. 水科学进展, (25)4: 585-593.

孙鸿烈, 刘光崧. 1996. 土壤理化分析与剖面描述. 北京: 中国标准出版社.

田丹, 屈忠义, 李波, 等. 2013. 生物炭对砂土水力特征参数及持水特性影响试验研究. 灌溉排水学报, 32(3): 135-137.

万彤, 孟冠华, 刘宝河, 等. 2012. 混凝-活性炭吸附处理印染废水的试验研究. 广东化工, (12): 101-102, 109.

王丹丹. 2013. 半干旱区生物炭的土壤生态效应定位研究. 杨凌: 西北农林科技大学.

王典, 张祥, 朱盼, 等. 2014. 添加生物质炭对黄棕壤和红壤上油菜生长的影响. 中国土壤与肥料, (3): 63-67.

王浩, 焦晓燕, 王劲松, 等. 2015. 生物炭对土壤水分特征及水胁迫条件下高粱生长的影响. 水土保持学报, 29(2): 253-257.

王伦平, 陈亚新. 1993. 内蒙古河套灌区灌溉排水与盐碱化防治. 北京: 水利电力出版社.

王清奎, 汪思龙. 2005. 土壤团聚体形成与稳定机制及影响因素. 土壤通报, 36(3): 415-421.

王全九, 来剑斌. 2002. Green-Ampt 模型与 Philip 入渗模型的对比分析. 农业工程学报, 18(2): 13-16.

王全九, 马东豪, 叶海燕, 等. 2005. 微咸水灌溉对作物生长与产量的影响. 中国农业工程学会 2005 年学术年会论文集: 143-146.

王艳娜, 侯振安, 龚江, 等. 2007. 咸水资源农业灌溉应用研究进展与展望. 中国农学通报, 23(2): 387-393.

王艳阳, 魏永霞, 孙继鹏, 等. 2016. 不同生物炭施加量的土壤水分入渗及其分布特性. 农业工程学报, 8: 113-119.

魏占民. 2003. 干旱区作物-水分关系及田间灌溉水有效性的 SWAP 模型模拟研究. 呼和浩特: 内蒙古农业大学.

吴冰. 2006. 生存分析及其应用: 以创业研究为例. 上海交通大学学报: 哲学社会科学版, 14(3): 63-71.

吴继强. 2010. 非饱和土壤中大孔隙流及溶质优先迁移基本特性试验研究. 西安: 西安理工大学.

吴立峰. 2015. 新疆棉花滴灌施肥水肥耦合效应与生长模拟研究. 杨凌: 西北农林科技大学.

吴鹏豹, 解钰, 漆智平, 等. 2012. 生物炭对花岗岩砖红壤团聚体稳定性及其总炭分布特征的影响. 草地学报, 20(4): 643-649.

吴忠东, 王全九. 2007. 不同微咸水组合灌溉对土壤水盐分布和冬小麦产量影响的田间试验研究. 农业工程学报, 23(11): 71-76.

武玉, 徐刚, 吕迎春, 等. 2014. 生物炭对土壤理化性质影响的研究进展. 地球科学进展, 29(1): 68-79.

解文艳, 樊贵盛. 2004. 土壤含水量对土壤入渗能力的影响. 太原理工大学学报, 35(3): 272-275.

徐小波, 周和平, 王忠, 等. 2010. 干旱灌区有效降雨量利用率研究. 节水灌溉, (12): 44-46+50.

肖娟, 雷廷武, 李光永, 等. 2004. 西瓜和蜜瓜咸水滴灌的作物系数和耗水规律. 水利学报, (6): 119-124.

闫浩芳. 2008. 内蒙古河套灌区不同作物腾发量及作物系数的研究. 呼和浩特: 内蒙古农业大学.

闫永利, 魏占民, 任秀苹, 等. 2016. 保水剂对土壤持水性影响及在不同土壤中效果比较. 节水灌溉, 1: 34-38.

杨长明, 欧阳竹. 2008. 华北平原农业土地利用方式对土壤水稳性团聚体分布特征及其有机炭含量的影响. 土壤, 40(1): 100-105.

杨军芳, 周晓芬, 冯伟. 2008. 土壤与植物镁素研究进展概述. 河北农业科学, 12(3): 91-93.

杨如萍, 郭贤仕, 吕军峰, 等. 2010. 不同耕作和种植模式对土壤团聚体分布及稳定性的影响. 水土保持学报, 1: 252-256.

杨树青, 丁雪华, 贾锦风, 等. 2009. 盐渍化土壤环境下微咸水利用模式探讨. 水利学报, 42(4): 490-498.

姚红宇, 唐光木, 葛春辉, 等. 2014. 炭化温度和时间与棉杆炭特性及元素组成的相关关系. 农业工程学报, 13(7): 199-206.

翟鹏辉, 杨丽晶, 李素艳, 等. 2014. 蒸发条件下不同夹层土壤水盐动态特性研究. 水土保持学报, 28(4): 273-277.

张斌, 刘晓雨, 潘根兴, 等. 2012. 施用生物质炭后稻田土壤性质, 水稻产量和痕量温室气体排放的变化. 中国农业科学, 45(23): 4844-4853.

张承林, 邓兰生. 2012. 水肥一体化技术. 北京: 中国农业出版社.

张蔚榛, 张瑜芳. 2003. 对灌区水盐平衡和控制土壤盐渍化的认识(专题研究). 中国水利, B 刊.

张文玲, 李桂花, 高卫东. 2009. 生物质炭对土壤性状和作物产量的影响. 中国农学通报, 25(17): 153-157.

张秀梅, 杜丽清, 王有年, 等. 2005. 钙处理对果实采后生理病害及衰老的影响. 河北果树, (1): 3-4.

张义强, 高云, 魏占民. 2013. 河套灌区地下水埋深变化对葵花生长影响试验研究. 灌溉排水学报, 32(3): 90-92.

赵霞, 黄瑞冬, 李潮海, 等. 2013. 农艺措施和保水剂对土壤蒸发和夏玉米水分利用效率的影响. 干旱地区农业研究, 31(1): 101-106.

钟继洪, 唐淑英, 谭军. 2002. 广东红壤类土壤结构特征及其影响因素. 土壤与环境, 11(1): 61-65.

周桂玉, 窦森, 刘世杰. 2011. 生物质炭结构性质及其对土壤有效养分和腐殖质组成的影响. 农业环境科学学报, 30(10): 2075-2080.

周岩. 2011. 土壤调理剂(保水剂)对砂土和砂壤土结构的影响. 郑州: 河南大学.

Ajdary K, Singh D K, Singh A K, et al. 2007. Modelling of nitrogen leaching from experimental onion field under drip fertigation. Agricultural Water Management, 89(1): 15-28.

Allen R G, Pereira L S, Raes D, et al. 1998. FAO Irrigation and Drainage Paper, No.56. Crop evapotranspiration. Roma, Italy.

Ayars J E, Christen E W, Soppe R W, et al. 2006. The resource potential of in-situ shallow ground water use in irrigated agriculture: A review. Irrigation Science, 24: 146-160.

Ayars J E, Phene C J, Hutmacher R B, et al. 1999. Subsurface drip irrigation of row crops: A review of 15 years of research at the water management research laboratory. Agricultural Water Management, 42: 1-27.

Blanco F F, Folegatti M V. 2002. Salt accumulation and distribution in a greenhouse soil as affected by salinity of irrigation water and leaching management. Revista Brasileira de Engenharia Agrícola e Ambiental, 6(3): 414-419.

Bourke J. 2007. Preparation and Properties of Natural, Demineralized, Pure, and Doped Carbons from Biomass. Model of the Chemical Structure of Carbonized Charcoal.

Cambardella C A. 1993. Elliott E T. Carbon and nitrogen distribution in aggregates from cultivated and native grassland soils. Soil Science Society of America Journal, 57(4): 1071-1076.

Chen M, Kang Y H, Wan S Q. 2009. Drip irrigation with saline water for oleic sunflower (Helianthus annuus L.). Agric ultural Water Management, 96: 1766-1772.

Clough T J, Condron L M. 2010. Biochar and the nitrogen cycle: Introduction. Journal of Environmental Quality, 39(4): 1218-1223.

Corwin D L, Rhoades J D, Simunek J. 2007. Leaching requirement for soil salinity control: Steady-state versus transient models. Agricultural Water Management, 90: 165-180.

Edward Y, Ohene A B, Obosu E S, et al. 2013. Biochar for soil management: Effect on soil available N and soil water storage. Journal of Life Sciences, 7(2): 202-209.

Fang S, Chen X L. 1997. Using shallow saline groundwater for irrigation and regulating for soil salt-water regime. Irrigation Drainage Systems, 11: 1-14.

Gaunt J L, Johannes L. 2008. Energy balance and emissions associated with biochar sequestration and pyrolysis bioenergy production. Environmental Science & Technology, 42(11): 4152-4158.

Glaser B, Haumaier L, Guggenberger G, et al. 2000. Black carbon in density fractions of anthropogenic soils of the Brazilian Amazon region. Organic Geochemistry, 31(00): 669-678.

Home P G, Panda R K, Kar S. 2002. Effect of method and scheduling of irrigation on water and nitrogen use efficiencies of Okra (Abelmoschus esculentus). Agricultural Water Management, 55: 159-170.

Kandelous M M, Simunek J. 2010. Numerical simulations of watermovement in a subsurface drip irrigation system under field and laboratory conditions using HYDRUS-2D. Agricultural Water Management, 97: 1070-1076.

Kang Y H, Chen M, Wan S Q. 2010. Effects of drip irrigation with saline water on waxy maize (Zea mays L. var. ceratina Kulesh) in North China Plain. Agricultural Water Management, 97: 1303-1309.

Kang Y H, Wan S Q, Chen M. 2009. Drip irrigation with saline water in North China Plain. Proceedings of the 4th Iasme/Wseas International Conference on Water Resources, Hydraulics and Hydrology, 206-217.

Keith A, Singh B, Singh B P. 2011. Interactive priming of biochar and labile organic matter mineralization in a smectite-rich soil. Environmental Science & Technology, 45(22): 9611-9618.

Klein I, Levin I, Bar-Yosef B, et al. 1989. Drip nitrogen fertigation of 'Starking Delicious' apple trees. Plant and Soil, 119(2): 305-314.

Leteya J, Hoffmanb G J, Hopmansc J W, et al. 2011. Evaluation of soil salinity leaching requirement guidelines. Agricultural Water Management, 98(4): 502-506.

Liang B, Lehmann J, Solomon D, et al. 2006.Black carbon increases cation exchange capacity in soils. Soil Science Society of America Journal, 70(5): 1719-1730.

Liu M X, Yang J S, Li X M, et al. 2013. Distribution and dynamics of soil water and salt under different drip irrigation regimes in northwest China. Irrigation Science, 31: 675-688.

Liu S H, Kang Y H, Wan S Q, et al. 2011. Water and salt regulation and its effects on Leymus chinensis growth under drip irrigation in saline-sodic soils of the Songnen Plain. Agricultural Water Management, 98: 1469-1476.

Maas E V, Homan G J. 1997. Crop salt tolerance-current assessment. Irrigation Drainage Div ASCE, 3: 115-134.

Major J, Rondon M, Molina D, et al. 2010. Maize yield and nutrition during 4 years after biochar application to a Colombian savanna oxisol. Plant and Soil, 333(1-2): 116-128.

Mantell A, Frenkel H, Meiri A. 1985. Drip irrigation of cotton with saline-sodic water. Irrigation Science, 6: 95-106.

Minhas P S. 1996. Saline water management for irrigation in India. Agriculture Water Management, 30: 1-24.

Murtaza G, Ghafoor A, Qadir M. 2006. Irrigation and soil management strategies for using saline-sodic water in a cotton-wheat rotation. Agricultural Water Management, 81: 98-114.

Oster J D, Letey J, Vaughan P, et al. 2002. Comparison of transient state models that include salinity and matric stress effects on plant yield. Agricultural Water Management, 103(1): 166-175.

Pasternak D, De Malach Y. 1995. Irrigation with brackish water under desert conditions X. Irrigation management of tomatoes (Lycopersicon esculentum Mill) on desert sand dunes. Agricultural Water Management, 28: 121-132.

Piccolo A, Nardi S, Concheri G. 1996. Macromolecular changes of humic substances induced by interaction with organic acids. European Journal of Soil Science, 47(3): 319-328.

Qureshi A S, Mccornick P G, Qadir M. 2008. Managing salinity and waterlogging in the Indus Basin of Pakistan. Agricultural Water Management, 95(1): 1-10.

Rajak D, Manjunatha M V, Rajkumar G R, et al. 2006. Comparative effects of drip and furrow irrigation on the yield and water productivity of cotton (Gossypium hirsutum L.) in a saline and waterlogged vertisol. Agricultural Water Management, 83: 30-36.

Raveendran K, Ganesh A, Khilar K C. 1995. Influence of mineral matter on biomass pyrolysis characteristics. Fuel, 74(12): 1812-1822.

Rhoades J D. 1984. New strategy for using saline waters for irrigation. In: Proceedings of the ASCE, irrigation and drainage special conference on water today and tomorrow, 24-26 July 1984, Flagstaff, AZ: 231-236.

Rondon M A, Lehmann J, Ramírez J, et al. 2007. Biological nitrogen fixation by common beans (Phaseolus vulgaris L.) increases with bio-char additions. Biology & Fertility of Soils, 43(6): 699-708.

Rudzianskaite A, Sukys P. 2008. Effects of groundwater level fluctuation on its chemical composition in karst soils of Lithuania. Environmental Geology, 56(2): 289-297.

Schwabe K A, Kan I, Knapp K C. 2006. Drain water Management for Salinity Mitigation in Irrigated Agriculture. American Journal of Agricultural Economics, 88(1): 133-149.

Sharma D P, Tyagi N K. 2004. On-farm management of saline drainage water in arid and semi-arid regions. Irrigation & Drainage, 53(1): 86-103.

Shouse P J, Goldberg S, Skaggs T H, et al. 2006. Effects of shallow groundwater management on the spatial and temporal variability of boron and salinity in an irrigated field. Vadose Zone Journal, 5(1): 376-390.

Thind H S, Aujla M S, Buttar G S. 2008. Response of cotton to various levels of nitrogen and water applied to normal and paired sown cotton under drip irrigation in relation to check-basin. Agricultural Water Management, 95(1): 25-34.

Thomas S C, Frye S, Gale N, et al. 2013. Biochar mitigates negative effects of salt additions on two herbaceous plant species. Journal of Environmental Management, 129: 62-68.

Tryon E H. 1948. Effect of charcoal on certain physical, chemical, and biological properties of forest soils. Ecological Monographs, 18(1): 81-115.

Wan S Q, Kang Y H, Wang D. 2007. Effect of drip irrigation with saline water on tomato (Lycopersicon esculentum Mill) yield and water use in semi-humid area. Agricultural Water Management, 90: 63-74.

Wan S Q, Kang Y H, Wang D. 2010. Effect of saline water on cucumber (Cucumis sativus L.) yield and water use under drip irrigation in North China. Agricultural Water Management, 98: 105-113.

Wang D, Yates S R, Simunek J. 1997. Solute transport in simulated conductivity fields under different irrigations. Journal of Irrigation and Drainage Engineering, 123(5): 336-343.

Wu J W, Zhao L R, Huang J S, et al. 2009. On the effectiveness of dry drainage in soil salinity control. Science in China, 52(11): 3328-3334.

Wu Q, Christen E W, Enever D. 1999. Basinman-A water balance model for farms with subsurface pipe drainage and on-farm evaporation basins. CSIRO Land and Water, Grith, NSW, Australia, Technical Report, 1999, 1/99.

Yanai Y, Toyota K, Okazaki M. 2010. Effects of charcoal addition on N_2O emissions from soil resulting from rewetting air-dried soil in short-term laboratory experiments. Soil Science & Plant Nutrition, 53(2): 181-188.

Yang Y T, Shang S H, Jiang L. 2012. Remote sensing temporal and spatial patterns of evapotranspiration and the responses to water management in a large irrigation district of North China. Agricultural and Forest Meteorology, 164: 112-122.

Zhang H, Xiong Y, Huang G H, et al. 2016. Effects of water stress on processing tomatoes yield, quality and water use efficiency with plastic mulched drip irrigation in sandy soil of the Hetao Irrigation District. Agricultural Water Management, S0378377416302682.